Heike Bussang | Birgit van Damsen

WOHLSTANDS KRANKHEITEN

unserer Pferde

Hufrehe + Metabolisches Syndrom + Cushing

Müller Rüschlikon

Einbandgestaltung: r2 I Ravenstein, Verden

Titelbild: Birgit van Damsen
Bildnachweis:
Heike Bussang: S. 3, 48, 49 (oben), 55, 64, 69 (links unten), 70, 79, 88, 90 (oben 2), 96, 109, 111, 113 (2), 122, 133, 138 (oben 2), 140, 141, 146 (2), 148, 150, 151, 158 (2), 166, 168–179
Hersteller-Fotos: S. 164, 165 – Saskia Neumann: S. 191 re. – Romo Schmidt: S. 191 li.
Alle anderen Fotos wurden von Birgit van Damsen erstellt.
Grafiken: Heike Bussang: S. 8, 46, 186, 187, 188, 189
Birgit van Damsen: S. 56 (2), 62, 63, 75, 93, 116, 129, 142

Eine frühere Ausgabe dieses Buches ist unter der ISBN 978-3-275-01857-4 erschienen.

ISBN 978-3-275-02185-7

Postfach 103743, 70032 Stuttgart
Ein Unternehmen der Paul Pietsch Verlage GmbH & Co. KG

1. Auflage 2020

Sie finden uns im Internet unter www.mueller-rueschlikon-verlag.de

Lektorat: Claudia König
Innengestaltung: Kerstin Diacont
Druck und Bindung: Graspo CZ, 76302 Zlin
Printed in Czech Republic

Für Marie, die uns gelehrt hat, nicht aufzugeben.

Einleitung:
Wohlgenährt ins Verderben? 6

Kapitel 1 | Vorbeugen ist die beste »Therapie« 9

Gründe für Gewichtszunahme 10
Überversorgung mit Kohlenhydraten 11
Fehleinschätzung der Arbeitsleistung 17
Überschätzter Energieverbrauch 23
Verschiedene Energiebewertungen 24
Leichtfuttrige Rassen (Risikogruppen) 25
Mangel an Bewegung 28
Übergewicht feststellen 30
Wiegen 32
Body Condition Score (BCS):
Der »Speck-Check« 34
Richtig Tasten und Schieben 37
Abspecken und Gewicht halten nach Plan 39
Norm- und Reduktionsdiät 40
Grünlandgestaltung und reduzierte Grasaufnahme 45
Heugewinnung und Grünlandnutzung für Hufrehepferde 48
Wie viel Gras darf das Pferd fressen? 51
Depotfett abtrainieren 52
Mehr Bewegungsanreize über die Haltung 53

Kapitel 2 | Equines Metabolisches Syndrom (EMS) 57

Ursachen 58
Entwicklung des Equinen Metabolischen Syndroms 61
Genetische Disposition, Alter 64
Unterschiedliche Stoffwechseltypen 66
Symptomatik 67
Krankhaft gesteigerte Nahrungsaufnahme bei unkontrolliertem Futterüberangebot 70
Hufrehe beim Equinen Metabolischen Syndrom 71
Diagnose 72
Ergänzende Tests 77
Therapie 78
Fettdepots abbauen 83
Bewegung 83
Zuckerarme Ernährung 87
»Futterberater« darf sich jeder nennen 88

Kapitel 3 | Equine Cushing Disease (ECD) 91

ECD-Ursachen **93**
Die Rolle des Equinen Metabolischen Syndroms (EMS) bei der Cushing Disease **95**
Symptomatik **97**
Häufigkeit und zahlenmäßige Erfassung der Symptome 99
Diagnose **103**
Dexamethason-Suppressionstest (DST) 104
TRH-Stimulationstest (ACTH) 105
Kombinierter Dexamethason-Suppressions-/TRH-Stimulationstest 105
ACTH-Wert-Bestimmung 106
Therapie **110**
Wirkstoff Pergolidmesilat 110
Preis, Dosierung und Dosisanpassung *111*
Verabreichung und Vergabezeitpunkt *114*
Kontroll- und Nachuntersuchungen *116*
Weitere Therapiemöglichkeiten 117
Trilostan *117*
Bromocriptin-Mesylat *118*
Serotonin-Antagonisten *118*
Homöopathie 118
Kräuterkuren 119
Lichttherapie 121
Ergänzende Maßnahmen 122
Fütterung dem Krankheitsbild anpassen 124
Haltung 124
Angepasste Bewegung 125

Kapitel 4 | Diabetes mellitus 126

Diabetestypen **127**
Diabetes Typ 1 127
Diabetes Typ 2 128
Therapie **130**

Kapitel 5 | Die sechs Typen der Wohlstandskrankheiten 133

Kapitel 6 | Hormonell bedingte Hufrehe 139

Was bedeutet Hufrehe **140**
Diagnose **147**
Zusammenhänge zwischen Hufrehe und Hufform *150*
Therapie **153**
Schmerz ist nicht gleich Schmerz *153*
Medikation 154
Nicht-steroidale Entzündungshemmer *154*
Blutgerinnungshemmer *155*
Homöopathika und Heilkräuter *156*
Hufttherapeutische und -orthopädische Maßnahmen 157
Kältetherapie *157*
Sohlen-Strahl-Polster *161*
Komprex®-Polster *161*
Luwex Premium Hufrehe Polster *162*
hele-Hufkissen *164*
Epona Shoe *164*
Barhufbearbeitung *165*
Rehebeschlag nach der Napoleonmethode *165*
Beschlag nach Zehenwand-Resektion bei chronischer Hufrehe 167
Maßnahmen in der Haltung, Fütterung und Hufpflege 167

Danksagung 179

Anhang 180

Vorstellung der Autorinnen 191

Einleitung

Einleitung: Wohlgenährt ins Verderben?

Mit dem Begriff »Wohlstand« verbindet man zunächst nur positive Attribute wie Reichtum, Zufriedenheit sowie Gesundheit (als Synonym für den Teilbegriff »Wohl«). Insofern ist die Zusammensetzung der beiden Begriffe »Wohlstand« und »Krankheit« eigentlich in sich widersprüchlich. Doch mit Wohlstand werden zugleich auch mögliche negative Auswirkungen wie Überfluss und Bequemlichkeit assoziiert. Insbesondere Nahrungsüberfluss führt schnell zu Übergewicht, was gelegentlich auch als »wohlgenährt« bezeichnet wird, jedoch nicht im positiven Sinne des Wortursprungs, sondern als gesundheitsgefährdende Überernährung gemeint ist. Bequemlichkeit wiederum impliziert eine herabgesetzte körperliche Tätigkeit, die aber eigentlich dringend notwenig wäre, um das durch Nahrung zugeführte Überangebot an Energie (also Megajoule) abzubauen. Stattdessen wandelt der Körper das Zuviel an Energie in Fett um. Dadurch entsteht ein fataler Teufelskreislauf: Denn Überpfunde mindern auf Dauer die physische Leistungsfähigkeit und machen träge, so dass es zur weiteren Gewichtszunahme kommt, die dann schließlich in gesundheitlichen Problemen enden kann.

Dass in den Industrieländern nicht nur Menschen, sondern auch unsere equinen Vierbeiner immer dicker werden, belegt eine jüngst veröffentlichte Studie von Professor Philip Johnson vom College of Veterinary Medicine der Universität von Missouri. Auch in den Folgeerkrankungen sieht Professor Johnson erschreckende Parallelen zwischen Mensch und Pferd: Überlastung von Gelenken und Wirbeln, Herz-Kreislaufschwächen und hormonell bedingte Stoffwechselstörungen wie Equines Metabolisches Syndrom (EMS), Diabetes mellitus Typ 2, Equine Cushing (sprich: Kusching) Disease (ECD; vor 2012 als »Equines Cushing Syndrom« (ECS) bezeichnet) und Hufrehe.

Am Anfang der verhängnisvollen Krankheitskette steht meist eine generelle Fettleibigkeit (Adipositas), aus der sich dann langsam und schleichend EMS entwickeln kann. Ab einem Alter von etwa 15 Jahren kann diese Erkrankung unter Umständen nahtlos in ECD übergehen oder gemeinsam mit ECD auftreten. Diabetes wird häufig als Folge von EMS und Begleiterscheinung der Cushing Disease diagnostiziert. Hufrehe kann bei allen drei Erkrankungen als Begleiterscheinung auftreten.

Allen Wohlstandskrankheiten liegt eine Störung in der Produktion beziehungsweise Steuerung körpereigener Hormone zugrunde, die zu krankhaften Veränderungen im Kohlenhydrat-, Protein- und Fettstoffwechsel führen. Da die hormonellen Entgleisungen nur durch strikte Diät und spezielle Medikation normalisiert werden können, ist die Vermeidung beziehungsweise der rechtzeitige Abbau von Übergewicht der beste Schutz vor EMS, ECD, Diabetes und Hufrehe.

Prävention ist also die einzige Möglichkeit, um Wohlstandskrankheiten beim Pferd sicher zu ver-

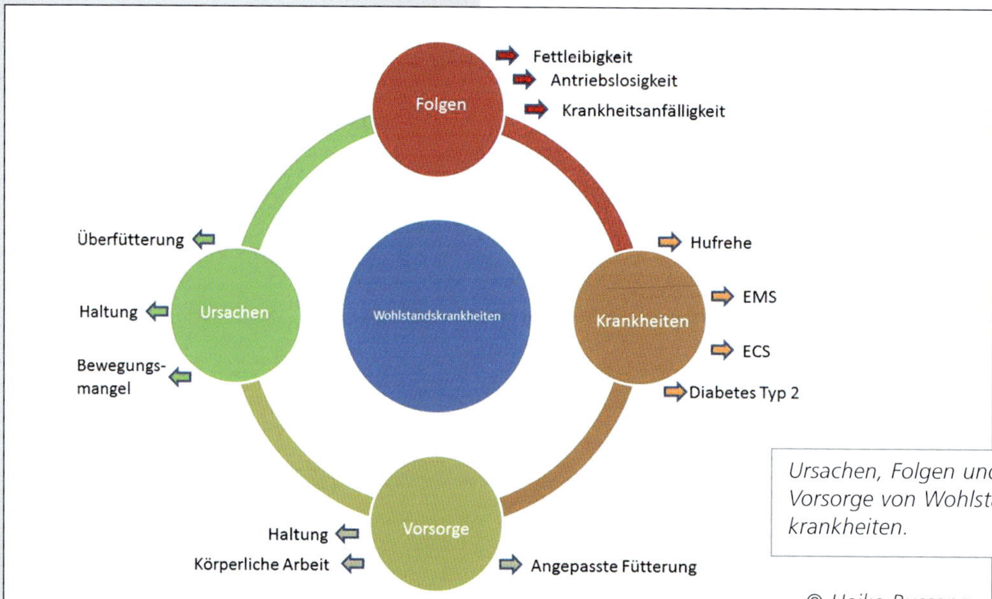

Ursachen, Folgen und Vorsorge von Wohlstandskrankheiten.

© Heike Bussang

Unkontrollierter Weidegang lässt leichtfuttrige Pferde schnell zu fett werden.

hindern. Deshalb wird den entsprechenden Präventivmaßnahmen ein eigenes Kapitel gewidmet und den eigentlichen Krankheitsbildern vorangestellt.

Auf der Grundlage neuester wissenschaftlicher Erkenntnisse werden die mitunter sehr komplexen Vorgänge und Abläufe der einzelnen Erkrankungen leicht verständlich dargestellt und erklärt, wie diese eindeutig diagnostiziert sowie voneinander differenziert werden können.
Mithilfe langjähriger Erfahrungswerte aus der tierärztlichen Praxis wird neben den medikamentellen Therapiemöglichkeiten auch über die Behandlung von typischen Begleitsymptomen informiert sowie Tipps zur Fütterung, Haltung und Bewegung vom EMSlern, Diabetikern, ECDlern und Hufrehe-Patienten gegeben.

Anhand von Fallbeispielen sollen Entstehung und Entwicklung, Unterschiede und Gemeinsamkeiten der verschiedenen Erkrankungen veranschaulicht werden sowie Behandlungserfolge, aber auch die Gründe für Rückfälle oder Euthanasien vor Augen geführt werden.

Vorbeugen ist die beste Therapie

Kapitel 1

Vorbeugen ist die beste Therapie

Wohlstandskrankheiten haben einen gemeinsamen Ursprung: Fettleibigkeit, die sich wiederum aus zwei Risikofaktoren speist: zu wenig Bewegung und zu viel energiereiche Nahrung.
Dass Übergewicht ursächlich für die hormonell bedingten Stoffwechselstörungen ist, belegt eine wissenschaftliche Untersuchung aus den USA: In dem vier Monate dauernden Experiment verfütterten die Forscher gesunden Pferden doppelt so viel Futter, wie sie für den Erhaltungsbedarf benötigten. Dabei nahmen sie im Mittel knapp 100 Kilogramm an Gewicht zu und ihre Blutwerte änderten sich nachhaltig: Der Anteil des Hormons Insulin nahm um 300 Prozent zu. Insulin wird in den Inselzellen der Bauchspeicheldrüse (Pankreas) gebildet und bewirkt die Synthese des Energiestoffes Glykogen (Zucker-Stamm-Substanz) in Leber und Muskulatur, wodurch es den Zuckerspiegel in der Norm hält. Eine eingeschränkte Insulinsensibilität (= Insulinresistenz) beziehungsweise ein hoher Insulin-Level (= Hyperinsulinämie) sind Kennzeichen aller vier Krankheitsbilder.
Damit also Wohlstandskrankheiten gar nicht erst entstehen, gilt es, Übergewicht durch bedarfsgerechte Fütterung und Bewegung zu verhindern beziehungsweise abzubauen.

Gründe für Gewichtszunahme

Wodurch genau wird das Pferd aber eigentlich zu dick? In den allermeisten Fällen ist die Kombination aus Überernährung und Bewegungsmangel schuld.
Vor allem ein Zuviel an kohlenhydratreichen Futtermitteln und Gräserarten bewirkt eine kontinuierliche Gewichtszunahme beim Pferd. Hauptkohlenhydrat ist Zucker, der insbesondere in Getreide und Weidegras, aber auch in Äpfeln und melassierten Produkten steckt. Hinzu kommt der häufig unterschätzte Zuckergehalt in Möhren, Heu und Stroh sowie die oftmals überschätzte Arbeitsleistung des Pferdes, die selten über den Erhaltungszustand oder leichte Arbeit hinausgeht. Zudem ergaben aktuelle Forschungen, dass zwischen der verdaulichen Energie, die bislang als Grundlage für die Berechnung des Energiebedarfs dient, und der umsetzbaren Energie nochmals eine Diskrepanz von 20 bis 30 Prozent liegt. Auch die empfohlenen Futtermengen auf Säcken und Eimern von Müslis und anderen Produkten ohne Angabe des Energiegehalts sind in der Regel überhöht. Wiegt man zudem Kraft- und Raufutter nicht konsequent ab und/oder hat man keinerlei Übersicht über die Grasaufnahme auf der Weide, ist das Pferd schnell überernährt und wird schließlich dick.

Darüber hinaus gibt es Pferderassen, die generell weniger Energie benötigen, weil sie ihr Futter besonders gut verwerten und dann überschüssige Energie in Depotfett anlegen. Vor allem Ponys und Kleinpferde sogenannter Robustrassen wie Shettys, Haflinger, Isländer oder Norweger, aber auch genügsame Rassen wie Araber, Südamerikaner sowie leichtfuttrige Kaltblüter wie Finnpferde und schwere Warmblüter sind gefährdet. Da nicht verbrauchte Energie in Fettdepots eingelagert wird, sind Bewegungsdefizite ein weiterer Grund für die zunehmende Anzahl fetter Pferde. Speziell sogenannte Freizeitpferde werden vielfach nicht regelmäßig und ausreichend bewegt. Die Crux: Ausgerechnet die Vertreter der oben genannten Rassen stellen das Gros freizeitmäßig gerittener Pferde dar. Obendrein besitzen Pferde aus Kaltklimazonen, sogenannte Nordpferde, eine geringere Eigendynamik, um sich instinktiv vor dem Auskühlen zu schützen.

Überversorgung mit Kohlenhydraten

Kohlenhydrate dienen dem Pferd zur Energielieferung und sind von allen Nährstoffen am meisten verbreitet. Viele Futterpflanzen wie Gras und Getreide besitzen hohe Gehalte an Kohlenhydraten und ihr Aufbau ist schlicht: Die primitivsten Bausteine sind die Einfachzucker (Traubenzucker). Zwei Einfachzucker werden zu Zweifachzuckern (Malzzucker), drei Einfachzucker ergeben einen Dreifachzucker und so weiter. Kohlenhydrate, die aus sehr vielen Einfachzuckern bestehen, heißen Vielfachzucker (mehrere Hun-

Tabelle 1: Kohlenhydrate, Vorkommen und Funktion in der Pflanze (in Anlehnung an »Kohlenhydrate« von Dr. med. vet. C. A. Bingold, Pferdeklinik Großostheim)

Kohlenhydrat	Vorkommen	Funktion in der Pflanze
Glucose (Einfachzucker)	**Früchte, Honig**	**Grundbaustein**
Fructose (Einfachzucker)	**Früchte, grüne Blätter, Honig, Zuckerrüben**	**Grundbaustein**
Saccharose (Zweifachzucker)	**am stärksten vertretener Zucker in Pflanzen**	**Grundbaustein**
Stärke (Mehrfachzucker)	**Samen, Früchte, Wurzeln; Langzeitenergiespeicher**	**Speicherfunktion**
Fruktan (Mehrfachzucker)	**Wurzeln, Äste, Grashalme, Blätter; Energiezwischenspeicher**	**Speicherfunktion**
Pektin (Mehrfachzucker)	**Stängel, Blüten, Blätter, Knollen, Wurzeln; Ballaststoff, Strukturelement**	**Struktur/Gerüst**
Zellulose (Mehrfachzucker)	**am häufigsten verbreitetes Polysaccharid der Pflanzen; Strukturelement in allen Bestandteilen**	**Struktur/Gerüst**
Lignin (dreidimensional vernetzte Kohlenwasserstoff-Verbindung)	**dient der Festigkeit von pflanzlichen Geweben; viel in überständigem Gras enthalten**	**Struktur/Gerüst**

Der Zuckergehalt von Heu schwankt je nach Ausgangsmaterial erheblich.

dert). Hierzu zählt die Stärke im Getreide, aber auch die Zellulose, die der Pflanze als Gerüstsubstanz dient. Ebenso sind Fruktan, Pektin und Lignin komplexere Gebilde aus mehreren oder vielen verknüpften Zuckereinheiten.

In Tabelle 1 auf Seite 11 sind die wichtigsten und für Pferde maßgebenden Kohlenhydrate, ihr Vorkommen und ihre jeweilige Funktion in der Pflanze aufgeführt.

Die in der Tabelle 1 aufgeführten Kohlenhydrate sind je nach ihrer Komplexität vom Pferd unterschiedlich verdaulich. Während die Einfachzucker leicht verdaut werden, sind die Energiespeicher schwerer verdaulich. Die Kohlenhydrate, die den Pflanzen als Strukturelemente dienen, sind schwer bis gar nicht verdaulich beziehungsweise nur mittels spezieller Darmbakterien.

Eine der Faktoren für übermäßige Depotfetteinlagerungen sind Futtermittel, die zu hohe Kohlenhydratanteile besitzen. Leider finden sich auf den Beipackzetteln der Futtermittel im Unterschied zur Nahrung für uns Menschen keine Angaben über den prozentualen Anteil von Kohlenhydraten. Deshalb kann lediglich die Größe der verdaulichen Energie (Megajoule) einen Hinweis auf den Kohlenhydratanteil geben.

Inzwischen ist man sich bei einigen Futtermitteln aber sicher, dass sie sehr hohe Anteile von Kohlenhydraten (Zucker, Stärke) beinhalten. Neben besonders kohlenhydrathaltigen Gräserarten wie Weidelgras und Wiesenschwingel sowie ihrer Produkte (Frischgras, Heu, Gras- und Heulagen) sind das vor allem Futtermittel wie Corn-Cob-Mix, Mischfutterarten (Fertigfutter/Müsli) mit hohen Anteilen verdaulicher Energie (viel Melasse und Weizenkleie) sowie Getreide, aber auch Obst und Wurzelgemüse.

Da besonders Zucker als Dickmacher gilt, werden einige Beispiele von Zuckergehalten in Futtermitteln vorgestellt:

So hat ein Kilogramm Äpfel (= circa 6 Stück) 8–16 Prozent Fruchtzucker, also im Mittel 120 Gramm, ein Kilogramm Karotten 2 bis 6 Prozent Frucht- und Traubenzucker, im Mittel 40 Gramm. Ein Kilogramm Zuckerrüben (das entspricht etwa einer Rübe) besitzt bis 20 Prozent Frucht- und Traubenzucker, im Mittel 200 Gramm.

Ein Kilogramm Heu hat einen Gesamtzuckergehalt (verschiedene Zuckerformen) von 10 bis 20 Prozent und darüber, also im Mittel 150 Gramm pro Kilogramm Trockensubstanz. Heu aus der Ernte 2011 hatte teilweise einen Zuckergehalt von 40 Prozent (= 400 Gramm Zucker; siehe hierzu die Anmerkungen im Abschnitt »Fehleinschätzung der Arbeitsleistung«).

Der Gesamtzuckergehalt von Heu aus Heuwiesen, auf denen sogenannte »Hochzuckergräser« (HZG) wachsen, teilweise über 20 Prozent. Der Anteil von Fruktan wird etwa mit der Hälfte des Gesamtzuckergehalts angegeben. Der Gesamtzuckergehalt von Heu aus Magerwiesen beträgt zwischen 6 bis 10 Prozent und sein Fruktananteil ebenfalls nur die Hälfte (Quelle: Pferd und Heu, VFD Arbeitskreis Umwelt, 1. Auflage, www.vfdnet.de).

Bisher beschränkten sich die Ergebnisse der Futteranalysen auf allgemeine Parameter wie Rohasche, Rohfett, Rohfaser und verdauliche Energie (MJ). Aus diesen Angaben können Pferdebesitzer jedoch kaum Rückschlüsse auf die unmittelbaren Inhaltsstoffe ziehen und gezielte Veränderungen einleiten. Deshalb wurden bei verschiedenen Landwirtschaftlichen Untersuchungs- und Forschungsanstalten (LUFAs), bei Raiffeisen (www.rsw-ormont.de, Prospekt Labor Futteranalyse) oder privaten Labors neue Untersuchungsmethoden der Grundfutteranalysen eingeführt. Dabei werden alle wichtigen Inhaltsstoffe des Raufutters analysiert: verdauliche Energie, Stärke, Zucker, Protein, Mineralien und Spurenelemente. Auf dieser Basis kann die optimale Kombination aus Raufutter, Kraft- und Mineralfutter für die Bedürfnisse des jeweiligen Pferdes zusammengestellt werden.

Hochzuckergräser (HZG)

Wurde die Gräsergemeinschaft in Deutschland in den letzten Jahrzehnten durch das Saatgutmonopol nachhaltig dahingehend verändert, die Fleisch- und Milchproduktion einseitig zu steigern, tritt nun eine zweite Welle an: Der Einsatz von so genannten Hochzuckergräsern (HZG). Die Begründung: Für Grasaufwüchse von hoher Futterqualität sei der Zuckergehalt ein wichtiges Kriterium. Hohe Gehalte an wasserlöslichen Kohlenhydraten seien bei der Beweidung (von Milchvieh) ebenso erwünscht wie bei der Heu- und Silagewerbung. Gerade für die Erzeugung hochwertiger Silagen müsse ausreichend und möglichst natürliches Gärsubstrat im Ausgangsmaterial vorhanden sein. Da sich besonders die Weidelgräser gegenüber anderen Arten durch hohe Zuckergehalte auszeichneten, sei das ein entscheidender Grund, weidelgrasreiche Grünlandnarben anzustreben (Quelle: H. Jänicke, Hoch-Zuckerreiches-Gras auf einem nordostdeutschen Niedermoorstandort – erste Ergebnisse). Von der Öffentlichkeit kaum bemerkt wurden in den letzten Jahren in den Biolabors der Konzerne fleißig mehrere verschiedene Hoch-Zuckerreiche-Gräser mit extrem hohen Zuckergehalten (bis zu 220 Gramm pro kg Trockenmasse (= Heu)) und sehr hohen Fruktangehalten gezüchtet. Sollten sich diese Gräser – ähnlich wie bei der Umwandlung von Opas Magerwiesen in flächendeckende Turboenergiewiesen aus Weidelgras und Klee in den 1970er bis 1990er Jahren – tatsächlich durchsetzen (in der Schweiz hat die Verfütterung von HZG bei Kühen allerdings schon zu gesundheitlichen Problemen wie Klauenerkrankungen, Durchfall und niedrigen Milchfettgehalten geführt), bleibt auch hier zu befürchten, dass sich der Samen der HZG durch Wind und mechanische Einflüsse allmählich verbreitet und erneut eine durchgreifende und unseren Pferden abträgliche Veränderung der Gräsergemeinschaft einleitet.

Die Oldenburger-Stute im Januar.

<table>
<tr><th>Tageszeit</th><th>Futtermittel</th><th>Gewicht TM</th><th>Ein-/Zweifachzucker (Glucose, Fruktose, Saccharose)</th><th>Vielfachzucker, Polysaccaride (Stärke, lösliche Zellulose)</th><th>Vielfachzucker Fruktan</th></tr>
<tr><td>morgens</td><td>Hafer</td><td>0,75 kg</td><td>*1)</td><td>400 g</td><td>-</td></tr>
<tr><td></td><td>Ergänzungs Futtermittel</td><td>0,5 kg</td><td>*1)</td><td>100 g</td><td>-</td></tr>
<tr><td></td><td>Karotten</td><td>0,5 kg</td><td>20 g</td><td>-</td><td>-</td></tr>
<tr><td></td><td>Äpfel</td><td>1 Stk.</td><td>20 g</td><td>-</td><td>-</td></tr>
<tr><td></td><td>Heu</td><td>2,0 kg</td><td colspan="2">150 g</td><td>150 g</td></tr>
<tr><td></td><td>Futterstroh</td><td>2 kg</td><td>*1)</td><td>120 g</td><td>-</td></tr>
<tr><td>mittags</td><td>Heu</td><td>1,0 kg</td><td colspan="2">75 g</td><td>75 g</td></tr>
<tr><td>abends</td><td>Hafer</td><td>0,75 kg</td><td>*1)</td><td>400 g</td><td>-</td></tr>
<tr><td></td><td>Ergänzungs-Futtermittel</td><td>0,5 kg</td><td>*1)</td><td>100 g</td><td>-</td></tr>
<tr><td></td><td>Karotten</td><td>0,5 kg</td><td>20 g</td><td>-</td><td>-</td></tr>
<tr><td></td><td>Äpfel</td><td>1 Stk.</td><td>20 g</td><td>-</td><td>-</td></tr>
<tr><td></td><td>Heu</td><td>2,5 kg</td><td colspan="2">190 g</td><td>190 g</td></tr>
<tr><td colspan="2">Summe</td><td></td><td colspan="2">1.615 g</td><td>415 g</td></tr>
<tr><td colspan="2">Gesamtsumme Zuckeraufnahme</td><td></td><td colspan="3">2.030 g</td></tr>
</table>

Tageszeit	Futtermittel	Gewicht TM	Ein-/Zweifachzucker (Glucose, Fruktose, Saccharose)	Vielfachzucker, Polysaccaride (Stärke, lösliche Zellulose)	Vielfachzucker Fruktan
morgens	Hafer	0,5 kg	*1)	250 g	-
	Ergänzungs-Futtermittel	0,5 kg	*1)	100 g	-
	Futterstroh	2 kg	*1)	120 g	-
abends	Hafer	0,5 kg	*1)	250 g	-
	Ergänzungs-Futtermittel	0,5 kg	*1)	100 g	-
gesamter Tag	Frischgras *2)	30 kg *2)	450 g *2)		450 g *2)
Summe			1.370 g		450 g
Gesamtsumme Zuckeraufnahme			1.720 g		

*Tabelle 2: Aufnahme von Zucker einer 10-jährigen Oldenburger-Stute pro Tag im Januar. Anmerkung: Alle Berechnungen basieren auf Durchschnittswerten und Angaben aus der Fachliteratur. (*1): Da es so gut wie keine exakten Futterwertanalysen bezüglich der verschiedenen Zuckerarten in den unterschiedlichen Grundfuttermitteln gibt (LUFA, Raiffeisen etc; Angaben immer nur »Zucker«), können in den verschiedenen Futtermitteln auch Spuren anderer Zuckerformen enthalten sein.*

Tabelle 3: Aufnahme von Zucker einer 10-jährigen Oldenburger Stute pro Tag im Juni.
**1) Anmerkungen wie in Tabelle 2*
**2) Bei unbegrenztem Weidegang grasen Pferde je nach Aufwuchs etwa zehn bis fünfzehn Stunden täglich. Mittelgroße Pferde nehmen dabei rund 30 Kilo Grünfutter am Tag auf. Das Verhältnis Frischgras: Heu ist etwa 1:4, also sechs Kilo/Tag. Der Fruktangehalt schwankt je nach Art der Gräsergemeinschaft, Düngung, Tageszeit, Temperatur etc. erheblich, deshalb wurden Durchschnittswerte angenommen*

Fallbeispiel Zuckeraufnahme

In den Tabellen 2 und 3 werden die Zuckergehalte aus der gesamten täglichen Futteraufnahme eines Warmblutpferdes im Winter und Sommer herausgefiltert und addiert. Bei dem Pferd handelt es sich um eine 10-jährige Oldenburger-Stute mit einem Gewicht von circa 600 kg, Freizeitpferd, leichte Bewegung. Die Unterbringung erfolgt in einem Offenstall mit Paddock und angrenzender Weide. Die untersuchten Zeitpunkte waren im Januar und Juni desselben Jahres.

Die Oldenburger-Stute nahm im Januar somit insgesamt zwei Kilogramm Zucker täglich in den verschiedenen Grundformen auf. Hätte sie Heu aus Magerwiesen erhalten (kräuterreiche Niedrig-Energiegräser), wären es nur etwa 1,6 Kilogramm Zucker gewesen, da der Zuckergehalt im Gegensatz zu reinem Gräser-Heu mit einem durchschnittlichen Zuckeranteil von 15 Prozent nur etwa die Hälfte beträgt.

Spät geerntetes Heu ist rohfaserreich und zuckerarm.

Fruktan lässt sich kaum ausspülen!

Während man früher davon ausging, dass sich Fruktan durch ein dreißigminütiges, warmes Wasserbad auswaschen lässt, weiß man heute, dass das nicht wirklich funktioniert. Denn britische Wissenschaftler untersuchten Heu, das 16 Stunden gewässert worden war, und stellten fest, dass dieses Raufutter kaum weniger Zucker enthielt. Sie raten zu einer Heuanalyse. Enthält es mehr als 100 Gramm wasserlösliche Kohlenhydrate pro ein Kilogramm Trockenmasse, sollte man das Heu besser nicht verfüttern.

Dasselbe Pferd nimmt im Juni also 1,7 Kilogramm Zucker in den verschiedenen Grundformen am Tag auf und damit nur unwesentlich weniger als im Januar. Hätte es Gras von Magerweiden mit geringem Anteil von Hochleistungsgräsern aufgenommen, wären es nur etwa 1,4 Kilogramm Zucker gewesen.

Wie viel Zucker kann ein Pferd nun aber vertragen? Diese Frage kann niemand genau beantworten. Denn Verdauung und Verstoffwechslung sind äußerst komplexe Vorgänge und hängen von vielen Einflüssen ab: Verhältnis von Raufutter zu Kraftfutter, Rohfasergehalt, Menge und Aufnahmehäufigkeit (wenige große, viele kleine Mahlzeiten), Fressverhalten, Vorverdauung im Maul (Einspeicheln, Gebissschäden), Darmperistaltik, körperliche Beanspruchung und vieles mehr. Wichtig ist grundsätzlich eine bedarfsgerechte Fütterung durch zellulosereiches Heu (Schnitt nach der Blüte) mit reduziertem Gehalt an nichtstrukturierten Kohlenhydraten.

Wie bereits erwähnt, werden Einfach- und Zweifachzucker direkt und ohne belastende Umwandlungsprozesse in den Energiehaushalt des Pferdes aufgenommen und den Organen und Muskeln schnell zugeführt. Problematisch sind die Mehrfachzucker, hier besonders Fruktan und Stärke. Dick machen aber alle Zuckerarten.

Noch vor einigen Jahren galt als Faustregel für die Mengenangabe von Kraftfutter ein Kilogramm je 100 Kilogramm Körpergewicht pro Tag für ein mittelmäßig arbeitendes Pferd. Heute wird nur noch ein halbes Kilo als Obergrenze angesehen. Das bedeutet für ein 500 kg schweres Pferd maximal 2,5 Kilogramm stärkehaltiges Kraftfutter pro Tag.

Insgesamt hat die Zufuhr von Zucker auf dem täglichen Speiseplan des Pferdes zugenommen. Besonders die Stärke aus Getreide macht fast die Hälfte des Mehrfachzuckers aus. Während thermisch nicht aufbereitete Gerste und Mais schwerverdauliche Stärke besitzt, hat Hafer einen besser verdaulicheren Anteil an Getreidestärke und darüber hinaus mehrere gesundheitsfördernde Inhaltsstoffe wie ungesättigte Fettsäuren, Aminosäuren, Struktur- und Ballaststoffe sowie Vitamine, die in anderen Getreiden in geringerer Zahl vorkommen.

Melasse & Co

Melasse wird bei der Raffination (Reinigung) von Zuckerrüben und Rohrzucker als Abfall- und Nebenprodukt gewonnen und ist eine sirupartige, bräunliche Zuckerschlämme aus Ein- und Zweifachzuckern sowie anderen organischen und anorganischen Stoffen. Mit fast 50 Prozent Restzuckergehalt ist sie sehr energiereich und dient schon seit Langem in der Landwirtschaft als billiges Futtermittel für Vieh. Melasse wird seit einigen Jahrzehnten aber auch in der Pferdefütterung eingesetzt (Pellets, Müslis). In geringer Beimengung hat Melasse durchaus positive Eigenschaften (Geschmacksverbesserer bei schwerfuttrigen Pferden, hohe Anteile an Eisen, Magnesium und Kalium), sollte aber einen Anteil von zehn Prozent nicht überschreiten. Problematisch kann ein Müsli werden, wenn neben der Melasse weitere Neben- und Abfallprodukte aus der Mehlgewinnung wie Weizenkleie beigemischt sind, da sie zusätzlich Stärke in den Fresstrog bringen. Seit einiger Zeit gibt es auch schon melassefreie Müslis sowie stärke- und zuckerreduzierte »Fasermüslis« ohne Getreide. Letztere wurden speziell für Pferde mit Übergewicht und Stoffwechselstörungen entwickelt. Allerdings sind diese Müslis zum Abspecken fetter Pferde ***nicht*** *geeignet, weil sie anstelle von Zucker und Stärke erhöhte Fettanteile besitzen und annähernd denselben Energiegehalt wie Hafer oder herkömmliche Fertigfuttermittel haben.*

Fehleinschätzung der Arbeitsleistung

Der größte Fehler bei der Rationsberechnung eines Pferdes besteht in einer zu hohen Einschätzung seiner Arbeitsleistung. Eine weitere Unwägbarkeit liegt in möglicherweise zu niedrig angegebenen Anteilen verdaulicher Energie in Pferdefuttermitteln (siehe Abschnitt »Überschätzter Energieverbrauch?«), so dass der exakte Bedarf von Brennstoffen (= Kohlenhydraten) in der täglichen Futterration gegebenenfalls überschritten wird. Auch kritiklos übernommene und ältere Angaben über den Energiegehalt von Gras, Heu und Heulage sind problematisch, weil zu niedrig. Denn in den letzten zehn Jahren ist dieser kontinuierlich durch verändertes Saatgut gestiegen. Besonders deutlich wurde dies bei der Heu- und Heulageernte des Jahres 2011. Im Juni 2011 wies die Bayerische Landesanstalt für Landwirtschaft (LFL) des Instituts für Tierernährung und Futterwirtschaft in Poing-Grub auf folgendes Problem bei der Heu- und Heulageernte 2011 hin: Infolge der langen Trockenheit im Frühjahr, den kühlen Nächten und der hohen Sonneneinstrahlung führte diese zu enorm hohen Zuckergehalten und Energiekonzentrationen im Ausgangsmaterial. Dabei konnten bei Analysen des Schnittguts bis zu 40 Prozent Zucker in der Trockenmasse festgestellt werden. Das entspricht dem Drei- bis Vierfachen der üblichen Zuckergehalte. Übrigens waren vermutlich hierbei nicht nur die vom Pferd gut verdaulichen Ein- und Zweifachzucker gemeint, sondern auch der bei der fütterungsbedingten Hufrehe problematische Mehrfachzucker Fruktan. Will man in dieser Sache sichergehen, sollte man vor dem Heukauf beziehungsweise der Verfütterung eine Heuprobe zur Ermittlung der exakten Werte bei den entsprechenden Untersuchungsstellen einschicken und analysie-

Ermittlung der verdaulichen Energie eines Pferdefuttermittels

Die Deklarationsvorschriften für Pferdefuttermittel verbietet die Angabe der verdaulichen Energie auf dem Beipackzettel. Deshalb veröffentlichen viele Futtermittelhersteller diesen Wert auf ihrer Website oder in Prospekten, da diese Vorschriften dort nicht gelten. Wer darauf nicht zugreifen kann oder den Angaben misstraut, kann sich mit den folgenden Formeln die verdauliche Energie ausrechnen.

100 - % Rohprotein - % Rohfett - % Rohfaser – % Rohasche - % Rohwasser (Differenz zwischen Gesamtgewicht und Trockenmasse, wenn nicht angegeben, werden 10 % angesetzt) = NfE
Der ermittelte Wert heißt N-freie Extraktstoffe und gibt grob gesagt die enthaltene Stärke (= Vielfachzucker) an.
In der folgenden Tabelle sind die Bruttoenergiegehalte und die mittlere Verdaulichkeit der Rohnährstoffe angegeben, die zur Berechnung herangezogen werden müssen (nach Prof. Meyer, Pferdefütterung).

Rohnährstoff	***Bruttoenergiegehalt***	***mittlere Verdaulichkeit***
Rohprotein	*23,0 kJ/g*	*80 %*
Rohfett	*38,1 kJ/g*	*70 %*
Rohfaser	*17,2 kJ/g*	*35 %*
N-freie Extraktstoffe	*17,2 kJ/g*	*80 %*

Tabelle 4: Bruttoenergiegehalt und mittlere Verdaulichkeit der Rohnährstoffe

Die verdauliche Energie in Megajoule (MJ) je Kilogramm Pferdemischfutter ergibt sich durch Addition der Energien der Rohnährstoffe, die wie folgt berechnet werden:

Rohnährstoff (%) x Bruttoenergiegehalt x Verdaulichkeit (%)
geteilt durch 10 000

Beispiel:
Auf dem Beipackzettel eines stärke- und zuckerreduzierten Pferdemüslis sind folgende Inhaltsstoffe angegeben:
Rohprotein: 9,6 %
Rohfett: 8,0 %
Rohfaser: 17 %
Rohasche: 12,5 %
Rohwasser: keine Angabe, deshalb Ansatz 10 %

Zuerst werden die N-freien Extraktstoffe ausgerechnet:
NfE = 100 % – 9,6 % – 8 % – 17 % – 12,5 % - 10 % = 42,9 %

Dann wird addiert, multipliziert und dividiert (die hellgrün unterlegten Spalten sind feste Werte, die hellgrau unterlegte die Prozentzahlen der Rohnährstoffe):

	Prozente Rohnährstoffe		*Brutto-Energiegehalt*		*mittlere Verdaulichkeit*		
	9,6	*x*	*23,0*	*x*	*80*	*:*	*10.000*
+	*8*	*x*	*38,1*	*x*	*70*	*:*	*10.000*
+	*17*	*x*	*17,2*	*x*	*35*	*:*	*10.000*
+	*42,9*	*x*	*17,2*	*x*	*80*	*:*	*10.000*

Summe verdauliche Energie: 10,83 MJ/Kg

Tabelle 5: Beispielwerte eingetragen in die Tabellenformel zur Ermittlung der verdaulichen Energie

Auf der Website des Herstellers wird der Wert der verdaulichen Energie dieses Futtermittels übrigens mit 8,5 MJ/kg angegeben, also etwa 20 Prozent zu niedrig. Auch bei weiteren Überprüfungen der Herstellerangaben liegen die angegebenen Energiewerte einiger Pferdemischfutter um 20 bis 25 Prozent zu niedrig. Entweder wäre die obige Berechnungsformel falsch oder die Hersteller rechnen anders.
Deshalb wurde eine Kontrollberechnung nach einer zweiten Formel durchgeführt, die von Landwirtschaftlichen Untersuchungsanstalten verwendet wird:
Die verdauliche Energie (VE) ist hier:

- 3,54 (= fester Wert)	*- 3,5400 MJ/kg*
+ 0,0209 x 96 Gramm Rohprotein =	*2,0064 MJ/kg*
+ 0,0420 x 80 Gramm Rohfett =	*3,3600 MJ/kg*
+ 0,0001 x 170 Gramm Rohfaser =	*0,0170 MJ/kg*
+ 0,0185 x 429 Gramm N-freie Extraktstoffe =	*7,9365 MJ/kg*
= Verdauliche Energie in MJ/kg	*9,7800 MJ/kg*

Nach dieser Formel beträgt die verdauliche Energie aus dem Berechnungsbeispiel 9,78 MJ/kg, also etwa fünfzehn Prozent mehr als bei der Herstellerangabe.

ren lassen (zum Beispiel bei der Landwirtschaftskammer Nordrhein-Westfalen in Münster, Dr. Sommer, Telefon: 0251-23760 oder TiHo Hannover, Institut für Tierernährung, Telefon: 0511-856-7458 oder -7366 (Beratung/Anfragen), Email: josef.kamphues@tiho-hannover.de).

Kennt man die Energiegehalte seines Heus/ seiner Heulage und des Fertigfuttermittels, kann mit der Berechnung der Ration begonnen werden. Diese orientiert sich nicht nur stets am Normgewicht des Pferdes und nicht etwa an einem eventuellen Übergewicht, sondern zielt auch mengenmäßig auf das normalgewichtige Pferd ab.

Nach Prof. Dr. J. Kamphues von der Tierärztlichen Hochschule Hannover werden die folgenden Ansätze hinsichtlich des zusätzlichen Energiebedarfs zum Erhaltungsstoffwechsel getroffen:

»leichte Arbeit«: zusätzlich bis 25 % des Erhaltungsbedarfs

»mittlere Arbeit«: zusätzlich 25 bis 50 % des Erhaltungsbedarfs und

»schwere Arbeit«: zusätzlich 50 bis 100 % des Erhaltungsbedarfs.

Diese Einteilung bezieht sich auf die Energiebewertung im DE–System (verdauliche Energie).

Um den Energiebedarf eines Pferdes bestimmen zu können, muss sein Energieverbrauch während der Arbeit bekannt sein, der von seiner Dauer und Intensität abhängt. Während die Arbeitsdauer einfach zu messen ist (= Zeit), ist die Arbeitsintensität wesentlich schwieriger zu bestimmen. Denn diese wird durch Faktoren wie Geschwindigkeit, Bodenbeschaffenheit und Geländeneigung, Reitergewicht, Außentemperaturen, Jahreszeit und andere Parameter beeinflusst.

Eine durchaus hilfreiche Orientierung gibt hier die Einteilung von Prof. Meyer und Prof. Coenen aus dem Jahr 2002. Aus ihr ist die zusätzlich zum Erhaltungsbedarf benötigte Energie für die »Eigenbewegung« des Pferdes zu entnehmen.

Bewegungsart	Geschwindigkeit 1*	Energie/Kilojoule 2*	Energie/Kilojoule 3*
Schritt normal	3 bis 3,5	1,2 bis 1,8	7
Schritt schnell	5 bis 6	1,8	10
Trab normal	12	2,3	27
Trab mittel	15	2,7	40
Trab schnell verhaltener Galopp	18	3,2	57
Galopp mittel	21	3,9	81
Galopp schnell	30	5 bis 6	*
Höchstgeschwindigkeit	50 bis 60	bis 40 (geschätzt)	*

Tabelle 6: Zusätzlich zum Erhaltungsbedarf benötigte Energie für die »Eigenbewegung« des Pferdes in den verschiedenen Leistungsstufen (nach Prof. Meyer und Prof. Coenen, 2002)

1 Geschwindigkeit in Kilometer pro Stunde; 2* verdauliche Energie je Kilogramm Körpermasse pro Kilometer in Kilojoule; 3* verdauliche Energie je Kilogramm Körpermasse pro Stunde in Kilojoule (Anmerkung: 1000 Kilojoule (KJ) = 1 Megajoule (MJ)).*

Tabelle 7 bezieht sich auf Pferde mit einem Gewicht von 200 bis 600 Kilogramm Körpermasse und Pferd mit Reiter, also unter dem Sattel.

Lebendmasse (kg)	Verdauliche Energie pro Tier und Tag (Megajoule)
200	31,4
300	41,9
400	52,3
500	62,8
600	71,2

Tabelle 7: Täglicher Energiebedarf für die Erhaltung (nach Schwitte/Möhlenbruch/Bottermann, Beruf Pferdewirt)

Bewegt sich das Pferd ohne Reiter auf dem Paddock, braucht es nur Heu, um seinen Energiebedarf zu decken.

Bei täglich einer halben Stunde normalem Trab unter dem Sattel benötigt ein 500-Kilo-Pferd durchschnittlich etwa 6,6 Megajoule zusätzlich.

Berechnungsbeispiele:
Gehen wir der Einfachheit halber von einem Pferd mit 500 kg Lebendgewicht und einer durchschnittlichen Futterverwertung aus.

Beispiel 1
Dann beträgt sein täglicher Energiebedarf im Erhaltungszustand nach Tabelle 7 62,8 Megajoule pro Tag und wäre mit etwa sechs Kilogramm gutem Heu (circa 10 MJ/kg TM, nur Richtmaß! Heu kann je nach Erntezeitpunkt und Zuckergehalt der Gräser auch mehr verdauliche Energie besitzen, bei Magerwiesen auch weniger) oder 4 kg Heu und 4 kg Stroh abgedeckt.

Beispiel 2
Wird dieses Pferd jeden Tag eine Stunde im normalen Schritt im Gelände mit Reiter bewegt, steigt sein Energiebedarf nach Tabelle 6 um 7 Kilojoule x 500 Kilogramm = 3,5 Megajoule, also insgesamt 66,3 Megajoule (62,8 + 3,5 MJ). Dieser wäre etwa mit 300 g Hafer (Ø 13 Megajoule/kg) zusätzlich zur Heumenge aus Beispiel 1 täglich abgedeckt.

Beispiel 3
Besteht der tägliche Einstunden-Ausritt zur Hälfte aus normalem Schritt und Trab, errechnet sich der zusätzliche Energiebedarf aus 7 x 0,5 x 500 plus 27 x 0,5 x 500 = 8,5 Megajoule, also insgesamt 71,3 Megajoule (= 600 g Hafer/ Tag zusätzlich zum oben genannten Heu).

Zwölf Minuten mittlerer Galopp während eines täglichen Zwei-Stunden-Ausritts erhöht den zusätzlichen Energiebedarf entsprechend.

Beispiel 4

Geht das Pferd jeden Tag **zwei** Stunden ins Gelände und beträgt die Laufleistung 70 % normaler Schritt und 30 % normaler Trab, ergibt sich: 7 x 2 x 0,7 x 500 plus 27 x 2 x 0,3 x 500 = 13,0 Megajoule, also insgesamt 75,8 Megajoule (= 1 kg Hafer/Tag zusätzlich zum oben genannten Heu).

Beispiel 5

Läuft es täglich zwei Stunden 60 % im normalen Schritt, 30 % im normalen Trab und 10 % im mittleren Galopp, ergeben sich:
7 x 2 x 0,6 x 500 plus 27 x 2 x 0,3 x 500 plus 81 x 2 x 0,1 x 500 = 20,4 Megajoule, also insgesamt 83,2 Megajoule (= 1,5 kg Hafer/Tag zusätzlich zum oben genannten Heu).

Übrigens: Nach der oben erwähnten Einteilung von Prof. Kamphues für den zusätzlichen Energiebedarf zum Erhaltungsstoffwechsel bei leichter bis schwerer Arbeit sind die Berechnungsbeispiele 2 (fünf Prozent zusätzliche Energie) und 3 (13 Prozent zusätzliche Energie) als sehr leichte Arbeit einzustufen, Beispiel 4 als leichte Arbeit (20 Prozent zusätzliche Energie) und das letzte Beispiel 5 als Übergang von leichter zu mittlerer Arbeit (30 Prozent zusätzliche Energie).

Rationsberechnung per Computer

Im Internet und im Fachhandel gibt es Computerprogramme, mit denen man Rationsberechnungen für Pferde durchführen kann.

Dabei benötigen diese Programme mehr oder weniger konkrete Angaben über Pferdegewicht und Gewicht des Reiters, die Pferderasse (Südpferd/Nordpferd), der Einsatz des Pferdes (vom Erhaltungszustand bis zur schweren Arbeit), die täglich verabreichten Futterarten und -mengen (bei Heu zum Beispiel Kriterien wie Zeitpunkt der Ernte und der Gehalt von Gräsern) sowie Ergänzungsfuttermittel und Natrium (= Salz). Im Prinzip keine schlechte Idee, denn die mathematisch arbeitende

Beachte:

*Ein täglich zweistündiger Ausritt mit zwei Dritteln Schritt und einem Drittel Trab ist für ein 500 Kilogramm schweres Pferd nur **leichte Arbeit** und die Zufütterung zum Heu beträgt maximal ein Kilogramm Hafer oder ein entsprechendes Müsli pro Tag.*

*Allerdings sollte der Mehrbedarf an Energie besser nicht über stärke- und zuckerreiches Getreide erfolgen, sondern vorzugsweise über schnell fermentierbare Faserstoffe wie **nicht** melassierte Rübenschnitzel (ähnlicher Energiegehalt wie Hafer) oder native Pflanzenöle mit allmählicher Dosiererhöhung (maximal 300 Milliliter pro Tag = entspricht dem Energiegehalt von 1 kg Hafer) gedeckt werden.*

Technik erspart das mühsame Ausrechnen per Hand mittels Futterwerttabellen. Auch sind die meisten der auf dem Markt angebotenen Futtermittel in diesen Auswahllisten enthalten und werden ständig aktualisiert. Es gibt diese Programme im Internet auch zur kostenlosen Nutzung (zum Beispiel bei Masterhorse).

Schwierig wird es, wenn zum Beispiel die täglich aufgenommene Grasmenge eines Weidepferdes angegeben werden soll, die unter anderem von der Weidedauer (ganztägig oder stundenweise), der Aufwuchshöhe und dem Fressverhalten des Pferdes abhängig ist. Hier kann man sich nur auf Erfahrungswerte stützen, was wiederum ungenaue Angaben und Berechnungsergebnisse impliziert. Meist werden auch die Umgebungstemperaturen (Winter oder Sommer, Warm- oder Kaltstall) und die Haltungsform (bewegungsaktiv oder bewegungseinschränkend) in den Rations-Check-Programmen nicht berücksichtigt, die aber für den Energiebedarf von großer Bedeutung sind.

Die von den Programmen errechneten Bedarfswerte eines Pferdes sind keine Absolutwerte, sondern bewegen sich in einem Von-bis-Bereich, der einen gewissen Spielraum für individuell bedingte Abweichungen lässt. Nur wenn die Bedarfsbilanz ein krasses Missverhältnis der Istwerte zu den Sollwerten aufweist, sollte die Futterration ernsthaft überprüft werden. Fütterungsprogramme können also eine wertvolle Orientierungshilfe sein, indem sie gravierende Fütterungsfehler aufzeigen und wichtige Hinweise liefern, wo Verbesserungsbedarf besteht oder wo die Ist- und Sollwerte bereits schon nahezu übereinstimmen. Das gilt insbesondere für die Versorgung mit Eiweiß und Energie (Eiweiß-Energie-Verhältnis; optimal bei 5:1), den Rohfaseranteil sowie für das Calcium-Phosphor-Verhältnis (optimal bei 1,5 bis 2:1). Klarmachen muss man sich allerdings, dass es keine hundertprozent korrekt zusammengestellte Futterration via Computer geben kann.

Die Angaben der fünf oben genannten Berechnungsbeispiele für den Energiebedarf eines 500 Kilo schweren Pferdes wurden zum Gegentesten einmal in den kostenlosen Futter-Rations-Check des Futtermittelsherstellers Masterhorse eingegeben. Das Ergebnis war bei allen Fallbeispielen eine Unterversorgung von verdaulichem Eiweiß, verdaulicher Energie und zum Teil auch der Rohfaser. Dabei wurde besonders die verdauliche Energie bis zu 35 Prozent unterschritten. Zwar stimmte der angegebene »theoretische Bedarf« von verdaulicher Energie in allen Fällen überein, nicht aber die vom Programm berechnete Summe der eingesetzten Futtermittel. Soll heißen: Die Angaben der verdaulichen Energie (in Megajoule) der verabreichten Heu- und Hafermenge fielen durchweg um ein Drittel niedriger aus als die der beiden Futterexperten Prof. Meyer und Prof. Coenen. Da eine Rationsberechnung via Internet also nur vage Fütterungshinweise liefern kann, empfehlen wir das Institut für Tierernährung der Uni München (Prof. Kienzle), das die Ration für jeden Pferdetyp individuell und unabhängig von kommerziellen Interessen berechnet (Info: Service Ernährungsberatung für Pferde, Tel. 089/2180-78780, E-Mail: ernaehrungsberatung@tiph.vetmed.uni-muenchen.de; Kosten für eine Ernährungsberatung beim Pferd liegen bei 160,00 Euro zzgl. MwSt., Stand 2020.

Überschätzter Energieverbrauch

Das bisher angewendete und zurzeit gültige Bewertungssystem für die Berechnung des Energiebedarfs bei Pferden basiert auf der sogenannten verdaulichen Energie (Abkürzung DE = englisch: digestible energy). Inzwischen hat man aber erkannt, dass Faktoren wie individuelle Unterschiede beim Pferd, die Art und Weise seiner verrichteten Arbeit, die Aufbereitung des Futtermittels sowie die Aufnahme mehrerer Futterkomponenten gleichzeitig die Verdaulichkeit der Energie beeinflussen (Quelle: Christiane Schüler, Feldstudie zu Energiebedarf und Energieaufnahme von arbeitenden Pferden, Uni München 2009). Deshalb wird seit 2009 ein neues System zur Bewertung der Energie auf der Grundlage der »umsetzbaren Energie« (Abkürzung ME = englisch: metabolizable energy) entwickelt (Uni München, Prof. Kienzle und Zeyner). Dieses Bewertungssystem ist zwar schon längere Zeit bekannt, hat sich bislang aber noch nicht als Grundlage zur Futterberechnung etabliert.

Verschiedene Energiebewertungen

Die aktuell verwendeten Energiebewertungssysteme bei der Pferdefütterung stützen sich auf der verdaulichen Energie oder der Nettoenergie. In einer bereits 1991 durchgeführten Studie ergaben sich bei Rennpferden allerdings erhebliche Diskrepanzen zwischen der tatsächlichen Aufnahme an verdaulicher Energie und dem berechneten Bedarf. Ob das auch bei Reitpferden der Fall ist, wird zurzeit wissenschaftlich untersucht. Im Folgenden werden die verschiedenen Energiebewertungen kurz vorgestellt, um einen Überblick zu geben.

Bruttoenergie (GE = gross energy)

Der Bruttoenergiegehalt eines Futtermittels ergibt sich aus der entstandenen Hitze, die durch eine totale Verbrennung entsteht. Sie ist für die Tierernährung jedoch nicht anwendbar, da die Höhe der Verdaulichkeit und die Art der Verdauung sehr unterschiedlich sind.

Verdauliche Energie (DE = digestible energy)

Die verdauliche Energie ist, wenn Energieverluste über den Kot abgezogen werden. Allerdings sind die Verdauungsprozesse einzelner Tiere sehr unterschiedlich. Dadurch weichen die Werte der verdaulichen Energie innerhalb einer Tierart bei ein und demselben Futtermittel erheblich voneinander ab. Überdies beeinflussen Faktoren wie individuell unterschiedliche Futterverwertung und Energieverluste durch Arbeit sowie die Art der Aufbereitung des Futtermittels diese Energiebewertung. Zudem können sich auch noch einzelne Futterkomponenten beispielweise im Pferdemüsli gegenseitig beeinflussen.

Umsetzbare Energie (ME = metablizable energy)

Werden der verdaulichen Energie weitere energiehaltige Ausscheidungen wie Urin, Gärgase und solche über die Haut abgezogen, ergibt das die umsetzbare Energie.

Nettoenergie (NE = net energy)

Bei der Nettoenergie werden weitere Besonderheiten berücksichtigt. Sie wäre – falls individuell für jedes Pferd berechnet – die exakteste Energiebewertung. Allerdings ist ihre Berechnung äußerst komplex und schwierig. Denn sie berücksichtigt Faktoren wie Erhaltungszustand, Umsetzung von thermischer Energie bei Leistung, Fettbildung (Gewichtszunahme), Gewebsbildung (Trächtigkeit), Sekretbildung, Laktation und vieles mehr. Nettoenergie-Systeme stellen zwar eine brauchbarere theoretische Basis für die Übereinstimmung von Energiegehalt von Futtermitteln und Energiebedarf der Pferde dar, doch gibt es keinerlei Informationen über die Nettoenergiewerte von Futtermitteln und Pferderassen.

Beachte:

Aktuelle Untersuchungen deuten auf einen überschätzten Energiebedarf von Pferden im Erhaltungszustand auf der Basis der verdaulichen Energie hin. Betrachtet man die Tatsache, dass 51 Prozent aller Pferde Übergewicht haben und 19 Prozent unter Adipositas (Fettleibigkeit) leiden (US-Studie einer Forschergruppe an 300 untersuchten Pferden hinsichtlich Gewicht, Körperfettanteil und Körpermaße), muss man zu dem Schluss kommen, dass unseren Pferden trotz strikter Einhaltung der Fütterungsempfehlungen kontinuierlich zu viel Energie zugeführt wird.

Durch Äppeln geht Energie verloren.

In der oben erwähnten Feldstudie werden Angaben für den Erhaltungsbedarf von Warmblüten in DE (= verdaulicher Energie) und ME (= umsetzbare Energie) gemacht (Tabellen 6 und 7 im Abschnitt »Fehleinschätzung der Arbeitsleistung«). Hieraus geht hervor, dass der Energiebedarf in MJ DE/kg KM0,75 (Megajoule verdauliche Energie pro Kilogramm Körpermasse hoch 0,75) = 0,6 beträgt und der in MJ ME/kg KM0,75 (wie oben, jedoch umsetzbare Energie) = 0,46 bis 0,52.

Mit anderen Worten: Das bisherige Bewertungssystem auf der Basis der verdaulichen Energie errechnet (mithilfe komplizierter Formeln) den Energiebedarf eines Pferdes (in diesem Fall Warmblut) im Erhaltungszustand zwischen 20 und 30 Prozent höher als das Bewertungssystem auf der Grundlage der umsetzbaren Energie.

Da zurzeit aber noch alle Futterberechnungen und Fütterungsempfehlungen (Wissenschaft, Futtermittelindustrie, Pferdezuchtverbände) auf der verdaulichen Energie beruhen, könnte davon ausgegangen werden, dass diese **um 20 bis 30 Prozent zu hoch angesetzt sind** (Erhaltungszustand). Das betrifft nicht nur Kraft- und Zusatzfutter, sondern auch Raufutter.

Ob dieser prozentual überschätzte Energieverbrauch auch bei den verschiedenen Leistungsstufen (leichte bis schwere Arbeit) gilt, ist der Studie leider nicht zu entnehmen.

Leichtfuttrige Rassen (Risikogruppen)

Das Pferd (Eohippus, Entstehung vor etwa 60 Millionen Jahren) existiert 300-mal länger als der Mensch (erste Funde des homo sapiens vor 200.000 Jahren in Afrika). Dabei hat es vier große und »globale« Eiszeiten und zahlreiche kleinere und regionale Kälteperioden überlebt. Es sah sich dabei – bis auf wenige Ausnahmen – immer mit

einem Nahrungsmangel konfrontiert. Deshalb haben sich sein ganzer Genpool, sein Stoffwechsel und die Ausbildung seines Verdauungssystems auf diese Lebensbedingungen eingestellt. Erst mit der Domestizierung durch den Menschen wurde es weitgehend unabhängig von der Nahrungsbeschaffung, behielt aber seine artspezifische Futterverwertung und Verstoffwechslung bei.
Dabei gab es erste »Luxusprobleme« schon im antiken Griechenland. Dort führten volle Kornkammern mit Gerste zu einer Überfütterung des damaligen Prestigeobjekts Pferd mit der Folge gehäuften Auftretens von Hufrehe. Ob diese Pferde auch unter Übergewicht litten, ist nicht überliefert, wäre aber durchaus denkbar. Übrigens bedeutete im Griechenland der Antike das altgriechische Wort »Krithe« = Gerste und »Krithiasis« = Rehe.

Seit seiner Domestikation durch den Menschen vor etwa 5.000 Jahren in Zentralasien (einige Forscher gehen von einer Domestizierung bereits vor 7.000 Jahren aus) hat das Pferd viele Völkerwanderungen mitgemacht, entweder im Zuge kriegerischer Auseinandersetzungen oder aus Gründen der Not (zum Beispiel Fehlernten), das heißt auf der Suche nach neuen Nahrungsquellen. Diese Umsiedelungen geschahen über mehrere Generationen. Dabei konnte sich das Pferd langsam und stetig an die neuen Lebensbedingungen mit ihren veränderten Futtergrundlagen gewöhnen und darauf einstellen. Außerdem diente es als Fortbewegungs- und Transportmittel und verbrauchte durch kontinuierliche Arbeit stetig Energie.

In den 60er und 70er Jahren des letzten Jahrhunderts hingegen setzte eine in der Geschichte des Pferdes einmalige, bis heute andauernde und massenhafte »Schnellumsiedelung« von Pferden ein. Solche »Immigrationen« fanden in geringer Zahl zwar auch schon früher mittels Eisenbahn

Wohlstandsmutanten in Alaska?

Vor 25.000 Jahren lebten in Alaska Pferde mit einem Stockmaß von 2,10 Metern (!), wie Dale Guthrie von der Universität in Fairbanks (Alaska) herausfand (Untersuchung von Pferdeskelett-Funden mit der Radiokarbon-Methode zur Altersbestimmung). Die dort damals vorherrschende vegetationsreiche und üppige Steppe (= baumlose Graslandschaft) mit ihrem gemäßigten Klima hatte diese Mutation vermutlich hervorgebracht. Gleichzeitig zogen dort auch riesige Rentier- und Mammutherden umher, später folgten die ersten Menschen. Vor rund 12.500 Jahren starben diese übergroßen Wildpferde in Alaska, die nach einer DNA-Analyse vom eurasischen Wildpferd »Equus ferus« abstammten, allerdings aus. Worauf dieses Aussterben begründet war, wird zurzeit noch diskutiert. Es gibt hierzu drei Thesen: Entweder durch vor etwa 13.000 Jahren eingewanderte Menschen (Jagd) oder durch eine Klimaveränderung und der Entstehung einer kargen Tundra mit kurzer Vegetationsperiode, kühlen Sommern und langen, eisigen Wintern. Die dritte besagt, dass durch die enorme Größe der Alaska-Pferde und dem überreichen Nahrungsangebot die »Grenzen der Natur« überschritten waren und diesem evolutionären Mutationsspiel ein Ende gesetzt wurde.

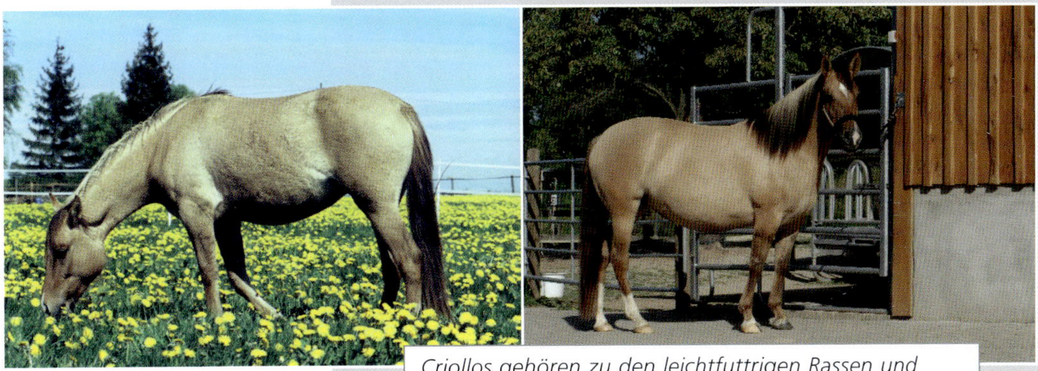

Criollos gehören zu den leichtfuttrigen Rassen und werden durch energiereiches Gras schnell zu dick: links Criollo mit zweieinhalb und rechts mit vier Jahren.

oder Schiffen statt. Durch das Flugzeug war es von da an allerdings möglich, Pferde aus anderen Kontinenten relativ kostengünstig und in großer Anzahl zu importieren. Diese Importwelle von Pferden etwa aus Mittelasien (Araber), Island (Islandpferd) und Südamerika (Mangalarga, Paso, Criollo) basierte auf dem Wunsch, Abwechslung in den »grauen Alltag« hiesiger Rassen zu bringen sowie am Interesse anderer Reitweisen. Innerhalb weniger Tage fanden sich die »Exoten« in einem völlig anderen Umfeld wieder: grün und fruchtbar, Nahrung ohne Ende. Warum sich Übergewicht und Wohlstandskrankheiten zu diesem Zeitpunkt noch in Grenzen hielten, lag wohl zum einen an der Struktur von »Opas Magergräsern«, die zu der Zeit noch vorherrschten und zum anderen an der noch nicht entwickelten Futterindustrie. Das sollte sich ab den 1980er Jahren aber dramatisch ändern. Denn mit der Industrialisierung der Landwirtschaft entstand eine sich rasant verändernde und auf die überproportionale Steigerung von Fleisch- und Milchproduktion ausgelegte Grünlandgemeinschaft, die dann auch zwingend die Futtergrundlage dieser Pferde darstellte und darstellt. Auch die Produktpalette von speziellen Pferdefuttermitteln wuchs stetig an und hat heute gigantische Dimensionen erreicht.

Während die angestammten Equiden wie etwa Deutsches Warmblut diese Entwicklung mehr oder weniger verkraften konnten, war und ist dies bei den Pferden aus Nord- und Südklimazonen nicht der Fall. Denn auch bei den Nachkommen dieser Pferde, die in Zentraleuropa systematisch und teils im großen Stil gezüchtet werden, ist eines nicht verloren gegangen: Die genetische Überlebensstrategie. Zutiefst verankert sind sowohl bei den leichtfuttrigen Importen als auch bei den hier gezüchteten Nachkommen lebenserhaltende Körperfunktionen, die sich in ihrem ursprünglichen Umfeld mit kargem Nahrungsangebot und widrigen klimatischen Verhältnissen entwickelt haben wie eine ausgeprägte Verdauung mit hocheffektiver Verstoffwechselung, das schnelle Anlegen von Depotfett im Unterhautbindegewebe als Reserve für »schlechte Zeiten«, eine rege Kommunikation zwischen Hirn- und Körperzellen als Teil der Überlebensstrategie sowie intensivere Hormonsteuerung. Aber auch äußerliche Verhaltensweisen wie das Fressverhalten (gieriges und schnelles Fressen), die Futteraufnahme (soviel wie »reinpasst«) und die reduzierte Eigenbewegung im Winter (um Energie zu sparen) zeichnen solche Pferde aus.

Ob der prozentuale Anteil von Fettleibigkeit bei diesen Pferden höher ist als bei anstämmigen Rassen ist nach derzeitigem Kenntnisstand noch nicht untersucht worden und bleibt deshalb nur zu vermuten. Sicher und wissenschaftlich untermauert ist hingegen, dass der prozentuale Anteil von Pferden mit Folgeerkrankungen durch Fettleibigkeit – also Futterrehe, EMS, ECD und Diabetes mellitus – bei den leichtfuttrigen Rassen tatsächlich höher liegt als beispielweise beim Deutschen Warmblut.

Verstärkt wird dieses Problem vermutlich noch durch die tief verinnerlichten Denkmuster von Freizeitreitern und Stallbetreibern, die eine kritisch hinterfragte und mengenmäßig angepasste Futtervergabe oftmals nicht zulassen, sowie eine generelle Unterbeschäftigung von Freizeitpferden. Neben den oben erwähnten Pferderassen wie Arabern, Isländern und Pasos gibt es aber noch weitere Risikogruppen hinsichtlich der Neigung auf eine schnelle Gewichtszunahme. Das sind zum einen alle genügsamen Ponyrassen wie beispielweise das Shetland-Pony, zum anderen aber auch Kleinpferde wie Haflinger und Rassemixe wie Arabo-Haflinger, Norweger, Camargue-Pferde, Welsh und viele weitere. Allen gemein ist ihre rassebedingte gute Futterverwertung, bei einigen auch das karge Nahrungsangebot in ihren Ursprungsländern, durch die sie für Übergewicht genetisch disponiert sind.

Aber natürlich gehören auch alle Warm- und Kaltblüter mit individuell guter Verstoffwechselung zur Risikogruppe, wenn sie einem Überangebot an Futter ausgesetzt werden. Insbesondere Warmblüter vom schweren Schlag sind nach neuesten Erkenntnissen gefährdet, schneller dick zu werden.

Mangel an Bewegung

Bevor die Pferdestärke von der Maschinenkraft abgelöst wurde, mussten Pferde und Ponys jeden Tag schwer arbeiten: vor dem Pflug, im Wald, vor der Droschke, als Transportmittel über weite Strecken, auf dem Schlachtfeld oder in der Kohlengrube. Diese Schufterei war sicherlich kein »Zuckerschlecken« für die Pferde – zumal man auf arteigene Bedürfnisse kaum Rücksicht nahm. Doch als wichtiges Produktionsmittel sicherte das Pferd dem Menschen die Existenzgrundlage. Fiel es als Arbeitskraft aus, hatte das häufig katastrophale Folgen, wenn beispielsweise die Ernte nicht rechtzeitig eingeholt werden konnte. Deshalb bemühte man sich stets, das Pferd »funktionstüchtig« zu erhalten, damit es seine Aufgaben erfüllen konnte. So war dann auch die aus der heutigen Sicht pferdefeindliche Anbindehaltung akzeptabel, weil die Pferde in der Regel einen langen harten Arbeitstag hinter sich hatten und deshalb vermutlich froh waren, ohne Rangordnungsstreitereien in Ruhe fressen, dösen und schlafen zu können. Wer sich darüber mokiert, sollte sich klar machen, dass es reinen Boxenpferden heutzutage noch viel schlechter ergeht. Denn im Unterschied zu ihren arbeitenden Vorfahren, die den ganzen Tag meist bei Licht und frischer Luft kontinuierlich Bewegung und sinnvolle Beschäftigung hatten, »vergammeln« sie die meiste Zeit hinter Gittern, um dann nicht selten für eine Stunde sportliche Höchstleistungen vollbringen zu müssen. Natürlich überwiegen die Schattenseiten jener »guten, alten Zeit«, aber etwas mehr Arbeit im artgemäßen Sinne würde unseren heutigen Pferden sicherlich gut tun. Denn auch, wenn es viele Nachteile für die Pferde gab, Langeweile und Müßiggang – heute mögliche Auslöser für Verhaltensstörungen, Übergewicht und Wohlstandskrankheiten – kamen damals praktisch nicht vor. Während also früher die Pferde für den Menschen arbeiteten, arbeiten heute überwiegend die Menschen für die Pferde: Zum einen, um durch berufliche Tätigkeit das Geld für Unterhalt und Equipment ihrer Vierbeiner zu verdienen und zum anderen, um die Pflegemaßnahmen rund ums Pferd zu erledigen. Für die eigentliche Arbeit mit dem Pferd, nämlich für das Reiten oder ein entsprechend anderes Training, bleibt dann in der ohnehin meist knapp bemessenen Freizeit häufig zu wenig Zeit übrig. Mehr als 70 Prozent unserer Pferde haben deshalb vor allem eins: Freizeit – und sind im wahrsten Sinne des Wortes »Freizeitpferde« mit häufig negativen Folgen für ihre Gesundheit!

Denn zuviel Nichtstun provoziert nicht nur Gewichtszunahme, sondern schadet darüber hinaus dem ganzen Pferdeorganismus: Die Durchblutung wird gestört, Muskeln schrumpfen, Knochen bilden sich zurück, Gelenke werden nicht geschmiert, die Verdauung gerät ins Stocken und die Lunge verschleimt. Langandauernder Stillstand, zum Beispiel durch ganztägige Boxenruhe, bedeutet nahezu Stilllegung aller Kreisläufe im Pferdekörper und damit Degeneration und schließlich Krankheit. Um gesund zu bleiben, muss das Pferd täglich stundenlang im gemächlichen Tempo »arbeiten«, aber auch kurzfristig höhere Arbeitsleistungen verrichten. Nur so gelangen genügend Nährstoffe über die Blutbahn zu den Zellen, wird die Lunge ausreichend mit Sauerstoff versorgt und »geputzt« sowie Muskeln, Sehnen und Knochen stabiler nachgebaut, weil das Wachstum auf Druck und Zug reagiert und angeregt wird.

Alle bisherigen Erkenntnisse legen nahe, dass Pferde möglichst täglich gearbeitet werden sollten, um gesund und schlank zu bleiben.

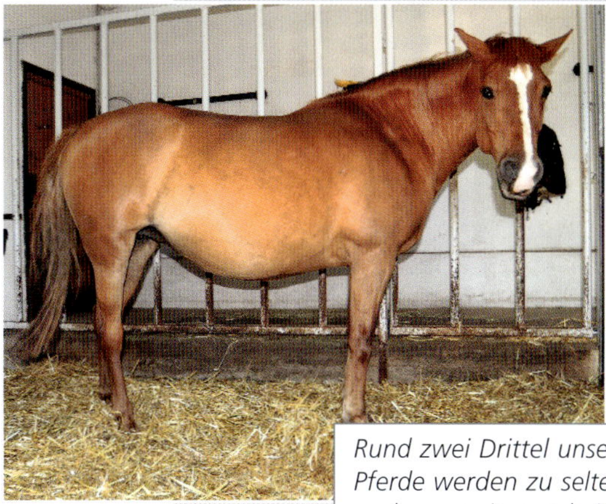

Rund zwei Drittel unserer Pferde werden zu selten und zu wenig gearbeitet.

Zweimal in der Woche spazierenreiten reicht bei weitem nicht aus, damit Pferde gut in Form bleiben und stellt noch nicht einmal leichte Arbeit dar. Viele Reiter sind sich dessen nicht bewusst, glauben, ihrem Pferd etwas Gutes zu tun oder befürchten, es zu überfordern, wenn sie es täglich trainieren. Dabei wäre ein gewisses Tagespensum an Arbeit pferdegerechter und würde zur Gewichtsregulierung und Gesunderhaltung beitragen.

Manch skeptischer Leser mag einwenden, warum »Arbeit« für das Pferd überhaupt notwendig sein soll, wo es doch nicht dazu geboren ist, Lasten zu tragen oder zu ziehen. Das ist zwar richtig, wahr ist aber auch, dass wir unseren Hauspferden nicht nur die Freiheit und ihren ursprünglichen Lebensraum genommen haben, sondern auch ihre eigentlichen Aufgabenfelder. Diese bestanden nicht nur aus langsamem Herumwandern, sondern durchaus aus täglichen »Arbeitsspitzen«, wie zum Beispiel dem Fliehen vor Raubtieren. Auch das Kampfspiel der Junghengste, das Toben der Fohlen oder das Stutentreiben des Leithengstes sind natürliche Tätigkeitsbereiche der Pferde, die heute – bis vielleicht auf Zucht- und Aufzuchtpferde – weitgehend wegfallen und durch gezieltes Training ersetzt werden müssen. So fordern inzwischen viele Tierärzte, dass ein gesundes Pferd mindestens einmal am Tag einen schnellen Galopp braucht. Auf diese Weise wird Adrenalin freigesetzt, das Herzschlag und Blutdruck steigert und durch Öffnen der Blutgefäße und Zellen für mehr Nachschub und Versorgung von Nährstoffen sorgt. Außerdem atmet das Pferd im Sprint bis zu viermal mehr Sauerstoff als in Ruhe ein, was Sekretablagerungen aus der Lunge abtransportiert.

Will man Pferde also bewusst artgemäß arbeiten, so geht das weder mit teilweise fragwürdigen sportlichen Höchstleistungen, noch mit falsch verstandener Rücksichtnahme, sondern nur mit einem für Pferde angemessenem Training. Dieses muss sich darüber hinaus auch am jeweiligen Alter und Trainingszustand orientieren, so dass das Pferd weder über- noch unterfordert wird.

Weitere Voraussetzungen für regelmäßige Bewegung sind:

- Es sollte eine möglichst artgerechte Haltung mit großem Bewegungsspielraum angestrebt werden – auch wenn dadurch weitere Anfahrtswege oder die Hängerfahrt zur nächsten Reithalle im Winter verbunden sind. Pensionsställe, die einen wöchentlichen Ruhetag zwangsverordnen, sollten unbedingt gemieden werden.
- Die Freizeitgestaltung mit dem Pferd sollte genau geplant werden, damit genügend Zeit für das Arbeiten des Pferdes verbleibt. Eine Reitbeteiligung kann für das Pferd von Vorteil, eine verlässliche Vertretung für Urlaub beziehungsweise im Krankheitsfall sollte selbstverständlich sein.
- In einer Haltergemeinschaft müssen alle anstehenden oder täglich anfallenden Arbeiten gerecht aufgeteilt werden, damit sich jeder Pferdebesitzer ausreichend um sein eigenes Pferd kümmern und noch die notwendige Kraft für das Reiten seines Pferdes aufbringen kann.
- Die tägliche Arbeit mit dem Pferd sollte nicht einseitig, sondern abwechslungsreich gestaltet werden sowie möglichst oft in der freien Natur stattfinden. Denn durch stupides Rundendrehen in teils staubigen Hallen kann kein Pferd gesund und zufriedenstellend trainiert werden.

Übergewicht feststellen

Wie kann nun Übergewicht festgestellt werden? Bei Unsicherheit über den Futterzustand des eigenen Pferdes sollte man zunächst einen unabhängigen »Pferdekenner« (kompetenter Züchter oder Zuchtexperte) bitten, sich das Pferd anzuschauen, um eine erste objektive Meinung zu erhalten. Denn bei täglichem Umgang mit dem Pferd entwickelt man nicht selten eine Art »Tunnelblick«, der es schwierig macht, das äußere Erscheinungsbild des Pferdes im Hinblick auf mögliches Übergewicht vorurteilslos einzuschätzen. Auf keinen Fall sollte man einen guten Bekannten oder gar einen Freund mit entsprechendem Pferdewissen bemühen, denn diese halten sich meistens bei ihrer Einschätzung aus Rücksichtnahme zurück. Auch der langjährige Haustierarzt wird sich möglicherweise, um seinen Kunden nicht vor den Kopf zu stoßen, eventuell zu vorsichtig äußern.

Zur Beurteilung der Gesamterscheinung eines Pferdes werden folgende Merkmale herangezogen: Typ, Ausdruck und Adel, Rahmen und Format, Kaliber, Kondition, Konstitution, Entwicklung und Gesundheit. Das im Rahmen der Beurteilung von Übergewicht entscheidende Kriterium ist die »Kondition«. Darunter ist nicht die umgangssprachliche Ausdauer gemeint, sondern das äußere Erscheinungsbild eines Pferdes (lateinisch: condicio = Beschaffenheit, Zustand, Verfassung), das in vier Kategorien eingeteilt wird: Zuchtkondition, Leistungs- und Gebrauchskondition, Mastkondition und Unterernährung. In unserem Fall geht es ausschließlich um die Gebrauchs- und Mastkondition.

Um allerdings genauere Anhaltspunkte zu erhalten, kommt man um eine Pferdewiegung und Überprüfung des Futterzustands durch Abtasten bestimmter Körperstellen (Body Condition Score) nicht herum. Denn führt man nur eine Wiegung des Pferdes durch und vergleicht diese mit dem Durchschnittsgewicht solcher gleicher Rasse und Größe, bleiben Faktoren wie Darminhalt, Knochenbau oder geschlechtsspezifische Merkmale unberücksichtigt. Deshalb gilt das zusätzliche Abtasten bestimmter Körperzonen mit Einzelbewertung (Punktevergabe) derzeit als die sicherste Möglichkeit, Übergewicht und Depotfettansammlungen beim Pferd festzustellen.

Ungenaues Messen und Rechnen

Die Methode, das Gewicht anhand einer mathematischen Formel auszurechnen, ist ebenfalls sehr ungenau, weil entscheidende Parameter wie Größe, Körper- und Knochenbau sowie Muskulatur keine Berücksichtigung finden. Das Gewicht wird wie folgt errechnet:
Brustumfang (cm, Gurtlage) x Brustumfang (cm) x Körperlänge (cm, vom Buggelenk bis Sitzbeinhöcker) geteilt durch 11900 (beim adulten Pferd) = Gewicht in Kilogramm.

Bilden sich beim Drehen des Kopfes um 90 Grad sichtbare Speckrollen an Hals und Schulter, ist das Pferd eindeutig zu fett.

Rassetypische Konditionsmerkmale

Die Einschätzung, in welchem Erscheinungsbild sich ein Pferd befindet, hängt auch von rassetypischen Merkmalen ab. So weicht die Beurteilung von Leistungs-, Gebrauchs- und Mastkondition beispielweise bei Barockpferderassen (wie Andalusiern oder Lipizzanern) und Arabischen Pferderassen erheblich voneinander ab. Dabei wäre die anzustrebende Leistungs- oder Gebrauchskondition eines Lipizzaners bei einem Arabischen Vollblut – nur um ein extremes Gegenbeispiel zu nennen – bereits als Mastkondition zu werten. Auch bei Kaltblütern können die rassetypischen Merkmale wie die gespaltene Kruppe nicht mit denen anderer Rassen wie Fjord- oder Islandpferden verglichen werden. Ist bei den beiden letztgenannten eine solche gespaltene Kruppe sichtbar, handelt es sich um eine unerwünschte Depotfettablagerung. Man muss also bei der Beurteilung der Kondition innerhalb der Rassen Unterschiede machen.

Wiegen

Jeder Pferdebesitzer sollte das Gewicht seines Vierbeiners genau kennen, allein schon um Medikamente und Wurmkuren korrekt dosieren zu können. Um ein eventuelles Übergewicht feststellen zu können, müsste man allerdings sein Normalgewicht kennen. Tabelle 8 zeigt eine Übersicht von Körpergewichten verschiedener Pferderassen und Warmblutschläge.

Pferderasse	leichtestes Pferd	schwerstes Pferd	Durchschnitt
Andalusier	394	490	442
Anglo-Araber	456	610	533
Arabisches Vollblut	423	573	498
Ardenner Kaltblut	714	1056	885
Bayerisches Warmblut	520	710	615
Deutsches Reitpony	354	455	404,5
* Esel	156	213	184,5
* Falabella	54	87	70,5
Friese	549	743	646
Hannoveraner	527	763	645
Haflinger	399	608	503,5
Hessisches Warmblut	633	724	678,5
Irish Tinker	459	732	595,5
Islandpferd	311	500	405,5
* Lipizzaner	563	642	602,5
Lusitano	399	487	443
Mecklenburger	535	688	611,5
* Merens	516	552	534
New Forest	414	512	463
Norweger (Fjord)	332	534	433
Oldenburger	513	699	606
Paint Horse	470	603	536,5
* Paso Peruano	389	463	426
Pinto	473	601	537
PRE	370	529	449,5
Quarter Horse	408	617	512,5
Sächsisches Warmblut	512	610	561
Schwarzwälder	523	822	672,5
Shetland Pony	132	282	207
Shire Horse	643	907	775
Süddeutsches Kaltblut	612	886	749
Trakehner	465	672	568,5
Westfale	508	739	623,5
Württemberger	453	679	566
Zweibrücker	479	682	580,5

Tabelle 8: Körpergewicht verschiedener Rassen und Warmblüter in alphabetischer Ordnung (in kg)
(Quelle: Equi-Balance, Pferdewägungen vor Ort, Bernd Rothhaar, Rolbing – Frankreich)
*Bei den mit *) gekennzeichneten Rassen wurden weniger als 10 Pferde gewogen.*

Wiegen mit der mobilen Pferdewaage auf dem Heimathof (links). Das Wiegezertifikat eignet sich auch als Boxenschild (rechts).

Für das Wiegen eines Pferdes gibt es drei Möglichkeiten: Zum einen eine Großwaage bei landwirtschaftlichen Genossenschaften (zum Beispiel Raiffeisen). Befindet sich eine solche in Stallnähe, kann diese im Rahmen eines Ausritts besucht und das Pferd gewogen werden (Sattelgewicht abziehen). Eine zweite ist, das Pferd samt Pferdehänger und PKW dort zu wiegen und anschließend nochmals das Gespann ohne Pferd, nachdem man es am Stall wieder ausgeladen hat. Die dritte ist eine mobile Pferdewaage. Inzwischen werden diese Dienste flächendeckend in ganz Deutschland angeboten (inklusive Wiegezertifikat). Die Kosten richten sich nach der Anzahl der zu wiegenden Pferde, je mehr, desto preiswerter. Zum Teil führen diese Unternehmen nach dem Wiegen gegen Aufpreis auch einen Body Condition Score (BCS = »Körper-Konditions-Einordnung«) durch. Aus dem Gewicht und dem BCS können dann Rückschlüsse auf die Kondition des Pferdes gezogen werden. Bei ausschließlichem Wiegen wird allerdings lediglich das Gesamtgewicht des Pferdes ermittelt, nicht aber sein Fettanteil. Auch bleibt die Magen-/Darmfüllung unberücksichtigt, die bei einem 550 Kilogramm schweren Pferd im Extremfall bis zu 150 Kilogramm wiegen kann und aus etwa 85 Prozent Wasser und 15 Prozent Trockenmasse besteht.

Beachte:

Laut Dr.med.vet. Dorothee Meyer kann das maximale Fassungsvermögen des etwa 30 Meter langen Magen-Darmkanals eines mittelgroßen Pferdes bis zu 300 Liter betragen (Magen 20 Liter, Dünndarm um 64 Liter, Blinddarm 34 Liter und Dickdarm bis zu 180 Liter). Setzt man ein Raumgewicht des Magen/Darm-Breis von 50 Prozent an (also ein Liter Futterbrei = 0,5 Kilogramm Gewicht), kann das Gewicht eines vollen Magen-Darm-Trakts bis zu 150 Kilogramm betragen. Im Realfall wird dieses Maximalgewicht jedoch nicht erreicht, kann aber je nach Futteraufnahme der letzten 72 Stunden um die Hälfte betragen, also immerhin noch 75 Kilogramm.

Weitere Unwägbarkeiten bei der Bestimmung des Normalgewichts eines Pferdes sind seine Körpergröße und Körperlänge, der Knochenbau beziehungsweise die Knochenstärke, die Ausprägung seiner Muskulatur und das Geschlecht. Man kann also nur Bezug auf zurzeit vorhandene Angaben von Durchschnittsgewichten bestimmter Rassen nehmen (siehe Tabelle 8) und diese mit dem ermittelten Gewicht vergleichen. So hat man zumindest einen Anhaltspunkt, wie viel Übergewicht das Pferd vermutlich besitzen könnte.

Body Condition Score (BCS): Der »Speck-Check«

»Body Condition« ist ein Maß für das Vorratsfett im Körper eines Pferdes. Da die direkte deutsche Übersetzung »Körperkondition« fälschlicherweise den Trainingszustand impliziert und nicht den Ernährungszustand, wird im Folgenden der englische Begriff verwendet.

Im Zusammenhang auf ein mögliches Übergewicht beim Pferd müssen zuvor zwei äußere Erscheinungsbilder unterschieden werden: Zum einen ein Raufutter- und/oder Grasbauch und zum anderen wirkliches Übergewicht durch unterschiedlich starke Depotfettansammlungen am Körper.

Beim Raufutter- oder Grasbauch wölben sich Bauch und Flanken durch anhaltend große Futtermengen im Dickdarm auf. Ein saisonell bedingter Grasbauch hat also mit echtem Übergewicht durch Depotfetteinlagerungen nichts zu tun. Diese besiedeln neben einigen inneren Organen besonders das sogenannte Unterhautbindegewebe der Körperoberfläche, welches sich zwischen der Ober-/Lederhaut und dem Muskel/Knochen befindet. Die lockere Struktur dieses Bindegewebes und ihre gute Durchblutung infolge der zahlreichen kleinen Blutgefäße (Arterien, Venen) ermöglichen den Fettzellen eine rasche Einlagerung (»gute Zeiten«, Ansammeln von Reserveenergie), aber auch ein zügiges Auslagern, um als Notenergie genutzt zu werden (Futterknappheit). Fetteinlagerungen im Unterhautbindegewebe dienen zusätzlich aber noch als Wärmeschutz im Winter und als elastischer Schutz der darunter liegenden Muskeln, Sehnen und Knochen. Sie wirken wie ein Puffer gegen Stöße und sonstige mechanische Einwirkungen.

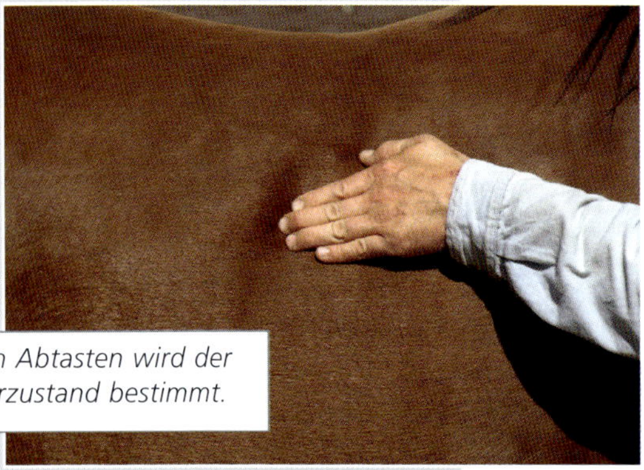

Durch Abtasten wird der Futterzustand bestimmt.

Beachte:

Während flächige Fetteinlagerungen im Unterhautbindegewebe relativ schnell über die Blutgefäße abtransportiert und dann in Energie umgesetzt werden, ist dies bei größeren Depotfettansammlungen in »Problembereichen« nicht der Fall. Dieses Fett wird trotz entsprechender Bewegung und bedarfsorientierter Fütterung nur langsam abgebaut.

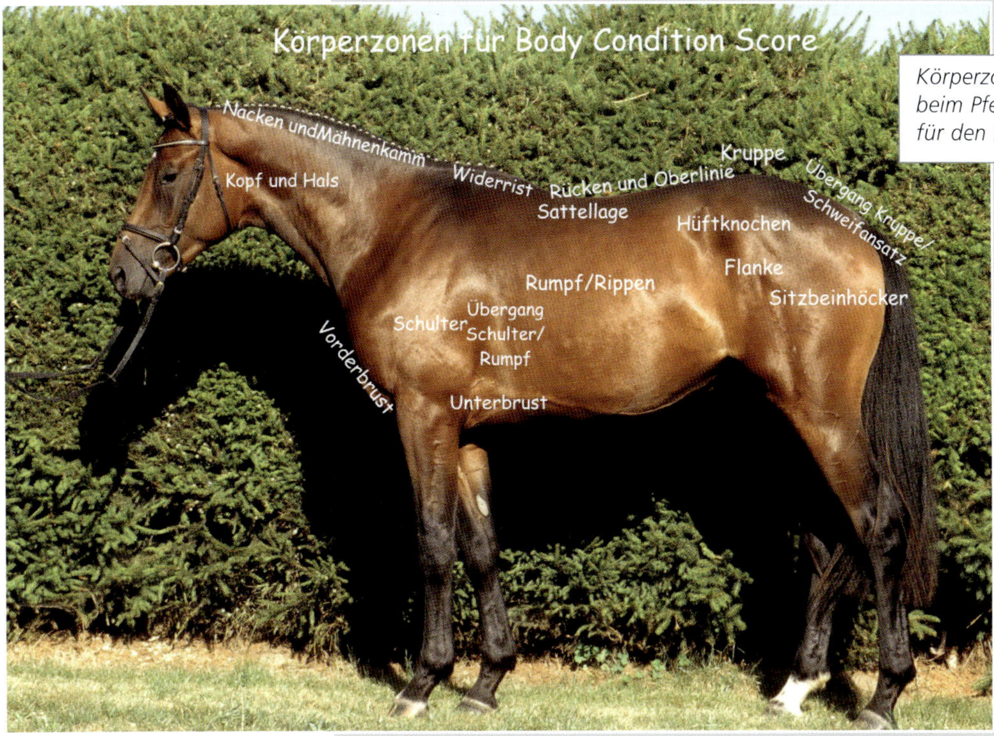

Körperzonen beim Pferd für den BCS.

Pferde aus Nordklimazonen besitzen in der Regel ein stärker ausgeprägtes Unterhautbindegewebe als Pferde aus Südklimazonen. Das bedeutet, dass sich bei den »Nordpferden« auch nachhaltigere Depotfettschichten bilden können.

Neben den ganzkörperflächigen Fetteinlagerungen im Unterhautbindegewebe gibt es aber auch bestimmte Zonen beim Pferd, an denen sich besonders üppig Depotfett einlagert. Diese werden als »Problembereiche« bezeichnet. Ihre Ausprägung findet bei der Einstufung des Body Condition Scores Beachtung. Solche Bereiche sind zum Beispiel der Mähnenkamm, die Kruppe (Schweifansatz) oder die Schultern. Weitere Fetteinlagerungen, die von außen nicht sichtbar sind, gibt es auch an inneren Organen wie der Leber (Leberverfettung), dem Herzmuskel und in den Muskelfasern.

Das äußere Erscheinungsbild und der Futterzustand eines Pferdes können relativ genau durch Inaugenscheinnahme **und** Befühlen bestimmter Körperstellen und Körperflächen eingeordnet werden (Body Condition Score, BCS). Hierzu werden zehn Körperpartien betrachtet und abgetastet und mit Hilfe einer Notenskala von 1 (extrem mager) bis 9 (extrem fett) bewertet, um Aufschluss über die Intensität und Konsistenz der Unterhautfettgewebe zu erhalten.

Seit 1919 bis heute wurden von verschiedenen Forschern unterschiedliche Modelle des BCS entwickelt, meist in 6- und 9-Punkte-Skalen. Die aktuellste BCS-Skala enthält nur noch sechs

Einordnungen, um die Durchführung und Einordnung für den Laien einfacher zu gestalten, nämlich ausgezehrt, mager, mittelmäßig, gut, fett und fettleibig. Hinsichtlich unserer Thematik stünden somit nur noch drei Kriterien »gut, fett und fettleibig« zur Verfügung. Deshalb wird die »klassische Methode« nach Henneke (1983) mit insgesamt neun Einteilungen angewendet, die eine exaktere Beurteilung übergewichtiger Pferde durch die fünf Erscheinungsbilder »normal, rundlich, dick, fett und extrem fett« möglich macht. Henneke hat seine 9-Punkte-Skala zwar ursprünglich an Quarter Horse-Stuten entwickelt, um den Einfluss der Body Condition auf deren Fruchtbarkeit zu untersuchen. Spezielle Eigenheiten beim Erscheinungsbild der Quarter Horses wie die rassetypische Ausbildung der Hinterhandmuskulatur wurden jedoch durch eine ganze Reihe von Forschungsarbeiten inzwischen erweitert und auf alle Pferde »angepasst« (zum Beispiel Dr. Stephanie Schramme, Tierärztlichen Fakultät der Universität München: »Body Condition Scores und biometrische Daten zur Abschätzung des Körpergewichtes bei Warmblutpferden«).

Zuchtstuten haben hormonell bedingt mehr Depotfett.

Dennoch müssen die unterschiedlichen Merkmale verschiedener Rassen sowie die Art der Verwendung bei der »Notenvergabe« berücksichtigt werden. So kann die Einordnung eines freizeitmäßig gerittenen Pferdes der Nordrasse in die Stufe 6 (rundlich) durchaus unproblematisch sein, genauso wie bei Zuchtstuten aufgrund der im Depotfett gespeicherten Hormone (Fruchtbarkeit). Auch können Ponys, Kleinpferde und »Robustrassen« wegen des ausgeprägteren Unterhautbindegewebes massiger erscheinen als beispielsweise Vollblüter, und Friesenpferden wird bei gleicher Body Condition deutlich mehr Kammfett zugesprochen als Vertretern anderer Rassen. Ein hoher Kamm resultiert auch bei Hengsten aus einer entsprechenden Verteilung des subkutanen Fetts und sollte daher bei der Bewertung berücksichtigt werden. Auch eine gespaltene Kruppe ist nicht zwingend Depotfett, sondern kann ein Zeichen ausgeprägter Muskulatur zum Beispiel bei Zugpferden (Kaltblütern) sein. Allerdings ist eine gespaltene Kruppe nicht mit Fettwülsten links und rechts der Wirbelsäule (Rinne) zu verwechseln.

Der Body Condition Score ist übrigens bei jungen Pferden je nach Entwicklungsstadium erst ab einem Alter von anderthalb bis drei Jahren sinnvoll, da sich ihr äußeres Erscheinungsbild aufgrund des Wachstums noch regelmäßig verändert.

Auch bei älteren Pferden kann der BCS beispielsweise aufgrund von Senkrücken und Muskelschwund nicht vorbehaltlos angewendet werden. Beim Abstreifen der Haut sollte außerdem mit einbezogen werden, dass das Unterhautbindegewebe mit zunehmendem Alter seine Elastizität verliert und nachgiebiger wird. Deshalb muss die hierbei entstehende »Hautwelle« kein eingelagertes Fett sein, sondern nur lockeres Bindegewebe.

Führt man den BCS im Rahmen einer Gewichtsreduzierung mehrmals oder zweimal im Jahr durch, sollte dieser immer bei ähnlichen äußeren Bedingungen erfolgen, also beispielsweise nach dem endgültigen Ablegen des Winterfells im späten Frühjahr und vor der Bildung des neuen Winterfells im frühen Herbst. Denn dadurch wird eine saisonal bedingte Ungleichheit der Unterhautbindegewebs-Ausbildung vermieden. Grundsätzlich spielt die Jahreszeit eine beeinflussende Rolle. Denn im Winter haben Pferde zur Kälteabwehr mehr oder weniger verstärkte Fetteinlagerungen im Unterhautbindegewebe, die nach dem Fellwechsel vom Körper wieder absorbiert werden. Daher sollte man beim Durchführen des BCS im Winter Abstriche in der Bewertung machen.

Bei der Einschätzung des Futterzustandes durch die Summe der Einzelbeurteilungen muss aber auch die Gesamterscheinung eines Pferdes berücksichtigt werden. Während die Ausprägung einzelner mit Fetteinlagerungen durchsetzter Partien nur relative Einschätzungen erlauben, ermöglicht sein Gesamtzustand eine realere und rassebezogenere Bewertung. So ist etwa ein barockes Pferd bei der Notenvergabe in seiner Gesamtheit durchaus anders zu bewerten als ein Vollblut.

Richtig Tasten und Schieben

Im Folgenden werden insgesamt zehn Problembereiche aufgeführt, an denen sich bevorzugt Depotfett einlagert. Dabei wird jede einzelne Körperzone durch Betrachten und Tasten mit einer Note von 5 (= normal) bis 9 (= extrem fett) eingestuft. Am Ende werden dann die Noten addiert und durch zehn dividiert. So erhält man die individuelle Durchschnittsnote für sein Pferd und kann beurteilen, in welchem Futterzustand es sich befindet und wieviel es abnehmen muss.

Beim Tasten geht man folgendermaßen vor: Die Hand wird flach gehalten, die Finger gekrümmt auf die Haut gedrückt oder gepresst. Dadurch kann festgestellt werden, wie massig die Fetteinlagerung in der Haut ist. Beim Schieben wird mit den Fingerkuppen in der gleichen Handkrümmung die zu untersuchende Fläche mit dem Strich geschoben. Die Intensität der dadurch entstehen Wellen (Speckrollen) lässt Rückschlüsse über Stärke der Fetteinlagerung im Unterhautbindegewebe zu.

Vor allem entlang des Mähnenkamms kann sich vermehrt Depotfett einlagern. Wie bereits erwähnt muss jedoch hier beachtet werden, dass Hengste in der Regel einen kräftigeren Mähnenkamm aufweisen.

Grundsätzlich sind bei Warm- und Vollblütern aufgrund des dünneren Bindegewebes die Konturen von Adern und Muskeln am Kopf und Hals deutlicher sichtbar als bei Pferden aus

Im Extremfall kann ein Speckhals kippen.

Nordklimazonen. Die Problembereiche sind hier die Augenhöhlen und die seitlichen Ganaschen.
Aufgrund des verstärkt ausgebildeten Trapezmuskels (auch als »Kopf-Hals-Armbein-Muskel« bezeichnet), der vom Nacken bis zur Vorderbrust verläuft, ist die optische Einschätzung, ob es sich um Depotfett oder nur einen ausgeprägten Muskel handelt, schwierig. Hier hilft nur Fühlen und Tasten, indem man mit den Fingerspitzen am Trapezmuskel entlang streicht. Ist das Gewebe fest, handelt es sich meist um einen ausgebildeten Muskel, ist es weich und elastisch, kann das auf eine Depotfetteinlagerung deuten.
An der Schulter beziehungsweise am Übergang zum Rumpf des Pferdes befinden sich zwei Muskeln: Der ausgeprägtere Streckmuskel des Vorderarms (Übergang Schulter/Rumpf) und der nur etwa einen Zentimeter starke darüber befindliche Grätenmuskel (Schulter). Das Ertasten von Depotfett an der Schulter beziehungsweise am Übergang zum Rumpf verhält sich ähnlich wie beim Halsmuskel: Spürt man beim Entlangstreichen festeres Gewebe, sind dies Muskeln. Ist es weicher und lässt es sich leicht verschieben, ist zwischen Oberhaut und Muskel Fett eingelagert und wird im Extremfall als »Speckschulter« bezeichnet.

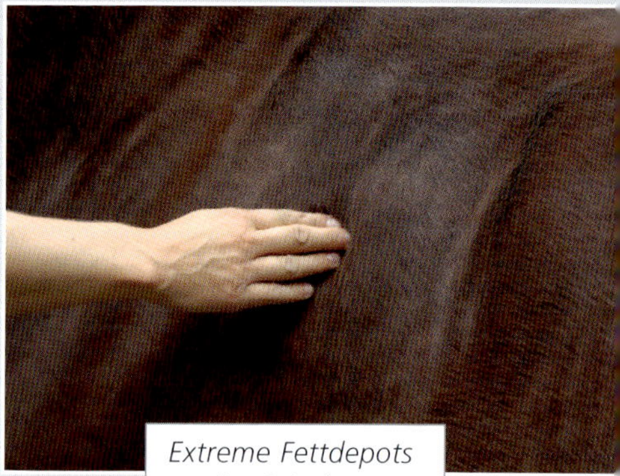

Extreme Fettdepots an der Schulter.

Der Kappenmuskel über dem Widerrist ist je nach Rasse, Typ und Trainingsstand unterschiedlich ausgeprägt. Ertastet man diese Region seitlich in Richtung Sattellage, entsteht eine Hautwelle. Je größer diese ist, desto mehr Fettgewebe ist eingelagert.
Vorder-, Unter- und Seitenbrust stellen die drei Komponenten des Brustkorbs dar. Die Vorderbrust sollte entsprechend ausgeprägt, breit und kräftig bemuskelt sein, damit sich die Lunge ausreichend nach vorne ausdehnen kann. Beim Abtasten beziehungsweise Abstreichen muss deshalb bedacht werden, dass das Gewebe fest und hart sein kann (ausgeprägter oberflächlicher Brustmuskel) oder weich und rundlich (eingelagertes Fett). Die Unterbrust verläuft zwischen den Vorderbeinen und reicht bis zur Sattelgurtlage. Diese Bereiche füllen sich bei adipösen Pferden bevorzugt mit Depotfett, was besonders bei angezogenem Sattelgurt deutlich zu erkennen ist.
Mit zunehmender Bewertungsstufe bilden sich links und rechts der Wirbelsäule nach außen gewölbte Fettwülste, wobei die Wirbelsäule selbst dann als »Rinne« erscheint, in der sich bei Regen oder nach dem Abspritzen im Sommer Wasser sammelt.
Im Idealfall sollte der Bauch den Umfang des Brustkorbes und der Schultern nicht übertreffen. Die Rippen sollten nicht zu sehen, beim Abstreichen aber problemlos zu fühlen sein. Sind sie das nicht, ist flächiges Depotfett im Unterhautbindegewebe eingelagert. Über den Rippen und dem Rumpf befinden sich allerdings zwei Muskeln, oben der breite Rückenmuskel und unten der äußere schiefe Bauchmuskel. Beim gut trainierten Pferd können diese flächigen und den

Kruppe und Schweifansatz gehören zu den »Problemzonen« beim Pferd.

gesamten Rumpf überspannenden Muskeln eine Stärke bis zu zwei Zentimetern aufweisen, was die Unterscheidung zwischen Muskeln und Fettdepot beim Tasten schwierig macht.
Auch die Muskulatur der Kruppe mit dem Kruppenmuskel und den Auswärts- und Einwärtsziehern, die alle drei von der Kruppe beziehungsweise vom Übergang zum Schweifansatz ausgehen und in den Oberschenkeln enden, können sehr ausgeprägt sein, da die Hinterhand in der Bewegung die meiste Arbeit verrichtet. Deshalb ist auch hier die Bewertung, ob es sich um Fett oder Muskeln handelt, nicht einfach. Fetteinlagerungen befinden sich meist auf der Kruppe und am Übergang zum Schweifansatz vorwiegend rechts und links der Schweifrübe sowie hintereinander zwischen Kruppe und Schweifansatz. Die Flanken sollten vom Rumpf aus gerade in die Hinterhand übergehen, die Hüftknochen nicht hervorstehen, aber visuell gut auszumachen sein.

Der Body Condition Score sollte mindestens von zwei Personen durchgeführt werden, wobei die eine die Bereiche abtastet beziehungsweise abstreicht, beide die optischen Bewertungen vornehmen und die zweite Person Protokoll führt. In der Tabelle 9 auf der nächsten Seite sind die Einstufungen des Body Condition Score aufgeführt.
Wer den Futterzustand seines Pferdes exakt beurteilen will, findet im Anhang einen BCS-Bewertungsbogen, in dem die einzelnen Stufen ausführlich beschrieben sind und man die jeweilige Notenvergabe ankreuzen kann.

Abspecken und Gewicht halten nach Plan

Wurde durch Wiegen, Betrachten und den Body Condition Score die aktuelle Kondition des Pferdes festgestellt, geht es jetzt darum, das Normalgewicht zu halten oder übermäßig eingelagertes Depotfett abzubauen. Zunächst muss geklärt werden, welche Nährstoffe das Pferd überhaupt benötigt und wie seine Futterverwertung ist, um das Futter zu reduzieren sowie entsprechende Maßnahmen im Stall und auf der Weide vorzunehmen. Außerdem muss das Pferd vermehrt bewegt und gearbeitet werden. Allerdings müssen diese Umstellungen peu á peu erfolgen, um gesundheitliche Probleme zu vermeiden.

Stufe	Äußeres Erscheinungsbild (Body Condition)
5 = Normal	Pferd in vorbildlichem Futterzustand, das Unterhautbindegewebe ist elastisch und fest, keine punktuellen Fetteinlagerungen.
6 = Rundlich (auch als mäßig dick bezeichnet)	Das Unterhautbindegewebe ist verstärkt, aber noch elastisch und fest. Leichte Rinne links und rechts der Wirbelsäule möglich. Beginnende – kaum sichtbare, aber fühlbare – Fetteinlagerungen um den Schweifansatz, am Widerrist, Hals und hinter den Schultern.
7 = Dick	Das Unterhautbindegewebe weist flächig eingelagertes, weiches Fett auf und ist in Teilen nicht mehr fest. Rinne am Rücken, einzelne Rippen noch zu ertasten. Sichtbare und deutlich fühlbare Fettdepots am Widerrist, hinter den Schultern und am Hals.
8 = Fett	Flächig eingelagerte Fettschichten im fast gesamten Unterhautbindegewebe mit örtlichen, aber noch weichen Fettwölbungen an bestimmten »Problembereichen«. Rinne am Rücken. Rippen sind schwierig zu fühlen. Deutliche Verfettung am Hals. Fettansatz an Innenseite der Hinterbacken.
9 = Extrem fett	Wie bei Stufe 8, jetzt aber erhebliche und zum Teil wellige Fettwölbungen an fast allen »Problembereichen«. Eingelagerte Fettdepots zum Teil verhärtet.

Tabelle 9: Einstufungen des Body Condition Score von Stufe 5 (normal) bis Stufe 9 (extrem fett) in Anlehnung an »Body Condition Scoring-System für Pferde« von Henneke.

Norm- und Reduktionsdiät

Ist das Pferd leichtfuttrig und sind bereits sicht-, mess- und fühlbare Depotfetteinlagerungen vorhanden, muss die Ernährung reduziert, sprich die täglich zugeführte verdauliche Energie verringert werden.

Grundsätzlich wird zwischen Norm- und Reduktionsdiät unterschieden: Für eine Normdiät wird zur Berechnung des Energiebedarfs das Normalgewicht zugrunde gelegt. Bei einer Reduktionsdiät dürfen 70 Prozent des Energiebedarfs nicht unterschritten werden. Für beide Diätformen gilt, dass der Bedarf an verdaulichem Eiweiß nie mehr als 30 Prozent vom Sollwert (= 1 g pro kg Körpergewicht und Tag) abweichen darf.

Die Normdiät bezieht sich auf leichtfuttrige Pferde mit Normalgewicht, die vorbeugend und dauerhaft praktiziert wird, damit Übergewicht erst gar nicht entsteht. Die Reduktionsdiät ist zeitlich begrenzt und dient dazu, schon bestehendes Übergewicht abzubauen, bis das Normalgewicht erreicht ist. Das dauert, je nachdem wie viel das Pferd abspecken muss, einige Wochen bis Monate. Fütterungsexperten empfehlen für ein gesundes Abnehmen maximal ein Prozent der Körpermasse pro Woche. Nach rund einem Monat sollten aber erste Erfolge zu verzeichnen sein. Eine kontinuierliche Gewichtsabnahme ist deshalb so wichtig, weil das Verdauungssystem des Pferdes auf Dauerfressen eingestellt ist und Blitzdiäten lebensgefährlich sind.

Keine extremen Fastenkuren!

Ein radikaler Futterentzug kann besonders für Ponys, Kleinpferde und Esel sehr problematisch werden. Denn wenn der Körper hungert, mobilisiert er seine Fettreserven, um seinen Energiebedarf zu decken. Dabei gelangt so viel körpereigenes Fett in Umlauf, dass es nicht mehr von Leber und Muskeln aufgenommen und umgesetzt werden kann. Dann lagert sich dieses überschüssige, nicht abbaubare Fett in der Leber und über die Blutbahn in Nieren und Herzmuskel ab und führt zu Hyperlipämie (überhöhte Blutfettwerte) mit der Gefahr einer meist tödlich verlaufenden Organverfettung.

Freundliche Hinweisschilder vermeiden zusätzliche Leckerbissen während des Abnehmens.

Berechnung der Futterration

Der Erhaltungsbedarf eines Pferdes (= Energiebedarf in Megajoule (MJ) verdauliche Energie) errechnet sich wie bereits schon einmal erwähnt mit der Berechnungsformel 0,6 MJ verdauliche Energie/kg mal Körpergewicht (kg) hoch 0,75 und ist in der Tabelle 7 »Täglicher Energiebedarf für die Erhaltung« angegeben. In vielen Veröffentlichungen, Doktorarbeiten und Studien werden dann verschiedene Abzüge zur Norm- beziehungsweise Reduktionsdiät angesetzt. Durchschnittlich betragen diese Abzüge bei leichtfuttrigen Pferden mit Normalgewicht um die 10 Prozent und 20 Prozent für den Abbau von Fettdepots. An dieser Stelle sei nochmals erwähnt, dass der Abbau des Depotfetts über den Blutkreislauf unbedingt durch gleichzeitig angepasste Bewegung erfolgen muss. Denn dieses Depotfett wird vom Pferdekörper dann als Baustoff für den Muskelaufbau verwendet und muss nicht über die Leber abgebaut werden, was diese vermehrt belasten würde.

Bei dieser groben Einteilung gelten also folgende Abzüge bei der Aufnahme der verdaulichen Energie:

- Normalgewichtige Pferde mit guter Futterverwertung minus 10 Prozent
- Übergewichtige Pferde minus 20 Prozent und
- Übergewichtige, leichtfuttrige Pferde minus 30 Prozent

Abweichungen bestehen in sogenannten Bedarfsspitzen. Das sind zeitliche Abschnitte, in denen sowohl das normalgewichtige als auch das abzunehmende Pferd ausreichend mit Bau- oder Brennstoffen versorgt werden muss.

Solche Zeitfenster ergeben sich beispielsweise während des Fellwechsels durch die veränderten Anforderungen an den Stoffwechsel. Ein korrekt ablaufender Fellwechsel benötigt dann mehr hochwertiges Eiweiß (Baustoffe) sowie Vitamin B und essentielle Fettsäuren etwa durch Bierhefe oder Leinsamen. Bei strengem Frost im Winter braucht das Pferd mehr Energie (Brennstoffe). Meist genügt aber, ein Mehr an Raufutter zu geben, allerdings auch nur so viel, dass es nicht auskühlt und trotzdem eventuelle Fettdepots weiterhin abbaut. Fällt die Temperatur unter minus 10 Grad Celsius, beträgt der Mehrbedarf an Energie in der Regel ein Prozent pro fallendem Grad.

In Tabelle 10 sind einige der wichtigsten Pferdefuttermittel und ihr Energiegehalt aufgeführt.

Der diätische Speiseplan

Beim leichtfuttrigen wie übergewichtigen Pferd geht es vor allem um die Reduktion zucker- und stärkehaltiger Futtermittel wie Getreide und herkömmliche Fertigfuttermischungen (siehe auch den Abschnitt »Überversorgung mit Kohlenhydraten?«). Wie bereits angesprochen, gibt es heute getreidefreie Strukturmüslis mit hohem Rohfaseranteil (rund 17 %) und niedrigem Stärke- und Zuckergehalt (ca. 80 Prozent weniger als Hafer). Allerdings nimmt das Pferd nicht automatisch ab, wie die Fasermüslis suggerieren. Denn

Tabelle 10: Verdauliche Energie einiger Pferdefuttermittel
Anmerkungen: In Relation auf die Trockenmasse enthalten Anwelksilage (Grassilage) und Heulage etwa gleich viel Energie wie Heu.
**1) Durch den Schnittzeitpunkt wird der Energiegehalt von Heu maßgeblich verändert: Beim 1. Schnitt vor dem Ähren- beziehungsweise Rispenschieben ist er am höchsten, bei Beginn bis Mitte Blüte mittelwertig und nach der Blüte am geringsten.*

Futtermittel	Verdauliche Enegie je kg in Megajoule (MJ)
Wiesenheu mit verschiedenen Inhaltsstoffen (grasreich, klee- und kräuterreich) und Schnittzeitpunkten (1. Schnitt vor Ähren-/Rispenschieben, Beginn bis Mitte Blüte und nach Blüte (von 395 Grasproben aus ganz Deutschland)); Quelle: Energiegehalt in Grasproben LfL-Bayern 2007	5,88 bis 11,84 MJ *1) im Mittel 8,9 MJ (Trockensubstanz)
Weidegras	um 2 MJ (Originalsubstanz)
Stroh	um 5 MJ (Trockensubstanz)
Gerste	um 13 MJ (Trockensubstanz)
Hafer	um 12 MJ (Trockensubstanz)
Pflanzenöl	38 MJ
Nicht-melassierte Trockenschnitzel	10 bis 12 MJ (Trockensubstanz)
Äpfel	um 2 MJ (Originalsubstanz)
Möhren	um 1,7 MJ (Originalsubstanz)
Futterrüben	um 2 MJ (Originalsubstanz)
Weizenkleie	um 11 MJ (Trockensubstanz)

sie haben aufgrund höherer Fettanteile ähnlich viel Energie wie Hafer und werden **ergänzend** zum Grundfutter zugefüttert. Das heißt, der Anteil an verdaulicher Energie dieses Ergänzungsfutters muss in der täglichen Gesamtfutterration eingeplant und vom Grundfutter abgezogen werden. Da diese Müslis zur Stabilisierung der Insulinfunktion speziell mineralisiert sind, eignen sie sich vor allem als »Kraftfutterersatz« bei der Normdiät leichtfuttriger Pferde, weniger zum Abspecken dicker Pferde.

Strukturmüslis haben zwar wenig Zucker und Stärke, dafür aber mehr Fett.

Generell tabu sind alle Ergänzungsfuttermittel und Beigaben, die zuckerreich sind wie melassierte Rübenschnitzel, süßes Obst und Gemüse, Brot sowie Leckerlis, die ebenfalls versteckte Dickmacher enthalten. Selbst Möhren müssen streng rationiert werden und dürfen lediglich als Leckerliersatz zur Belohnung gegeben werden.

Für die Dauer einer Reduktionsdiät sollten sämtliche Zusatzfuttermittel komplett von der Speisekarte gestrichen und das übergewichtige Pferd ausschließlich mit Raufutter versorgt werden. Viele Pferdebesitzer befürchten, dass ihre Vierbeiner dann nicht genügend Mineralien und Vitamine erhalten. Bei einem zwar dicken, aber noch gesunden, erwachsenen Pferd ist diese Sorge aber unberechtigt. Denn nach Angaben der Futterexperten Prof. Meyer und Prof. Coenen ist mit der Verfütterung von 1 Kilogramm Heu pro hundert Kilogramm Körpergewicht pro Tag der tägliche Bedarf an Mengen- und Spurenelementen in allen Leistungsklassen abgedeckt. Lediglich bei Natriumchlorid (= Salz) kommt es zu Defiziten, was aber mit einem einfachen Salzleckstein kompensiert werden kann. Bei den Vitaminen verhält es sich ähnlich. Nur bei den Vitaminen A (Beta-Karotin) und E kann die Versorgung knapp werden, wenn überaltetes Heu verfüttert wird. Das Heu sollte einen hohen Rohfaseranteil und einen möglichst niedrigen Energiewert haben. Diese Anforderungen setzen eine späte Ernte (Schnitt erst nach der Blüte), eine mäßige Stickstoffdüngung sowie zucker- beziehungsweise fruktanarme Gräserarten als Ausgangsmaterial voraus.

Pro hundert Kilogramm Körpergewicht müssen auch bei einer Reduktionsdiät mindestens 1 Kilogramm Raufutter pro Tag gefüttert werden, um den Bedarf an Rohfasern zu decken. Richtmaß ist das zu erreichende Normalgewicht. Wiegt das Pferd also beispielsweise 520 Kilo, soll aber nur 450 Kilo auf die Waage bringen, dürfen lediglich 4,5 Kilo Heu täglich vergeben werden. Um die Energiezufuhr nochmals zu reduzieren, kann ein Drittel der Heumenge durch Futterstroh (circa die Hälfte des Energiegehalts von Heu) ersetzt werden. In unserem Beispiel wären das dann 3 Kilo Heu und 1,5 Kilo Stroh, die man am besten mischt und auf möglichst viele, kleinere Portionen am Tag aufteilt. Für den Dauerfresser Pferd ist es nämlich wichtig, dass der Darm immer etwas zu tun hat, die Fresszeiten also möglichst lang und die Fresspausen so kurz wie möglich sind. Das erreicht man durch die Verwendung engmaschiger Netze (oder alterna-

Engmaschige Netze verlängern die Fressdauer.

Wiegen mit der Federwaage.

tiv Boden- und Trograufen mit schmalen Gitterabständen), aus denen das Pferd nur zupfen kann und automatisch langsamer frisst. Zudem wird das Raufutter vermehrt eingespeichelt und gründlicher gekaut, was sowohl verdauungsfördernd ist als auch den Sättigungseffekt nachweislich verstärkt, weil das Gehirn die Kauschläge quasi »mitzählt«.

Fütterungstipp: Heu (2:1) mit Gerstenstroh (wird wegen seiner langen Grannen nicht so gerne gefressen wie Weizenstroh und enthält weniger

Futter unbedingt abwiegen

Um die Futterration genau zu dimensionieren, ist das Abwiegen der Futtermittel unerlässlich. Hierfür kann das Gewicht von losem Heu und Stroh mittels einer modernen elektronischen Personenwaage und das Raufutter im Heunetz mit einer Federwaage genau ermittelt werden (Leergewicht des Heunetzes abziehen!). Ergänzungsfuttermittel können mit einer Küchen- oder Briefwaage gewogen werden. Das muss man jedoch – im Gegensatz zum Raufutterwiegen – nur einmal machen, weil in der Folgezeit jedes Mal die gleiche Menge aus einem zuvor leer gewogenen Kunststoffbehälter verabreicht werden kann.

Zucker) gut durchmischen und in ein engmaschiges Heunetz füllen..

Zudem sollte man auf eine nicht fressbare Einstreu wechseln (zum Beispiel entstaubte Hobelspäne), um die Futteraufnahme des leichtfuttrigen oder übergewichtigen Pferdes kontrollieren zu können. Befindet sich das Pferd in einer Gruppenhaltung, muss es während der Fresszeiten separiert werden. Für die Vergabe eventueller Zusatzfuttermittel haben sich Fressstände bewährt, für die Aufnahme des Raufutters helfen mobile Panelsysteme, das betroffene Pferd temporär von der übrigen Gruppe zu trennen.

Ist eine Reduktionsdiät aus medizinischer Sicht aufgrund massiven Übergewichts dringend erforderlich, können aber die entsprechenden Maßnahmen aus organisatorischen Gründen nicht oder nur unvollständig umgesetzt werden und/ oder hat man nicht genügend Zeit, das Pferd täglich zu bewegen, könnte es für die Schlankheitskur in eine Klinik oder Praxis mit stationärer Abteilung verbracht werden, wo es unter tierärztlicher Kontrolle abspeckt und das nötige Training erhält.

Grünlandgestaltung und reduzierte Grasaufnahme

Wie bereits erwähnt hat sich die Grünlandgemeinschaft von Pferdeweiden und Heuwiesen in den letzten Jahrzehnten drastisch verändert. Statt der mageren Gräser aus »Opas Zeiten« beherrschen jetzt überwiegend künstlich gezüchtete und energiereiche Zuckergräser aus den Biolabors der Saatgutkonzerne die Futtergrundlage unserer Pferde. Das hat neben mangelnder Bewegung allem Anschein nach zum dramatischen Anstieg der Wohlstandskrankheiten geführt. Aus diesem Grund ist nicht nur der **Weidegang unbedingt einzuschränken,** sondern es müssen auch Maßnahmen ergriffen werden, das Weideland pferdegerecht umzugestalten.

Welche Gräser, welches Saatgut?

Bereits durch die Auswahl des Saatgutes für die An- und Nachsaat lassen sich wesentliche Risikofaktoren beschränken. Die höchsten Energiewerte enthalten Weidelgras, Rohr- und Wiesenschwingel. Mittlere Zuckergehalte weisen Wiesenrispe, Knaul- und Wiesenlieschgras auf, Rotschwingel sowie Wiesenfuchsschwanz besitzen niedrigere Energiewerte. Am wenigsten Energie haben kultivierte Wildgräser, die nicht durch Zucht verändert wurden und deren Saatgut mittlerweile auch auf dem Markt erhältlich ist (Adresse siehe Anhang).

Vorsicht ist vor allem bei sogenanntem Reparatursaatgut geboten, das oft einen Weidelgrasanteil von 80 Prozent aufweist. Auch energiereduzierte Saatgutmischungen können noch bis zu acht Prozent Weidelgras und bis zu 30 Prozent Rohr- und Wiesenschwingel enthalten.

Die sechs wichtigsten Gräserarten absteigend nach ihrem Energiegehalt. Von links nach rechts: Deutsches Weidelgras, Wiesenrispe, Knaulgras, Wiesenlieschgras, Rotschwingel und Wiesenfuchsschwanz.

Fatales Fruktan

Etwa die Hälfte des Gesamtzuckers besteht aus dem Mehrfachzucker Fruktan, den die Gräser als Energiespeicher für »schlechte Zeiten« (Verbiss, Dürre, Frost, Nährstoffmangel) nutzen. Fruktan macht aber nicht nur dick, sondern kann – im Übermaß aufgenommen – auch Hufrehe auslösen. Im Unterschied zu Reheschüben, die durch eine Hormonstörung (hoher Insulinspiegel, Insulinresistenz) bei EMS, ECD und Diabetes verursacht werden, entsteht die sogenannte Grasrehe durch hohe Fruktanwerte. Dabei gelangt der Vielfachzucker weitgehend unverdaut in den Dickdarm, wo er durch Übersäuerung des Darminhalts ein massenhaftes Absterben nützlicher Mikroben bewirkt. Die Folge: Es bilden sich körpereigene Gifte (Endotoxine), die über die Darmwand in den Blutkreislauf gelangen und in den fein verzweigten Kapillaren der Huflederhaut die Entzündung (Laminitis) auslösen. Gefährdet sind wiederum vor allem leichtfuttrige und dickleibige Pferde. Die Fruktankonzentrationen im Gras schwanken stark und sind abhängig von Temperatur, Sonneneinstrahlung, Tages- und Jahreszeit. Die höchsten Werte werden im Frühjahr und Herbst gemessen. Grafik 2 zeigt die jahreszeitlichen Messwerte im Durchschnitt.

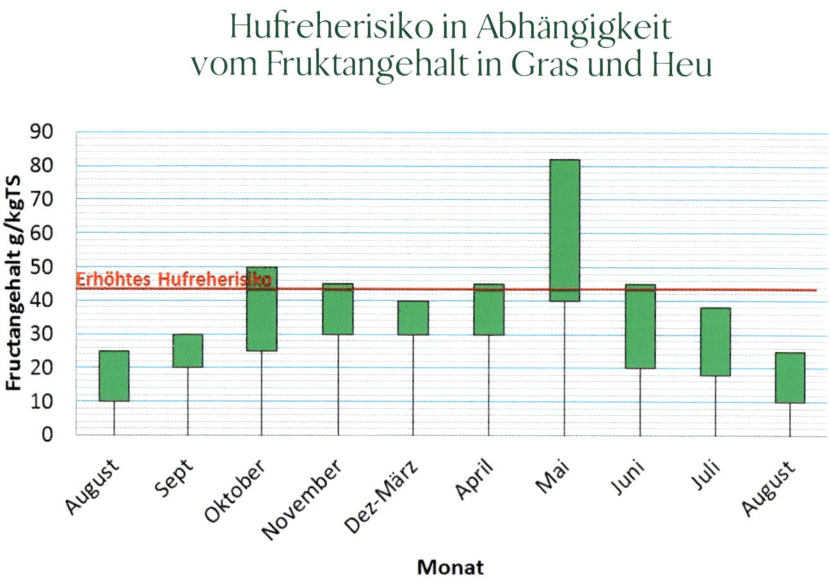

Jahreszeitliche Schwankungen der Fruktanwerte im Gras (Quelle: TiHo Hannover).

Kräuter bringen Vielfalt

Auch Nutzkräuter gestalten Pferdeweiden abwechslungsreicher und energieärmer. Viele Kräuter enthalten Mineralien, wirken sich positiv auf Magen und Darm aus und fördern die Stoffwechselprozesse. Auf kleinen Weiden können Nutz- und Heilkräuter in speziellen Bereichen wie Ecken oder Streifen angesät werden, da sie meist tritt- und verbissempfindlich sind. Diese Kräuterinseln können dann mittels Mobilzaun peu á peu für die Pferde freigegeben werden, wobei die abgefressenen Teilstücke dann wieder zum Nachwachsen gesperrt werden sollten.

Auf extensiv genutzten, weniger gedüngten Weiden siedeln sich verschiedene Wildkräuter je nach Standort und Bodenverhältnissen von alleine an, wie zum Beispiel Schafgarbe, Spitzwegerich und Wiesenkümmel, aber leider auch Giftkräuter wie Jakobskreuzkraut, das sich in den letzten Jahren stark verbreitet hat. Zwar verschmähen Pferde Giftpflanzen normalerweise instinktiv, wenn sie genügend Selektionsmöglichkeiten haben. Dennoch können sie vor allem gierigen oder unerfahrenen Pferden zum Verhängnis werden und sollten deshalb immer entfernt werden. Auf permanent kurz gefressenen Weiden werden Giftpflanzen überdies zwangsläufig, wenn auch in geringeren Mengen, mit aufgenommen, weil ihnen noch der abschreckende bittere Geschmack fehlt.

Überweiden vermeiden

Wo immer genügend Fläche vorhanden ist (mindestens 0,4 Hektar (= 4.000 Quadratmeter) pro Großpferd), sollten leichtfuttrige Pferde und solche mit Übergewicht auf schwach gedüngten und artenreichen Magerweiden grasen, die übrigens nicht gleichbedeutend mit abgefressenen Weiden sind, sondern einen hohen Kräuteranteil

Gräser und Kräuter sicher bestimmen

Viele Pferdebesitzer wissen gar nicht genau, welche Gräser und Kräuter auf ihren Weiden wachsen. Zur Bestimmung der wichtigsten Gräserarten sei die »Süßgräserfibel für Pferdehalter« von Dr. rer. nat. Renate Vanselow (Verlag NBB Scout, www.neuebrehm.de) empfohlen. Anhand farbiger Gräsertafeln und Schritt-für-Schritt-Anleitungen kann auch der Laie die Gräserarten – selbst im nicht blühenden Zustand – eindeutig identifizieren.

Für Kräuter gibt es einen Bestimmungsservice: Unter www.stocksberger.de das Formular ausfüllen, das frische Kraut in feuchtes Küchenpapier wickeln und das Päckchen an Diplom-Agrarbiologin Peggy Morell schicken (Peggy Morell, Beilsteiner Straße 18/1, 71543 Stocksberg/Beilstein, Telefon: 07130-4006802, E-Mail: beratung@stocksberger.de).

Auf Extensivweiden wächst Schafgarbe auch ohne Kräuter-Saatgut.

aufweisen und vorwiegend aus anspruchslosen, energiearmen und rohfaserhaltigen Gräserarten wie Rotschwingel, Kamm-, Ruch- und Straußgras bestehen, die auf Stresssituationen kaum mit vermehrter Fruktananreicherung reagieren. Bei hohem Besatz oder zu langer Nutzungsdauer besteht hier allerdings das Problem einer überhöhten Verunkrautung vornehmlich mit Hahnenfußgewächsen und Ampferarten. Das macht solche Weiden dann zumindest als Futtergrundlage rasch unbrauchbar.

Auch Weißklee breitet sich auf ständig abgegrasten Flächen rasant aus, weil er äußerst tritt- und verbissfest ist und sich durch kriechende Wurzelausläufer vermehrt, also nicht auf das Ansäen angewiesen ist. Klee speichert Zucker zwar kaum in Form von Fruktan, sondern als Stärke, die aber bei der Entstehung von Übergewicht und Grasrehe eine ähnlich große Rolle spielt, wenn sie übermäßig aufgenommen wird.

Wer im Verhältnis zum Pferdebestand also nur über wenig Grünfläche verfügt, sollte diese in mehrere Parzellen unterteilen. Die Empfehlung für intensiver beweidete Flächen lautet deshalb: Kurze Fress- und lange Ruhephasen. Auf so genannten Rotationsweiden grasen die Pferde auf wechselnden Teilstücken. Je nach Größe, Besatzdichte und Aufwuchs sollten die Pferde nach ein bis zwei Wochen auf ein anderes Teilstück umgetrieben werden. Abgeweidete Parzellen benötigen dann eine ausreichende Ruheperiode zum Nachwachsen.

Die intensivste Form der Grünlandnutzung ist die Portionsweide, bei der die Pferde mittels eines versetzbaren Elektrozauns täglich eine neue Fressparzelle zugeteilt bekommen. Vorteil dieser Weideführung ist die genaue Portionierung des Grünfutters. Nachteil: Um das notwendige Nachwachsen zu ermöglichen, muss ein zweiter Wanderzaun die abgegrasten Streifen schützen, was die Bewegungsfreiheit der Pferde einschränkt. Deshalb die Weide möglichst längs und nicht quer portionieren, sodass sich lange Streifen mit mehr Raum ergeben.

Heugewinnung und Grünlandnutzung für Hufrehepferde

Den meisten Pferdehaltern ist nicht bewusst, wie wichtig die Zusammensetzung des Grünlandes ist. Für viele Pferdebesitzer ist Wiese gleich Wiese und Heu gleich Heu.

Links: Deutsches Weidelgras-Heu, ungeeignet.

Rechts: Lieschgras-Heu, geeignet.

Die Weide im Mai.

Die Weide im Juni.

Für die Haltung und Fütterung von Hufrehepferden ist der Schnitt- und Hütezeitpunkt geeigneter Grassorten sehr wichtig.

Die Abbildungen zeigen ein identisches Grünland in den verschiedenen Wachstumsphasen des Grases im Jahr. Bei der Einsaat wurde Wert auf rohfaserreiches fruktanarmes Gras gelegt. Es ist eine Mischung vor allem aus Liesch- und Knaulgras. Die Weide wird regelmäßig gedüngt und gemulcht.

Im Mai ist diese Weide für Hufrehepferde zur Hütung und Heugewinnung ungeeignet. Das Gras befindet sich im Aufwuchs und enthält viel Zucker und Fruktan sowie wenig Rohfaser.

Die Weide im Juli.

Die Weide im Juli.

Mitte Juni hat das Gras seinen Blütenstand erreicht. Der Rohfasergehalt ist höher als der Fruktangehalt. Das Gras ist ausgewachsen und kann optimal als Heu für Hufrehepferde gemäht werden (Foto Seite 49 oben).

Mitte Juli hat das Gras seinen höchsten Rohfasergehalt und geringsten Fruktangehalt erreicht. Hufrehepferde können jetzt ungehindert das Gras hüten (Foto Seite 49 unten und Seite 50 oben).

Mit dem entsprechendem Weidemanagement und Heuerntezeitpunkt können auch Hufrehepferde dauerhaft ad libitum Heu oder Gras fressen. Im Aktivstall Hof Steinacker nehmen Hufrehepferde ad libitum Heu und Gras auf, ohne wieder an Hufrehe zu erkranken.

Grasaufnahme reduzieren

Hat man keinen Einfluss auf die Grünlandfläche ist die Grasaufnahme für leichtfuttrige und übergewichtige Pferde grundsätzlich einzuschränken. Das gilt besonders für den ersten, zuckerreichen Aufwuchs im Frühjahr, aber auch für den letzten Wachstumsschub im Herbst, dessen Energieniveau von vielen Pferdebesitzern häufig unterschätzt wird. Eine wirksame Methode ist die zeit-

Auf Portionsweiden ist das Grasen limitiert.

Fressregulatoren sorgen für eine eingeschränkte Grasaufnahme.

Düngen oder nicht?

Während noch vor einigen Jahren von einer Stickstoffdüngung eher abgeraten wurde, um zu üppigen Grasaufwuchs zu vermeiden, beurteilen Weideexperten das heute differenzierter: Weil Grassorten wie der Wiesenschwingel oder das Deutsche Weidelgras nur auf nährstoffreichen Böden gedeihen können, reagieren sie auf Nährstoffmangel mit vermehrter Produktion von Fruktan – vor allem dann, wenn die nötige Feuchtigkeit fehlt. Nährstoff- und Feuchtigkeitsmangel kann mit einer moderaten Stickstoffdüngung entgegengewirkt werden, weil diese den Wasserbedarf der Gräser reduziert. Auf Weiden mit einem hohen Anteil an Weidelgras und Wiesenschwingel wäre Düngeverzicht also eher kontraproduktiv. Deshalb raten Wissenschaftler vom Julius Kuhn Institut in Braunschweig zu einer Stickstoffdüngung von rund 50 bis 60 Kilogramm pro Hektar (= 10.000 Quadratmeter), aufgeteilt in drei Teilgaben im März/April, Juni/Juli und August/September.

liche Begrenzung des Weidegangs. Nachteil ist allerdings, dass sich viele Pferde relativ schnell auf die begrenzte Weidezeit einstellen, mit intensiverem Grasen reagieren und dann doppelt oder dreimal soviel Gras aufnehmen, als das bei ganztägigem Weidegang der Fall wäre. Hier heißt es: beobachten und die Fressfrequenz abschätzen.

Eine weitere Möglichkeit ist ein exakt angepasster Fressmaulkorb, durch dessen Schlitze die Grasaufnahme effektiv reduziert wird, ohne dass Wasseraufnahme und Sozialkontakte eingeschränkt sind.

Weil im Mai die höchsten Energie- und Fruktanwerte gemessen werden, sollten leichtfuttrige, übergewichtige und reheanfällige Pferde möglichst erst ab Mitte Juni auf die Weide gelassen werden. Dann haben sich nämlich die hohen Kohlenhydratanteile zugunsten der Rohfaseranteile verschoben, sprich das Gras ist nicht mehr so zucker- und fruktanhaltig und besitzt genügend Struktur, um das Pferd zu sättigen.

Damit die betroffenen Pferde nicht alleine im Stall zurückbleiben, empfiehlt es sich, sogenannte Diätgruppen zu bilden. Denn in jeder Haltergemeinschaft oder Pensionshaltung gibt es Pferde der genannten Problemkreise, die dann gemeinsam den Tag auf dem Paddock oder Auslauf verbringen können. Als »Trostpflaster« kann man täglich eine limitierte Portion Grasschnitt (zum Beispiel zweimal ein Kilo Gras, entspricht etwa 0,6 Kilo Heu) mit derselben Menge Futterstroh mischen und in einem engmaschigen Netz vorlegen. Auf diese Weise wird die Gier auf frisches Grün befriedigt, das Pferd stundenlang beschäftigt und zudem ganz allmählich »angeweidet«. Die Frischgrasmenge muss selbstverständlich von der täglichen Heuration abgezogen werden.

Wie viel Gras darf das Pferd fressen?

Bei unbegrenztem Weidegang sind Pferde etwa 15 Stunden am Tag mit Grasen beschäftigt. Ein 500-Kilo-Pferd nimmt dabei etwa 30 Kilogramm Gras auf. Bei durchschnittlich 2,2 Megajoule verdauliche Energie pro Kilo Gras entspricht das 66 Megajoule verdauliche Energie pro Tag. Bei Normalgewicht und einer durchschnittlichen Futterverwertung benötigt das 500-Kilo-Pferd im

Erhaltungszustand täglich 63 Megajoule verdauliche Energie. Ist es leichtfuttrig (minus 10 Prozent) und übergewichtig (minus 20 Prozent) braucht es nur noch 44 Megajoule verdauliche Energie pro Tag. Das entspricht rund 20 Kilo Gras täglich (als alleiniges Futter). In der Stunde nimmt dieses Pferd je nach Grasaufwuchs und Fressfrequenz zwischen zwei und sechs Kilo Gras auf, also im Mittel vier Kilo. Das entspricht etwa fünf Stunden Weidezeit.

Erhält dieses Pferd täglich zwei Kilo Futterstroh (= 2 x 5 Megajoule verdauliche Energie, also 10 MJ VE), reduziert sich die Grasmenge um etwa 4,5 Kilo auf 15,5 Kilo und die Weidezeit um 1,5 Stunden auf 3,5 Stunden. Wird anstatt Futterstroh Heu (zweimal circa 10 Megajoule verdauliche Energie, also 20 MJ VE) zugefüttert, reduziert sich die Grasmenge um neun Kilo auf 11 Kilo und die Weidezeit um drei Stunden auf 2,0 Stunden. Dieses Rechenexempel dient aber lediglich der Orientierung und muss für jedes Pferd individuell ermittelt werden. Denn der Energie- und Rohfasergehalt von Weidegras variiert je nach Bodenqualität, Düngeintensität und Gräsergemeinschaft erheblich. Auch Aufwuchshöhe und Fressfrequenz, die sich bei zeitlich begrenztem Weidegang meist erhöht, sind wichtige Parameter für die korrekte Berechnung der Tagesration an Gras.

Depotfett abtrainieren

Da eingelagertes Depotfett auch durch Bewegung abgebaut und in Muskeln umgewandelt werden kann, muss das übergewichtige Pferd täglich gearbeitet werden. Damit die durch das Übergewicht vorbelasteten Sehnen, Bänder und Gelenke nicht überstrapaziert werden, muss das Training schonend und schrittweise aufgebaut

Beim Handpferdereiten wird das dicke Pferd entlastet und durch den Artgenossen motiviert.

werden. Für die Grundkonditionierung sollte zunächst die Ausdauerleistung in nicht zu hohem Tempo gesteigert werden. Ideal sind Ausritte im zügigen Schritt täglich über zwei Stunden. Eine Führanlage oder ein Laufband können einen Teil des zeitaufwendigen Trainings ersetzen. Auch Handpferdereiten ist ideal, weil das dicke Pferd hierbei nicht mit dem zusätzlichen Reitergewicht belastet wird.

Durch das allmählich gesteigerte Ausdauertraining werden die Fettdepots kontinuierlich abgebaut, ohne den Gehapparat und Fettstoffwechsel gravierend zu beeinträchtigen. Wie schon kurz angeführt, benötigt der Pferdekörper generell für die Muskeltätigkeit von außen zugeführte Energie. Reicht diese über das Futter angebotene Energie nicht aus, besorgt er sich diese aus körpereigenen Reserven, also dem Depotfett. Dabei ist die Art und Weise der Muskeltätigkeit erst einmal unwichtig. Von entscheidender Bedeutung ist nur, mit welcher Intensität diese durchgeführt wird. Die intensive Arbeit wird als »Umsatzleistung« definiert, bei der Energie umgesetzt, also verbraucht wird.

Eine hohe Intensität in Bezug auf die Umsatzleistung mit gleichzeitiger Schonung der Extremitäten besteht, wenn das Pferd in langsamer Gangart mehr Leistung zu erbringen hat. Das ist besonders bei Ausritten in bergigem Gelände oder bei der Zugarbeit der Fall. Eine intensive Reitplatzarbeit in allen drei Gangarten belastet dagegen Gelenke, Sehnen und Bänder mittelgradig, längere Galoppaden im Gelände sogar hochgradig mit gleichzeitig höchster Umsatzleistung.

Um ein übergewichtiges Pferd bewegungsmäßig aufzubauen, sollte man also vom bestehenden Erhaltungszustand über die leichte bis zur mittleren, später auch schweren Arbeitsleistung langsam und kontinuierlich übergehen. Dabei muss das als nächstes anzustrebende Leistungsniveau immer seinem Futter- und Trainingszustand angepasst werden. Das bedeutet, dass je nach Abbau des überschüssigen Depotfetts die nächst höhere Leistungsstufe in Angriff genommen werden kann.

Triebige Pferde auf Trab bringen

Übergewichtige Pferde sind anfangs oft träge und triebig. Gerte und Sporen sollten aber nicht eingesetzt werden, um das dicke Pferd anzutreiben. Vielmehr sollte man das Trainingsprogramm attraktiver gestalten und durch Abwechslung zu mehr Eigendynamik motivieren. Denn neue Sichtweisen bewirken beim Pferd erhöhte mentale Anstrengung und machen es aufgeweckter und munterer. Besonders hilfreich sind Konzentrationsübungen über Bodenhindernisse oder wechselnde Geländestrecken, am besten gemeinsam mit einem lauffreudigen Artgenossen.

Mehr Bewegungsanreize über die Haltung

Wissenschaftliche Studien belegen, dass Pferde in der Gruppenhaltung selbst in größeren Ausläufen nicht wesentlich dynamischer sind als ihre Artgenossen in der Einzelhaltung (Paddockboxen), wenn keine zusätzlichen Laufanreize bestehen. Mehr Aktivität auf dem Paddock trägt aber nicht nur insgesamt zur Gesunderhaltung von Körperfunktionen und Bewegungsapparat bei, sondern steigert auch die Grundkondition, fördert die Muskelbildung und hilft bei der Gewichtsreduktion.

Eine Untersuchung ergab in unterschiedlichen Formen der Gruppenhaltung folgende täglich zurückgelegte Wegstrecken: So betrugen diese in einem mit verschiedenen Rassen besetzten, nicht strukturierten Offenstall 1,8 Kilometer, in einem aus Haflingern bestehenden, strukturierten Offenstall drei Kilometer und mit automatisierter Fütterung 4,8 Kilometer.

Will man also mehr Bewegung in eine Pferdegruppe bringen, muss der Paddock interessanter gestaltet und durchdachter strukturiert werden. Ziel ist es, dass die Pferde zur Erfüllung ihrer wichtigsten Triebe wie Fressen, Trinken und Schlafen ausgedehnte Laufstrecken zurücklegen müssen. Hierzu werden die einzelnen Funktionsbereiche, also Raufutter- und Kraftfutteraufnahme, Tränkebereich und Ruhezonen möglichst weit voneinander angeordnet und ihre Verbindungswege künstlich so umgeleitet, dass sie länger werden. Dies wird mittels Raumteilern wie Stichzäunen, Baumstämmen oder Naturhecken erreicht, die die Laufwege um beziehungsweise durch das gesamte Areal führen, das den Pferden zur Verfügung steht. Diese Laufwege müssen allerdings entsprechend der Anzahl der vorhandenen Pferde ausreichend breit und ungefährlich eingezäunt sein, damit keine Engpässe entstehen. Auch dürfen keine spitzen Winkel oder Sackgassen vorhanden sein.

Computergesteuerte Futterstationen sorgen für mehr Bewegung.

Mehr Bewegung und Futterkontrolle durch Computertechnik

Durch eine automatisierte Fütterung mittels computergesteuerter Kraft- und Raufutterstationen kann die Bewegungsaktivität nochmals gesteigert werden. Hierzu werden die Pferde mit einem Transponder versehen (entweder mittels Injektion unter die Haut, am Halfter oder in der Mähne befestigt), der mit dem Computer korrespondiert und dem übergewichtigen Pferd genau die Portion zuteilt, die eingegeben wurde.
Für die Raufuttervergabe sind ebenfalls Futterstationen mit zeitlich gesteuerten Fresszeiten möglich. Hierbei fressen alle Pferde gleichzeitig aus einer Art Großraufe, die durch automatisiertes Herauf- und Herunterfahren von Rollos die Futterzeiten und die Zeitintervalle dazwischen bestimmt. Und diese Futterzeiten und -intervalle werden auf das »schwächste Glied« der Gruppe abgestimmt, sprich auf das Pferd, welches wegen Übergewicht oder anderen Gründen am wenigsten fressen darf. Die übrigen Pferde erhalten dann ihr zusätzliches Raufutter über eine Einzelraufutterstation, ebenfalls chipgesteuert.

Eine Art pferdegerechtes »Zirkeltraining« ist der so genannte Rundkurspaddock. Hierbei geht der Paddock am Stall in einen Rundweg über, welcher am Rand einer Weide angeordnet wird, um diese herum verläuft und wieder am Stallpaddock anschließt. Auf diesen Rundkurs werden die einzelnen Funktionsbereiche möglichst dezentral angeordnet, so dass die Pferde gezwungen sind, oft und viel zu pendeln. Dieses System – nach US-Hufschmiedlegende Jaime Jackson auch »Paddock Paradise« oder »Racetrack-Paddock« genannt – besteht im Wesentlichen darin, dass auf der gesamten Strecke viele kleine Heuportionen ausgelegt werden, die die Pferde in Bewegung halten. Kleine Futterstellen verhindern, dass mehrere Tiere gleichzeitig daran fressen können, was zu Streitigkeiten führen könnte. Die kreisförmige Anordnung der »Endlosschleife« kann übrigens je nach Beschaffenheit der Weide auch andere geometrische Formen haben wie Quadrate, Rechtecke, Zickzackkurse, Schleifen mit Abkürzungen oder Ausweichwegen. Dem Einfallsreichtum sind da keine Grenzen gesetzt.
Wer also das Glück hat und angrenzend an Stall und Paddock über eine Wiese oder ein entsprechend gestaltbares Gelände verfügt, kann die bisherige Struktur auf diese Weise erweitern. Für weitere Bewegungsanreize auf dem Rundkurspaddock sorgen eine Hufschwemme, ein Wälzplatz und/oder eine »Aussichtsplattform« an einer visuell besonders interessanten Stelle. Untersuchungen haben ergeben, dass Pferde auf einem solchen Rundkurs täglich bis zu zehn Kilometer zurücklegen, was dem Laufpensum freilebender Pferde von 6 bis 17 Kilometern am Tag schon recht nahe kommt. Ein vollständiger Ersatz für das regelmäßige Training ist ein solcher »Erlebnispark« allerdings nicht.
Weitere Möglichkeiten für zusätzliche Laufanreize zumindest zeitweise bestehen darin, einen vorhandenen, eingezäunten Reitplatz oder Roundpen beziehungsweise Longierzirkel für die Dauer seines Nichtgebrauchs als Paddockfläche mit einzubeziehen. Das geht übrigens auch, wenn der Platz nicht direkt an den Paddock

»Paddock Paradise«

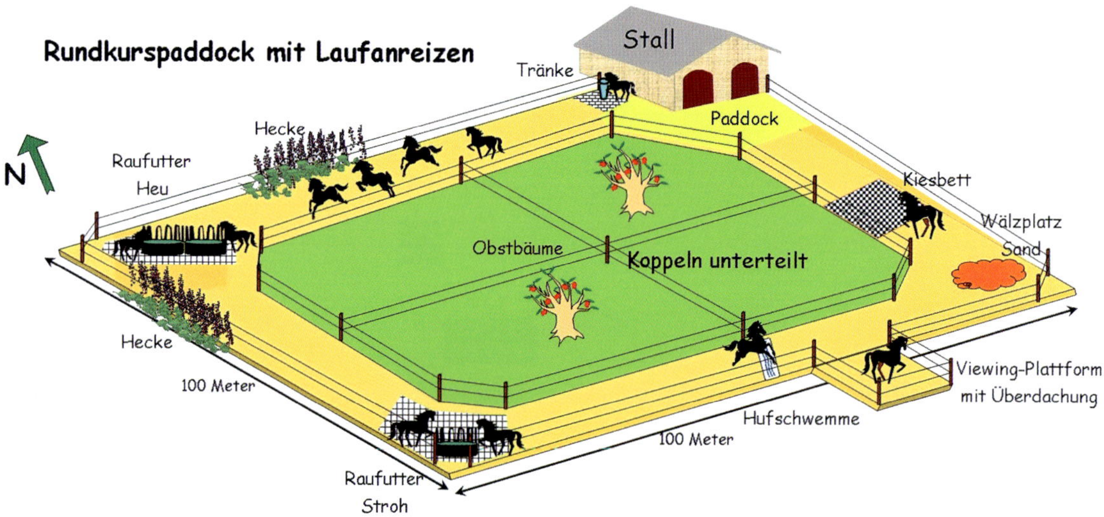

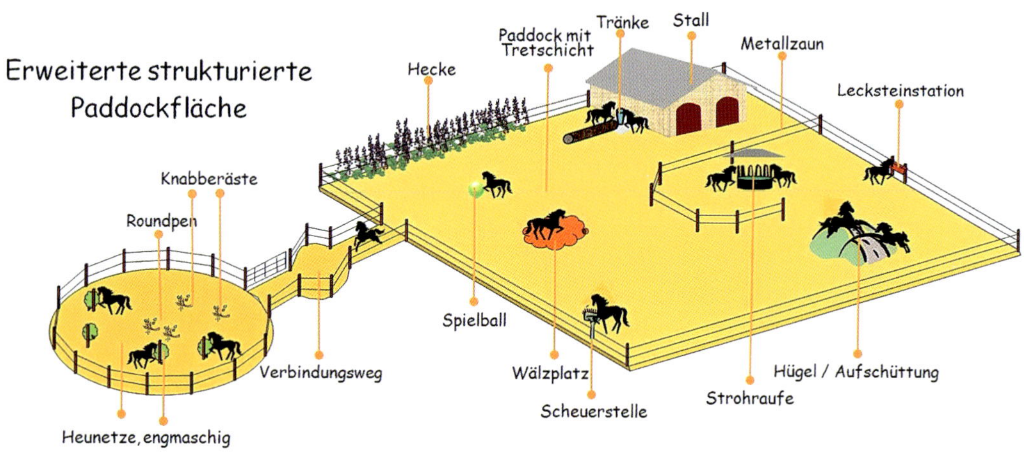

anschließt. Hierfür legt man einfach einen Verbindungsweg an, der nicht unbedingt schnurgerade verlaufen muss.

Darüber hinaus sollte jeder kritisch prüfen, ob nicht weitere stallnahe Flächen, die mehr oder weniger sinnlos brachliegen, dem Paddock hinzugefügt werden können. Denn häufig besteht eine unzureichende Ausnutzung des vorhandenen Raumpotentials im Haltungsumfeld.

Equines Metabolisches Syndrom (EMS)

Kapitel 2

Equines Metabolisches Syndrom (EMS)

Das Equine Metabolische Syndrom ist eine Entgleisung des Stoffwechsels beim Pferd aufgrund einer Ungleichheit von Energiezufuhr (besonders Zucker) und Energieverwertung (mit Hilfe von Insulin). Dabei stammt der Begriff »metabolisch« aus dem Englischen metabolic, was mit »veränderlich«, den »Stoffwechsel betreffend« oder »stoffwechselbedingt« übersetzt wird. Und die Bezeichnung Syndrom geht aus dem Griechischen syn = zusammen mit und drómos = der Weg, der Lauf, also »zusammen mit dem Lauf« hervor. In der Medizin bedeutet Syndrom das gleichzeitige Vorliegen verschiedener Symptome (= Krankheitszeichen), deren ursächliche Zusammenhänge mehr oder weniger bekannt sind oder vermutet werden können.

Ursprünglich stammt der Begriff Metabolisches Syndrom (MS) aus der Humanmedizin. Dort wird es auch als »tödliches Quartett« oder »Syndrom X« bezeichnet und heute sogar als Pandemie (= weltweite Epidemie ohne örtliche Beschränkung) eingeschätzt. Beim Menschen wird es als der entscheidende Risikofaktor für Herzerkrankungen angesehen und ist durch die vier Faktoren Fettleibigkeit, Bluthochdruck, veränderte Blutfettwerte und Insulinresistenz charakterisiert. Die Erkrankung entwickelt sich aus einem Lebensstil, der durch permanente Überernährung und Bewegungsmangel gekennzeichnet ist und betrifft einen hohen Anteil der in Industriestaaten lebenden Bevölkerung.

Das Equine Metabolische Syndrom (EMS) des Pferdes verursacht jedoch keinen Herzinfarkt, sondern Depotfetteinlagerungen, Muskelschwäche und andere Körperschwächungen sowie die fatale Folgeerkrankung »Hufrehe« oder zumindest eine erhöhte Anfälligkeit für diese. Beim Durcheinandergeraten des Energie- beziehungsweise Zuckerstoffwechsels ist besonders das sich entwickelnde Fettgewebe von großer Bedeutung, welches kein untätiger Speicher ist, sondern eine äußerst aktive »Hormondrüse«. Denn die vom Depotfettgewebe in den Blutkreislauf abgegebenen Hormone sind verantwortlich für die jeweiligen Körperreaktionen beziehungsweise Folgeerkrankungen.

Ursachen

Die Hauptursache für die Entstehung des Equinen Metabolischen Syndroms sind die Ausbildung von Fettdepots durch übermäßige Zufuhr von Energie (in Form von Zucker) infolge einer Fehleinschätzung des Futterbedarfs durch den Besitzer, einer genetischen Disposition (= Veranlagung; gute Futterverwerter) und vor allem Bewegungsmangel.

Anders als bei der »normalen« Fettleibigkeit bilden sich beim EMS speziell vermehrte Depotfetteinlagerungen am Mähnenkamm, an der Unterbrust, auf der Kruppe und am Übergang zum Schweifansatz sowie von den Schultern zum Rumpf. Aber auch der gesamte Rumpf wird mit einer erhöhten und flächigen Fetteinlagerung, die sich im Unterhautbindegewebe befindet,

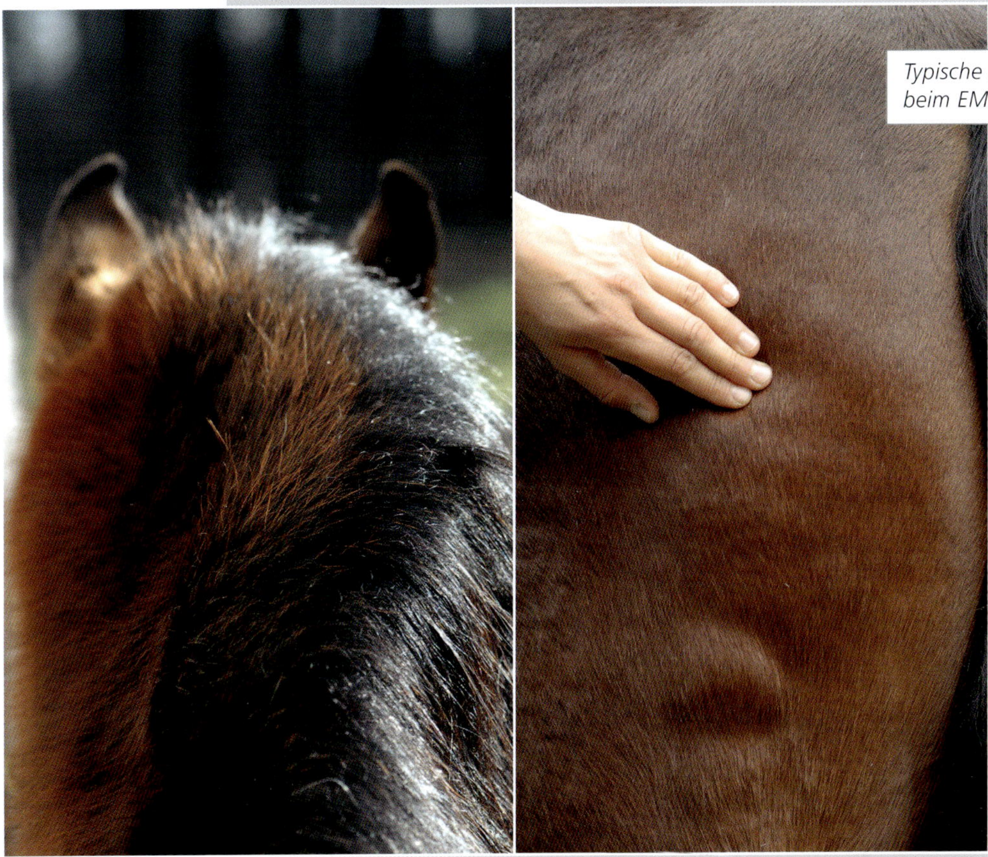

Typische Fettdepots beim EMS-Pferd.

überzogen. Typisch ist auch eine vermehrte Fettansammlung über den Augen.

Die Gifte großer Fettzellen

Prinzipiell dienen Fettdepots dem Körper als Energiereserve in Zeiten großer Futterknappheit. Sind sie jedoch vergrößert, überschütten sie ihn mit Entzündungsstoffen. Ein erwachsener Mensch beispielsweise besitzt je nach Leibesumfang zwischen 40 und 120 Milliarden Fettzellen. Rechnet man dies auf ein Großpferd mit etwa 600 Kilogramm Lebendgewicht um, verfügt dieses zwischen 280 und 840 Milliarden Fettzellen. In jeder Zelle befindet sich ein »Öltröpfchen« als Energiespeicher für Notzeiten. Aber auch Hormone, Boten- und Entzündungsstoffe sowie viele weitere Substanzen werden im Fettgewebe produziert, aus Vorstufen zusammengesetzt oder umgebaut. Eine fette »Chemiefabrik«, deren Produkte nach neuen Erkenntnissen weitreichende Folgen für den gesamten Stoffwechsel haben. So konnten beim Menschen bis jetzt etwa 100 von Fettzellen gebildete Substanzen identifiziert werden. Viele von ihnen sind dafür bekannt, dass sie maßgeblich an Entzündungen beteiligt sind (zum Beispiel Zytokine = Proteine, die das Wachstum und die Differenzierung von Zellen regulieren). Neu aber ist die Erkenntnis, dass große Fettzellen (= Adipozyten) in ausgeprägten Fettdepots auch beträchtliche Mengen sogenannter »Adipokine« produzieren. Adipokine sind Fettgewebshormone wie Leptin (reguliert den Fettstoffwechsel von Menschen und Säugetieren), Adiponectin (verstärkt die Wirkung des Insulins an den Fettzellen), Resistin (beeinflusst Insulinresistenz und Adipositas), Visfatin (erst 2005 entdeckt, wirkt ähnlich wie Insulin) und Hepcidin (reguliert den Eisen-Stoffwechsel). Die genauen Wirkungsweisen und die Wechselbeziehungen dieser aus Eiweißen bestehenden Hormone sind zurzeit noch nicht vollständig geklärt, aber eines scheint sicher: Während die maßvolle Ausschüttung der Adipokine aus normal ausgeprägten Fettgeweben positive Reaktionen haben (zum Beispiel Fressbremse (Leptin)), wirken sie bei krassen Fettdepots infolge höherer Konzentration schädlich. Dann können sie nämlich Entzündungen an den Gefäßwänden hervorrufen, die Wirkung von Insulin schwächen oder die Verengung von Gefäßen begünstigen, was zum Beispiel im Hufrehegeschehen eine große Rolle spielt.

Viele der in Fettzellen entdeckten Adipokine sind aber auch Botenstoffe, mit deren Hilfe die einzelnen Organe kommunizieren. Dieses System »körperinterner Anweisungen« funktioniert einwandfrei, wenn das Fettgewebe »normale« Ausmaße hat und sich seine Signale harmonisch in die allgemeine Körper-Kommunikation einfügen.

Das ändert sich, wenn die Fettzellen »mutieren« und sich bis zum Vielfachen ihrer Normalgröße ausdehnen. Dann erhöht sich auch die Anzahl der Botenstoffe mit der Folge, dass andere Körpersignale überstimmt werden und ab einem bestimmten Punkt das Insulin nicht mehr richtig wirkt. Erst zu diesem Zeitpunkt wird mittels Blutuntersuchung offensichtlich, dass der Stoffwechsel bereits aus dem Ruder gelaufen ist. Allerdings ist bis hierhin unbemerkt schon einiges passiert: In den aufgeblähten Fettzellen fand bereits eine Massenproduktion von Entzündungsstoffen wie den oben erwähnten Zytokinen statt. Dadurch drangen vermehrt Fresszellen der Immunabwehr (Makrophagen = Gesundheitspolizei) in das Fettgewebe ein. Die Fettzellen selbst stellen jedoch einen Stoff her, der den Wiederaustritt dieser Makrophagen aus dem Gewebe verhindert, was die Immunabwehr reduziert. Starkes Übergewicht kann so zu einem Zustand chronischer Entzündung führen.

Das ist aber noch nicht alles: Viele der Entzündungsstoffe aus den Fettzellen stehen unter Verdacht, Mitverursacher der Insulinresistenz zu sein. Denn die Bauchspeicheldrüse des Pferdes produziert weiterhin Insulin. Dieses kann jetzt aber nicht mehr richtig wirken, weil beispielsweise in den Muskelzellen viele der Insulin-Andockstellen blockiert sind. Die Folgen sind ein Abbau der Muskeln, auch des Herzmuskels.

Sehr problematisch bei der Ursachenerkennung ist der Umstand, dass sich zu Beginn einer Ausbildung zum Metabolischen Syndrom nur wenige Symptome und in abgeschwächter Form zeigen. So kann die überproportionale Hormonausschüttung mit ihren beschriebenen fatalen Wirkungen bereits eine zeitlang im Gang sein, bevor sich deutlich erkennbare Fettdepots (Fettwülste) entwickeln.

Insulinresistenz

Als »Insulinresistenz« bezeichnet man die verminderte Fähigkeit des Insulins, Gewebe zu stimulieren, insbesondere die Blutglucose in die Zellen einzuschleusen. Sie ist das Ergebnis einer unharmonischen Beziehung zwischen Glucose (= Zucker) und dem von der Bauchspeicheldrüse produzierten Hormon Insulin.

Der Pferdeorganismus benötigt – wie auch der menschliche – Insulin, um den Blutzuckerspiegel zu regulieren, Glucose in Form von Fett zu speichern und dieses bei Bedarf wieder in Energie umzusetzen. Dabei reagieren die Glucose benötigenden Organzellen besonders von Muskeln und Leber bei sich in der Anfangsphase befindlichem Equinen Metabolischen Syndrom nicht mehr ausreichend auf Insulin. Glucose kann dann nicht mehr in vollem Umfang als Energieträger genutzt werden.

Ursache sind aber in erster Linie in den Fettdepots produzierten Gewebshormone, die den Stoffwechsel stören und Entzündungsprozesse fördern (zum Beispiel Hufrehe).

Beachte:

Durch eine äußerlich nicht erkennbare beginnende Insulinresistenz wird aus einem fetten Pferd ein EMS-krankes!

Entwicklung des Equinen Metabolischen Syndroms

Bei einem gesunden Pferd funktioniert der Energiestoffwechsel wie folgt:

- Mit der Aufnahme von Rau- und Kraftfutter steigt beim Pferd der Blutzuckerspiegel an.
- Hierauf schüttet die Bauchspeicheldrüse Insulin aus.
- Das Insulin ermöglicht, dass die Zellen des Körpers, die Energie benötigen, diesen Zucker aus dem Blut aufnehmen können. Das betrifft besonders die Zellen der Muskeln (auch des Herzmuskels), Leber sowie der Speicherzellen im Unterhautbindegewebe (Fettgewebe).
- Durch die Energieaufnahme (Zucker) nimmt der Blutzuckerspiegel schließlich wieder ab und
- das »System« befindet sich wieder im Gleichgewicht.

(Siehe Grafik Seite 62)

Ins Ungleichgewicht gerät der Energiestoffwechsel, wenn das gesunde Pferd einem Überangebot von Futter ausgesetzt ist (zuviel Weidegras, Heu, Kraftfutter), es nicht ausreichend bewegt wird und der Körper mehr Fett in den Fettzellen des Unterhautbindegewebes eingelagert hat als notwendig.

- Dann schütten die (noch) mäßig ausgeprägten flächigen Fettdepots zuviel der schädigenden Hormone aus (siehe den Abschnitt »Die Gifte großer Fettzellen«).
- Die Hormone bewirken, dass die Zellen der oben genannten Organe (also Muskeln und Leber), die dringend Zucker (= Energie) benötigen, auf das Insulin weniger ansprechen.
- Das hat zur Folge, dass diese Zellen weniger Zucker erhalten.
- Infolgedessen geht der Verbrauch des Blutzuckers in den Zellen des Organismus herun-

Korrekte Verwertung des Blutzuckers

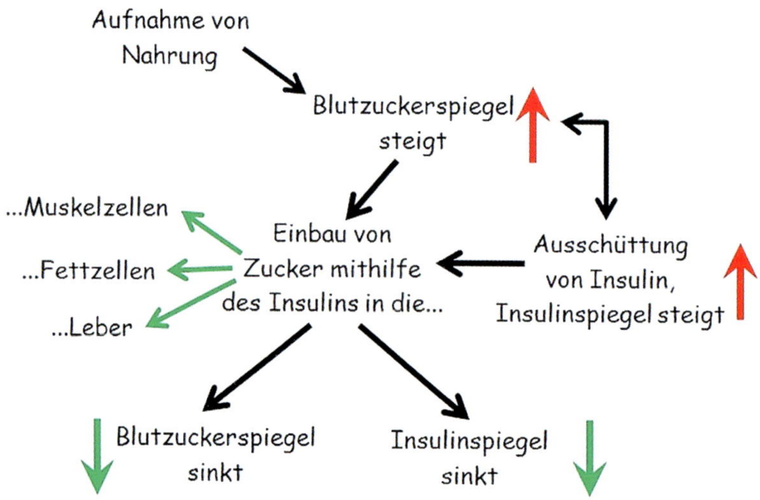

Mit der Nahrungsaufnahme steigt der Blutzuckerspiegel an. Darauf schüttet die Bauchspeicheldrüse Insulin aus. Mithilfe des Insulins kann die Energie in Form von Glucose von den Muskel- und Fettzellen sowie der Leber verwendet und verwertet werden. Durch die Zuckerentnahme aus dem Blut sinkt der Blutzucker- und Insulinspiegel und das System ist wieder im Gleichgewicht.

ter und der überschüssige Blutzucker verbleibt (nach der Futteraufnahme) im Blutkreislauf.

■ Über den Blutkreislauf gelangt der Blutzucker zu vielen Fettzellen in und auf dem Körper (Unterhaut), wird zu Fett umgebaut und in den Fettzellen abgespeichert.

■ Gleichzeitig bleibt jedoch trotzdem der Blutzuckerspiegel dauerhaft erhöht, da aufgrund der geringen Wirkung des Insulins auf die Organe, die den Blutzucker benötigen, nicht ausreichend Zucker aus dem Blutkreislauf entnommen werden kann.

■ Wegen des erhöhten Blutzuckerspiegels bleibt auch das Insulin erhöht, weil dieses ja gerade

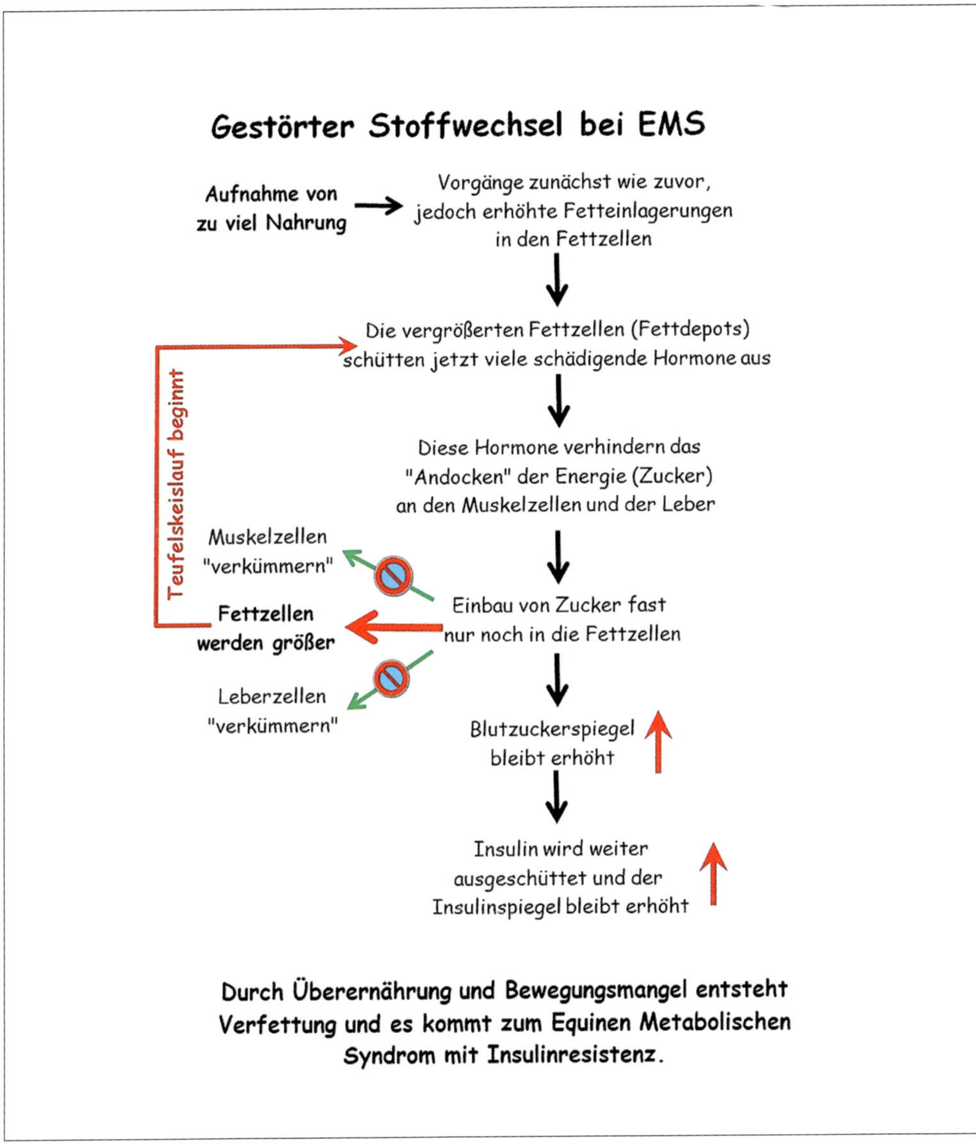

dafür sorgen soll, dass der Blutzuckerspiegel sinkt und weiterhin in vollem Umfang von der Bauchspeicheldrüse produziert wird.

■ Diese Entwicklung ist der Beginn der Insulinresistenz und das »System« befindet sich in einem dauerhaften Ungleichgewicht (siehe Grafik oben).

Im weiteren Verlauf entsteht eine unabwendbare Endlosschleife, die auch als »Teufelskreislauf beim EMS« bezeichnet wird: Denn durch die Insulinresistenz wird die Verfettung (als Ursache der Insulinresistenz) weiter gefördert. Hinzu kommt, dass der hohe Blutzuckerspiegel vielen weiteren Geweben schadet und für einige Zellen geradezu giftig ist, was zu weiteren Folgeschäden führt. Ebenso gefährlich ist für viele Gewebe auch der beständig hohe Insulinspiegel. Denn durch die Fehlfunktion des Insulinsystems entstehen auch an anderen Zellen Schäden. Der massivste ist die Hufrehe. Experimentell wurden übrigens durch einen künstlich erhöhten Insulinspiegel bei gesunden Pferden verschiedene Stufen von Hufrehe ausgelöst, was den Einfluss eines erhöhten Insulinspiegels im Hufrehegeschehen des Equinen Metabolischen Syndroms drastisch belegt.

Genetische Disposition, Alter

Unter »genetischer Disposition« versteht man im Prinzip die ererbte Veranlagung eines Pferdes, die aufgenommene Nahrung über das Verdauungssystem optimal zu verwerten und umzusetzen. Eine von der Natur sehr sinnvolle »Einrichtung«, die sich über Jahrmillionen genetisch entwickelt hat, um das Überleben der Spezies Pferd zu garantieren. Auch in der Weltgeschichte gab es Zeiten von Nahrungs- beziehungsweise Futterüberfluss (siehe den Kasten »Wohlstandsmutanten in Alaska?« in Kapitel 1). Ob dieser tatsächlich das Aussterben der riesigen Alaska-Pferde verursacht hat, bleibt offen.
Sicher überliefert ist jedoch das gehäufte Auftreten von Hufrehe (= »Krithiasis«) im reichen antiken Griechenland und den mit Gerste (= »Krithe«) gefüllten Kornkammern.

Es gibt zurzeit noch keine aussagekräftige Statistik über den Anteil leichtfuttriger Rassen im Zusammenhang mit EMS- und ECD-Erkrankungen. So heißt es unter Kapitel »Vorgeschichte« der US-amerikanischen Freien Enzyklopädie Wikipedia: »Das Equine Metabolische Syndrom betrifft

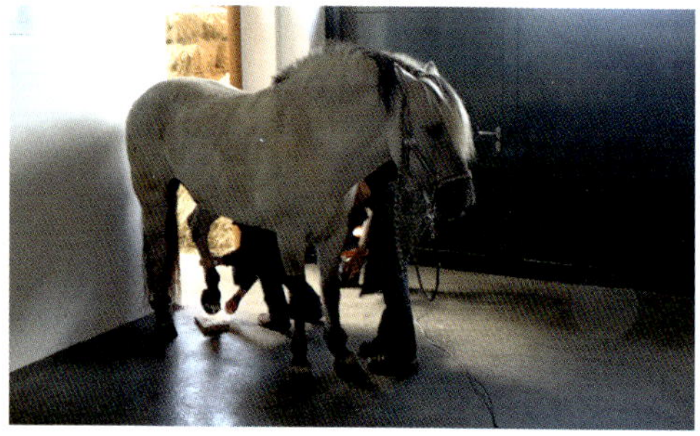

Fallbeispiel

Wallach, 16 Jahre, Fjordpferd, hochgradiges Übergewicht

Anamnese:
Stallhaltung im Winter, 24 Stunden Sommerweide, Müslifütterung. Seit zwei Jahren periodische Hufreheschübe, mittelgradige Lahmheit, Fettdepots über den Augen und auf der Kruppe, Speckhals.

Diagnostik:
ACTH: 21 pg/ml (im Referenzbereich im März)
Insulin 158 µU/ml erhöht (Referenzwert Insulin 5–36 µU/ml; Quelle: Diamedislabor Sennestadt).
Glucose: 148 mg/dl erhöht (Referenzwert Glucose 50–94 mg/dl; Quelle: Diamedislabor Sennestadt).

Diagnose:
Equines Metabolisches Syndrom

Therapie:
Fütterungsumstellung, Reduktionsdiät, 1 Kilogramm Heu pro 100 kg Körpergewicht; kein Kraftfutter, kein Weidegang, Barhufpflege.

Kontrolle nach 4 Wochen:
Insulin 4,4 uU/ml und Glucose 59 mg/dl (beide normal).

Verlauf:
Nach vier Wochen ist das Pferd lahmheitsfrei und wird wieder normal geritten. Durch das Vorweiden von Schafen, die die zuckerreichen Gräser fressen, kann der Patient inzwischen wieder mit seinen Artgenossen zum Nachweiden stundenweise auf die Koppel.

vorwiegend leichtfuttrige Rassen wie Ponys, Spanische Mustangs, Morgans, Araber etc. Die Tiere sind meist im Alter zwischen 6 und 20 Jahren.«

Und auf der Website der »Fort- und Weiterbildung für Tierärzte« aus München ist ähnliches aufgeführt: »Verschiedene Rassen scheinen eine Disposition (= Veranlagung) für die Entwicklung eines Metabolischen Syndroms zu haben. Dazu gehören Spanische Mustangs, Paso Fino, Peruvian Paso und Morgan Horse. Auch alle »genügsamen« Rassen, wie zum Beispiel Ponys, scheinen häufiger eine Insulinresistenz zu entwickeln.«

In den Informationsschriften des veterinärmedizinischen Labors Laboklin heißt es aktuell unter »Endokrinopathien beim Pferd«:

Hormonbildende Körperdrüsen

Unter dem Begriff der Endokrinopathie werden alle Erkrankungen zusammengefasst, die vom endokrinen System ausgehen und eine Störung der Hormonproduktion oder -regulation mit den dadurch ausgelösten Symptomen nach sich ziehen. Der Begriff »endokrin« bezeichnet Körperdrüsen, die Hormone direkt ans Blut abgeben.

»Betroffen sind vor allem leichtfuttrige Rassen (»easy keeper«) wie Araber, Fjordpferde, Mustangs und grundsätzlich alle Ponyrassen, bei denen zum Teil auch eine genetische Disposition postuliert wird. Aber auch bei den Großpferderassen kann sich ein EMS entwickeln. Erklärt werden könnte das durch die entwicklungsgeschichtliche Adaptation (= Anpassung) gerade der Robustrassen, auch in unwirtlicher Umgebung und Jahreszeit zu überleben. Unter heutigen Haltungsbedingungen werden Pferde das ganze Jahr hindurch mit Futterkonzentraten versorgt und meist zugleich sehr bewegungsarm in Boxen gehalten. Diese Kombination von mangelnder Bewegung plus Futter im Überangebot ist – schon in der Aufzuchtphase – eine wichtige Voraussetzung dafür, dass sich ein EMS durch Interaktion (= wechselseitiges Aufeinandereinwirken von Akteuren oder Systemen) von genetischen und Umweltfaktoren entwickeln kann. Betroffen sind meist mittelalte bis ältere Pferde (im Schnitt 8–18 Jahre), wobei die Grundsteinlegung dafür durch nicht tierartgerechte Haltung und Fütterung oft schon in frühen Lebensjahren liegt.«

Grundsätzlich müsse jedoch festgehalten werden, dass nicht alle fettleibigen Pferde insulinresistent sind und nicht immer sei Insulinresistenz von Fettsucht begleitet. Es gebe auch »dünne« Pferde mit EMS. Über diese sei noch recht wenig bekannt, vermutet werden eine übertriebene Insulinantwort auf bestimmte Futtermittel (= hepatische Insulinresistenz, die Leber betreffend) oder eine gesteigerte endokrine (= hormonelle) Aktivität des Bauchhöhlenfetts.

Langjährige Beobachtungen an größeren Pferdezahlen vor allem in den USA hätten gezeigt, dass Pferde schon über einen längeren Zeitraum (Jahre) fettleibig sein müssen, bevor sich eine Insulinresistenz entwickelt. Je länger dann diese chronische Insulinresistenz bestehe, desto mehr erhöhe sich auch die Anfälligkeit für Hufrehe. Deswegen würde man kaum einmal ein EMS bei Pferden unter fünf Jahren finden.

Unterschiedliche Stoffwechseltypen

Allgemein unterscheidet man – was die Arbeitsleistung von Pferden oder Menschen betrifft – zwischen »aerober« und »anaerober« Energiegewinnung. Dabei dienen Fette und Kohlenhydrate (Zucker, Stärke) als Brennstoffe und zusätzlich ist Sauerstoff erforderlich. Dann spricht man von aerober Energiegewinnung. Werden die Belastungen intensiver beziehungsweise ist die Eigendynamik eines Pferdes sehr hoch, müssen verhältnismäßig hohe Energiemengen in kurzer Zeit beschafft werden. Reicht die Sauerstoffzufuhr dazu nicht mehr aus, wird die Energie ohne Sauerstoff, also anaerob, bereitgestellt. Das heißt, diese Pferde haben einen hohen Energieverbrauch und verbrauchen durch ungewollte, aber auch freiwillig gewollte (ausgeprägte Eigendynamik) hohe Kraftanstrengung, ein Maximalmaß an Glykogen (= Vielfachzucker). Dieses Glykogen wird in Leber- und Muskelzellen mittels Kohlenhydraten aufgebaut und dann bei vermehrtem Energiebedarf verwendet. Anschließend füllen die Muskel- und Leberzellen ihre Glykogenspeicher wieder auf, indem sie Zucker aus dem Blutkreislauf entnehmen.

Soll heißen, Pferde mit niedriger Eigendynamik (die es vereinzelnd bei allen Pferderassen gibt, aber auch rassebedingt genetisch vorhanden sind, zum Beispiel Pferde aus Kaltklimazonen), greifen seltener und in geringerem Maß auf ihre »Zuckerspeicher« zurück, während Pferde mit hoher Eigendynamik diese vermehrt in Anspruch nehmen.

Das bedeutet, dass letztere eher weniger zu »Zuckerproblemen« neigen als solche, die sich von sich aus kaum bewegen.

Fjordpferden und Shettys wird eine genetische Veranlagung zu EMS nachgesagt.

Beachte:

Pferde, die hin und wieder von sich aus etwa auf großflächigen Weiden längere Galoppaden einlegen, sich unter dem Sattel oder vor der Kutsche als Leistungsträger anbieten, sind vom Stoffwechseltyp weniger gefährdet, an EMS zu erkranken, als solche, die mit großer Mühe hierzu »überredet« werden müssen.

Auch die kontinuierliche Überfütterung während der Aufzucht (ein- bis dreijährige Jungpferde) kann eine spätere Erkrankung am Equinen Metabolischen Syndrom forcieren.

Symptomatik

Wie bereits erwähnt, erfolgt die Entstehung des Equinen Metabolischen Syndroms in der Regel schleichend. Durch das jahrelange Übergewicht mit eingelagertem Depotfett im Unterhautbindegewebe werden Hormone produziert, die den Krankheitsverlauf einleiten und sich allmählich eine Zuckerstoffwechselstörung mit Insulinresistenz entwickelt. Bis zu diesem Punkt und bevor sich die Stoffwechselstörung in klaren »klinischen Symptomen« (Erklärung siehe Kasten S. 68) äußert, zeigen sich unterschwellige und für viele Pferdebesitzer kaum oder nicht wahrzunehmende Hinweise.

Diese sind ähnlich denen, die bei einer »normalen« Adipositas (= Fettsucht) auftreten können: Schwerfälligkeit, Mobilitätsverlust, verminderte

Isländer entwickeln von Natur aus weniger Eigendynamik.

Was versteht man unter einem »Symptom«?

Der Begriff »Symptom« bezeichnet in der Regel ein Merkmal, welches Rückschlüsse auf bestimmte Erscheinungen zulässt. Es ist dem griechischen Wortstamm »symptoma« entlehnt und bedeutet »Hinweis« oder »Begleiterscheinung«. In der Medizin spricht man von einem Zeichen, das auf eine Erkrankung oder Verletzung hinweist. Es kann durch einen Arzt erfasst worden sein (Befund) oder auch vom Patienten selbst erfahren werden (Beschwerde). Die Gesamtheit der aus einem Krankheitsprozess resultierenden Symptome ergibt das klinische Bild, die Symptomatik.

Leistungsfähigkeit, schnellere Erschöpfung, längere Regenerationsphasen oder Neigung zu vermehrter Schweißbildung bei Belastung.

Irgendwann wird dann die Schwelle überschritten, ausgelöst zum Beispiel durch Stress oder Futterumstellung. Es ergeben sich mittels Blutuntersuchung erhöhte Blutzucker- und Insulinwerte und es zeigen sich die klinischen Symptome des EMS:

- Die Leistungsfähigkeit lässt vermehrt nach und das Pferd ermüdet jetzt noch schneller (Herzmuskelschwäche infolge Verfettung), die Schweißentwicklung steigt, eventuell zeigen sich Kreislaufprobleme.
- Aus den flächigen Depotfetteinlagerungen entwickeln sich an bestimmten Stellen mehr oder minder stark ausgeprägte und optisch auffallende Fettpolster.

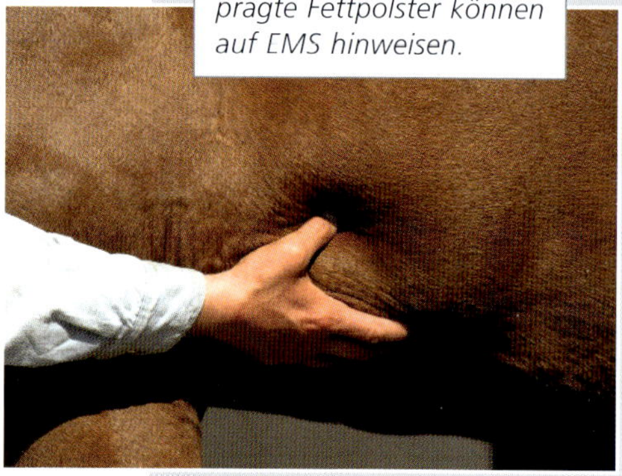

Ungewöhnlich ausgeprägte Fettpolster können auf EMS hinweisen.

- Betroffen ist meist der gesamte Mähnenkamm (»cresty neck« vom Genick bis kurz vor dem Widerrist, besonders aber im mittleren Bereich), die Kruppe und der Schweifansatz, an der Schulter und am Unterbauch, bei Wallachen auch im Bereich des Schlauchs beziehungsweise der Schlauchtasche und bei Stuten rund um das Gesäuge. In manchen Fällen auch Fettdepots in den Augengruben (»Beule« über dem Auge).
- Es können auch Fetteinlagerungen im Bauchraum vorhanden sein, die bei rektaler Untersuchung ertastet werden können.
- Bei Stuten kann eine verminderte oder ausbleibende Fruchtbarkeit entstehen.
- Im weiteren Verlauf bilden sich die Muskeln zurück, auch der Herzmuskel.
- Die Infektionsanfälligkeit kann steigen.
- In vereinzelten Fällen auch übermäßiger Durst und vermehrter Harnabsatz (Polydipsie/Polyurie).
- Entwicklung einer Huflederhautentzündung, schleichenden Hufrehe (klammer und fühliger Gang) oder akuten und chronischen Hufrehe (umfassende Hufrehesymptomatik) in den verschiedenen Schweregraden.
- Bei älteren Pferden kann die Erkrankung fließend in das Equine Cushing Syndrom (ECS) übergehen. Seit 2012 gilt EMS übrigens international

Fallstudie: Insulinresistenz

Stute, 16 Jahre, Mangalarga Marchador, Übergewicht

Anamnese:
Offenstallhaltung ganzjährig, Portionsweide, 1 Kilogramm Heu pro 100 Kilo Körpergewicht, Hafer- und Müsli-Fütterung. Seit drei Jahren Hufreheschübe mit geringgradiger Hufbeinsenkung und Lahmheit, Fellwechselstörungen im Frühjahr, langes Fell, teilweise lockig, brüchiges Horn und hohle Wand, erhöhte Infektanfälligkeit, tränende Augen, verminderte Leistungsfähigkeit und vermehrtes Schwitzen, Fettdepots Hals, Schultern, Kruppe, Unterbauch.

Diagnostik:
ACTH-Wert September 2011: 78.8 pg/ml (erhöht) (Referenzbereich: 6,5 bis 30,8 pg/ml; Quelle: Diamedislabor Sennestadt). Insulin September 2011: 304.0 µU/ml (hochgradig erhöht) (Referenzbereich: 5–36 µU/ml; Quelle: Diamedislabor Sennestadt).

Diagnose:
Equines Metabolisches Syndrom und Equine Cushing Disease

Therapie:
1 mg Pergolid (= 1 Tablette Prascend®); Reduktionsdiät (0,75 kg Heu und 0,5 kg Stroh pro 100 Kilogramm Körpergewicht im engmaschigen Heunetz); Barhufpflege, kontrollierter Weidegang.

Kontrolle und Therapieanpassung
Alle Werte noch leicht erhöht. Jetzt 1,25 Tabletten Prascend®

Verlauf:
Sichtbarer Gewichtsverlust, Rückgang der Fettdepots innerhalb eines halben Jahres, keine Reheschübe mehr, normaler Fellwechsel, Trainingsaufbau als Handpferd im Gelände mit Therapieschuhen Easyboot RX auf allen vier Hufen. Hufbeine wieder bodenparallel (nach erneuter Röntgendiagnostik).

Langzeitwirkung:
Nach einem Jahr wird das Pferd wieder normal geritten (mit Swiss Horse Boots). Ist leistungsfähig wie vor den Erkrankungen.

links: Die Mangalarga-Stute im Februar 2011...
rechts: ... und im Juni 2012

anerkannt als Vorstufe zum ECS, das umbenannt wurde und jetzt »Equine Cushing Disease« (ECD) heißt (Disease = engl. Krankheit) und nicht mehr Syndrom.

Entgegen landläufiger Meinung erscheinen die einzelnen Symptome nicht unbedingt nacheinander – also Fettpolster –> Muskelabbau –> Hufrehe –, sondern durchaus auch in anderer Reihenfolge. So kann sich vor der Ausbildung ausgeprägter Fettpolster eine Hufrehe entwickeln oder der Muskelabbau vor den punktuellen Fettpolstern.

EMSler leiden oft unter krankhafter Fresssucht, die durch Futterneid forciert wird.

Krankhaft gesteigerte Nahrungsaufnahme bei unkontrolliertem Futterüberangebot

Erst vor rund 20 Jahren ist man einem weiteren Hormon auf die Spur gekommen, dass hauptsächlich in Fettzellen produziert und in die Blutbahn abgegeben wird: Leptin. Es steuert die Hungergefühle und spielt bei der Regulierung des Fettstoffwechsels von Menschen und Säugetieren eine wichtige Rolle.
Nach der Entdeckung dieses Proteohormons (Proteohormone sind spezielle Eiweiße, die Botenfunktionen ausüben und bestimmte Regelungen in tierischen und menschlichen Körpern bewirken) durch den Molekularbiologen Jeffrey Friedman im Jahr 1994, wähnte man sich vor einer Revolution, Fettleibigkeit beim Menschen nachhaltig bekämpfen zu können. Aber alle Hoffnungen, Leptin als Hunger unterdrückendes Medikament einzusetzen, haben sich aufgelöst, als man entdeckte, dass ausgerechnet fettleibige Menschen hohe Spiegel dieses »Appetitzügler-Hormons« aufweisen. So stellte sich heraus, dass diese esssüchtigen Menschen also keinen Mangel an Leptin haben (= Leptin-Defizienz), sondern an einer sogenannten »Leptin-Resistenz« leiden. Hierdurch wird die physiologische Wirkung des Leptins auf die Zielneuronen im Gehirn »blockiert« (Neuronen sind Nervenzellen).

Leptin spielt als regulierendes Hormon aber besonders auch beim Fressverhalten des Pferdes eine wesentliche Rolle. Es stimuliert den Hypothalamus – eine wichtige »Schaltzentrale« im Zwischenhirn –, um das Hungergefühl zu hemmen und begrenzt hierdurch die Futteraufnahme. Beim fettleibigen metabolischen Pferd wird

Leptinplasmaspiegel

Der Leptinplasmaspiegel (= der prozentuale Anteil des Hormons Leptin im Blut) ist direkt proportional zur Körperfettmasse eines Pferdes. Je mehr Körperfett vorhanden ist, desto höher ist also auch die Leptinkonzentration und es entwickelt sich eine Leptinresistenz. Forscher haben zudem herausgefunden (Kraus 2002 und 2004), dass die Aufnahme von Glucose (= die Verarbeitung und Verwendung von Zucker durch die verschiedenen Körperzellen) durch die hohe Konzentration von Leptin nochmals vermindert ist.

jedoch genau wie beim Menschen gerade wegen des erhöhten Leptinspiegels seine Wirksamkeit herabgesetzt (Leptinresistenz). Das normalerweise einsetzende Sättigungsgefühl, das sich übrigens auch durch die Anzahl der Kauschläge einstellt (»das Gehirn zählt mit«) und das die Futteraufnahme auf ein adäquates Maß begrenzt, tritt nicht ein. Die Folge ist ein »unstillbarer Hunger« und die natürliche »Fressbremse« wird ausgeschaltet.

Hufrehe beim Equinen Metabolischen Syndrom

Als sehr problematisch im Krankheitsgeschehen des Equinen Metabolischen Syndroms gilt die Entstehung einer Hufrehe. Denn hierdurch erleidet das Pferd nicht nur erhebliche Schmerzen, sondern es droht neben dauerhafter Unbrauchbarkeit bei hoher Rehestufe auch der Tod. Überdies ist die Therapie beziehungsweise die Gewichtsreduzierung des betroffenen Pferdes

Polyphagie auch beim Pferd

Als Polyphagie (aus dem altgriechischen poly = viel und phagein = essen, also wörtlich »Vielesser«) bekannt, bezeichnet man in der Medizin einen krankhaft gesteigerten Appetit mit übermäßig gesteigerter Nahrungsaufnahme. Diese maßlose Nahrungsaufnahme ist sowohl organisch als auch psychisch bedingt (beim Menschen). Beim Pferd werden diese Suchtmechanismen organisch durch ein Futterüberangebot, überzogenen Futterneid, Hormonstörungen (erhöhter Leptinspiegel), erhöhtem Insulinspiegel, niedrigem Geschlechtshormonspiegel nach Kastration sowie als Nebenwirkung bestimmter Arzneistoffe wie Glucortikoide verursacht.

aufgrund der jetzt fehlenden Bewegungsmöglichkeit erheblich eingeschränkt.

Bei geringgradig verlaufender Rehe bestehen hingegen gute Heilungschancen, wie auch die in diesem Buch aufgeführten Fallbeispiele belegen. Besonders »günstig« sind die Aussichten, wenn nur eine Hufbeinabsenkung nach unten stattfand und keine Hufbeinrotation mit Drehung des Hufbeins. Denn dann besteht weniger die Gefahr eines sogenannten Hufbeindurchbruchs durch die Hufsohle, was oftmals das Ende bedeutet.

In vielen Fällen entwickelt sich die hormonell bedingte Hufrehe – im Gegensatz zur Futter-, Belastungs- oder Geburtsrehe – beim EMS schleichend und ist, wenn seitens des Tierarztes oder Besitzers noch kein Verdacht auf EMS besteht, klinisch nicht leicht zu erkennen. Daher wird

Das Lösen der lamellären Verbindungen wird bei EMS durch einen erhöhten Insulinspiegel verursacht.

zunächst nicht selten auf »einfache« Huflederhautentzündung diagnostiziert, besonders dann, wenn das übergewichtige Pferd unbeschlagen ist und der Verdacht nahe liegt, dass diese durch das erhöhte Körpergewicht und Laufen auf steinigen Böden verursacht worden sein könnte.

Wieso EMS Hufrehe auslöst, ist zurzeit noch nicht vollständig erforscht. Auf den »Informationen für Tierärzte« des Pharmakonzerns Boehringer, der 2011 den Wirkstoff Prascend® (Pergolid) auf den Markt gebracht hat, der sehr erfolgreich in der Therapie der Equinen Cushing Disease (früher: Equines Cushing Syndrom) eingesetzt wird, heißt es: »Wie bei anderen Reheursachen (durch Intoxikationen (= Vergiftung) oder einmaligem Futterexzess) sind auch bei den Hormonstörungen die Pathomechanismen (= krankmachenden Mechanismen), die zum Lösen der lamellären Verbindungen im Hufbeinträger führen (Lamella = Lederhautblättchen), noch nicht genau bekannt. Durch experimentelle Studien ist allerdings belegt, dass Hufrehe durch Hyperinsulinämie (= erhöhte Konzentration des Hormons Insulin im Blut) ausgelöst werden kann.«

Bisher gingen Forscher davon aus, dass ein hoher Blutzuckerspiegel (Hyperglykämie) ursächlich ist. Denn Blutzucker ist für Gefäße toxisch (Glucotoxizität), und man vermutete, dass dieser direkt oder indirekt die Huflederhaut entzündet. Da jedoch auch Pferde mit nicht oder nur leicht erhöhten Glukosewerten Hufrehe bekommen, wurde diese Theorie inzwischen verworfen.

Weitere Informationen zur hormonell bedingten Hufrehe (Diagnose, Medikation, Sofortmaßnahmen, Hufbehandlung) erhalten Sie in einem gleichnamigen Kapitel.

Diagnose

Aufgrund der Komplexität (= Vielschichtigkeit) des Metabolischen Syndroms ist auch die Diagnose nicht einfach. Im Fokus der Blutuntersuchung stehen dabei die Glukose- und Insulinwerte. Aber gerade die Glukosewerte werden sehr stark von Stress und der vorherigen Fütterung beeinflusst. Auch die Bestimmung der Insulinwerte sind beim Pferd nicht so einfach wie etwa beim Menschen, und die Tests aus der Humanmedizin können beim Pferd nicht angewendet werden. Hier muss das Blutplasma gut getrennt (= zentrifugiert), anschließend direkt eingefroren und schnellstens ins Labor verbracht werden. Dies erreicht man mittels sogenannter »Serumgelröhrchen«. Denn Messungen von ungefrorenen Blutproben sind teilweise negativ und nicht nüchtern gemessene nicht zu beurteilen. Dies ist relativ aufwendig, wenn der Test im heimischen Stall durchgeführt werden soll.

Auch eine nur einmalige und ungezielte Bestimmung von Glukose oder Insulin im Blut ist

Diagnostik

Eine Diagnose (aus dem griechischen diá = durch und gnósis = Erkenntnis, Urteil, also »durch Erkenntnis«) ist in der Medizin die genaue Zuordnung von Befunden, diagnostischen Merkmalen oder Symptomen (= Krankheitszeichen) zu einem Krankheitsbegriff oder eines Syndroms (= gleichzeitiges Vorliegen verschiedener Symptome).
Das festgestellte Syndrom ergibt zusammen mit der vermuteten Krankheitsursache und Krankheitsentstehung die Diagnose.
Die Techniken der Diagnosefindung wie Anamneseerhebung (= Zusammenfassung der Leidensgeschichte eines Patienten), körperliche Untersuchung, Röntgen oder Analytik von Laborwerten des Blutes und anderer Körperflüssigkeiten werden mit dem Begriff der »Diagnostik« zusammengefasst.
Einige Krankheiten wie auch das Equine Metabolische Syndrom sind lediglich durch unspezifische Symptome wie Fettdepots gekennzeichnet (siehe hierzu auch den Abschnitt »Symptome«). In diesen Fällen wird die Menge möglicher Diagnosen immer stärker eingeschränkt, bis eine ausreichende Grundlage für die Entscheidung bestimmter Ausschlussdiagnosen besteht.

Es gibt verschiedene Bluttest-Verfahren zur Ermittlung des Insulin- und Blutzuckerspiegels (= Diagnose, um das Equine Metabolische Syndrom nachzuweisen). Einige sind im Laufe der Jahre allerdings auch wieder als untauglich verschwunden. Deshalb werden im Folgenden nur die aktuellen und effizientesten Verfahren vorgestellt und die Vorgehensweise von Blutabnahme, Umfeldbedingungen (Stress) und anderen Besonderheiten beschrieben.

Nüchtern-Insulin und Nüchtern-Glukose

Bei diesem »einfachen« Test muss das Pferd über Nacht nüchtern bleiben, morgens erfolgt dann die Blutentnahme der Nüchtern-Proben.
Das Untersuchungslabor »Laboklin« sagt hierzu: »Um optimale Insulin-Ergebnisse zu bekommen, ist die Vollblut-Probe zügig weiter zu behandeln. Nach dem Gerinnen sollte das Serum schnellstmöglich von den Zellen getrennt/zentrifugiert und in das Labor geschickt werden. Die Proben sollten nicht bei bestehender Hufrehe oder unter Stress genommen werden, da die Parameter dann ohnehin erhöht sind. Interpretation: eindeutig hohe Insulinwerte (> 23,4 µU/ml = Mikro-

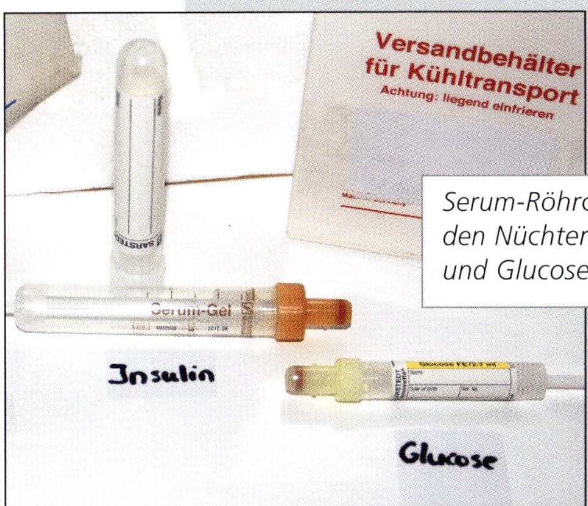

Serum-Röhrchen für den Nüchtern-Insulin und Glucose-Test.

beim Pferd absolut wertlos, da die Werte zu stark schwanken und häufig im normalen Bereich liegen, obwohl das Insulin-Glucose-System gestört ist.

Units pro Milliliter; zur näheren Erklärung siehe hierzu auch den Kasten Blutwerte bei EMS) sind beweisend, niedrige Werte schließen eine Insulinresistenz nicht aus und die Untersuchung muss unter Umständen wiederholt werden.«
Das Diagnostische Medizinlabor Diamedis gibt hierzu allerdings als Zielbereich (= Wert, der angestrebt werden sollte) 5 µU/ml und als Toleranzbereich (= höchster akzeptabler Wert) 36 µU/ml an. Somit wäre der von Laboklin genannte Wert von > 23,4 µU/ml als hoher Insulinwert beim Labor Diamedis noch in der Toleranzzone.

Der Glukose-Belastungstest nach Robinson und Reed

Beim Glukose-Belastungstest nach Robinson und Reed muss das Pferd ebenfalls über Nacht nüchtern bleiben. Morgens erfolgt dann die Entnahme der Blutprobe für den Glukose-Basalwert (Basalwert ist der erste Wert des nüchternen Pferdes). Anschließend wird eine Glukose-Infusion (0,5 Gramm pro Kilogramm Körpergewicht einer 50 prozentigen Glukoselösung) verabreicht und nach 30, 60, 90, 120, 150, 180 Minuten Blutproben gezogen. Beim gesunden Pferd sollte spätestens nach zwei Stunden der normale Glukose-Basalwert wieder erreicht sein. Beim EMS-Pferd bleibt der Spiegel auch nach drei Stunden noch erhöht.

Glukose-Toleranz-Test

Der Glukose-Toleranz-Test ist ähnlich wie der zuvor beschriebene Glukose-Belastungstest, nur dass dem Pferd anstatt einer Glukose-Infusion eine zuvor festgelegte Menge eines energiereichen Kraftfutters verabreicht wird. Auch bei diesem weit verbreiteten Test darf das Pferd über Nacht (12 Stunden) außer Wasser keine Nahrung zu sich nehmen. Morgens wird dann eine entsprechende Blutprobe gezogen und im Labor die Ausgangswerte von Glukose und Insulin bestimmt. Anschließend erhält es die energiereiche Kraftfutterration und in bestimmten Zeitabständen (von fünf/zehn Minuten bis zu drei Stunden) werden nochmals mehrere Blutentnahmen durchgeführt und die Glukose- und Insulinwerte (im Labor) ermittelt. Durch diese kann dann der zunächst erfolgte Blutzuckeranstieg und der danach sinkende Blutzuckerwert verfolgt und diskutiert werden. Bei einem hochgradig ausgebildeten Metabolischen Syndrom ist allerdings schon der Nüchternblutzucker bei der ersten Blutentnahme erhöht.
Kritiker bemängeln bei diesem Test, dass »aufgrund der augenblicklich angegebenen Grenzwerte viele Pferde mit EMS nicht korrekt erfasst werden. Der Glukose-Toleranz-Test scheint gerade bei den noch nicht so stark erkrankten Pferden nicht sensitiv genug zu sein«, so Dr. Christian Bingold von der Pferdeklinik Großostheim.

Kombinierter Glukose-Insulin-Test(CGIT)

Der kombinierter Glukose-Insulin-Test (CGIT = Combined Glukose-Insulin Test) ist hingegen erheblich genauer und aussagekräftiger, weil durch ihn die exakte Entwicklung der Glukosewerte in Abhängigkeit von der Zeit gemessen werden kann. Der CGIT gilt als hochsensitiv und gibt konkrete Hinweise auf ein gestörtes Insulinsystems. Dadurch ist auch eine beginnende Insulinresistenz bei noch nicht voll ausgeprägtem EMS belegbar, auch wenn der Insulinspiegel zu Beginn des Tests nach zwölfstündiger Fastenzeit noch im Toleranzbereich liegt. Das ist besonders bei solchen Pferden der Fall, die sich noch am Beginn der Krankheit befinden.
Beim kombinierten Glukose-Insulin-Test wird durch die intravenöse Vergabe von zunächst Glu-

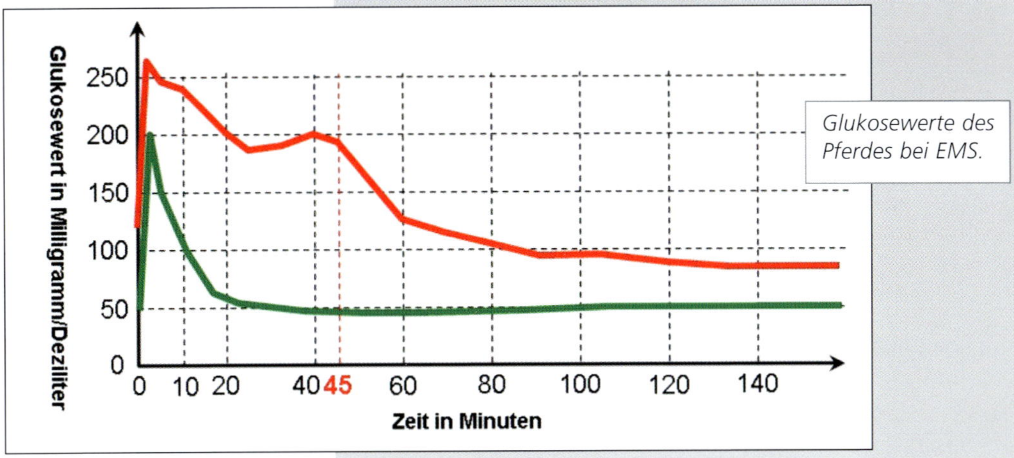

Glukosewerte bei einem gesunden Pferd (grün) und einem Pferd mit Insulinresistenz (rot) beim kombinierten Glukose-Insulin-Test (CIGT). Nach 45 Minuten liegen die Glukosewerte beim Pferd mit EMS noch deutlich über dem Ausgangswert, während beim gesunden Pferd der Normalspiegel wieder erreicht ist (in Anlehnung an Dr. Bingold, Pferdeklinik Großostheim).

kose und anschließend Insulin die körpereigene Insulinantwort vorausgegriffen, was auch die Testdauer verkürzt.

Wie auch bei den anderen Tests muss das Pferd über Nacht fasten und darf auf keinen Fall Kraftfutter oder Frischgras bekommen. Einige Labore beziehungsweise Tierärzte erlauben allerdings die Aufnahme von etwas Heu, um einen »Hungerstress« auszuschließen. Am Morgen erfolgt dann wie auch bei den anderen Testverfahren die Entnahme der Blutprobe für den Glukose-Anfangswert. Anschließend eine Infusion mit einer fünfzigprozentigen Glukoselösung mit 150 Milligramm pro Kilogramm Körpergewicht. Direkt danach erfolgt eine intravenöse Vergabe von Insulin (0,10 units (= Einheiten) pro Kilogramm Körpergewicht). Es folgen dann weitere Blutproben nach 1, 5, 15, 25, 35, 45, 60, 75, 90, 105, 120, 135, 150 Minuten. Die angegebenen Entnahmezeiten stammen aus wissenschaftlichen Publikationen und sollen sich als besonders effektiv erwiesen haben. In der Praxis reichen nach Angaben von Laboklin aber auch Blutprobenentnahmen in etwa 20-minütigen Abständen, um eine aussagekräftige Glukosekurve zu erhalten. Wichtig ist nur, dass der Entnahmezeitpunkt nach 45 Minuten eingehalten wird. Denn bei der Test-Auswertung gilt, dass eine Insulinresistenz vorliegt, wenn der Blutglukosespiegel nach 45 Minuten über dem Ausgangswert liegt (in der Grafik »Glukosewerte« liegt er beim EMS-Pferd zu Beginn bei etwa 120 mg/dl und nach 45 Minuten bei 190 mg/dl). Dadurch kann auch der Grad der Insulinresistenz herausgelesen werden, denn die Zeit, die die Glukose braucht, um auf den Ausgangswert zurückzugehen, dient als Maß für die Insulinresistenz. Der CGIT-Test eignet sich auch gut zu Kontrollen während der Therapie.

Vorsicht: Unterzuckerung

Wird bei einem Pferd mit entsprechender Symptomatik (zum Beispiel Depotfetteinlagerungen) und Verdacht auf EMS der CGIT-Test durchgeführt, ist dieses aber noch nicht am EMS erkrankt beziehungsweise hat noch keine Insulinresistenz, kann es nach der Insulin-Vergabe zu einer Unterzuckerung kommen, was sich durch Schwitzen und Muskelzittern äußert. In diesem Fall muss der Test abgebrochen und eine Glukose-Infusionslösung verabreicht werden, die sinnvollerweise vor dem Test bereitgehalten wird. Dann ist infolge der heftigen Insulinreaktion gleichzeitig aber auch bewiesen, dass keine Insulinresistenz vorliegt.

Beachte:

Der zentrale Punkt in der Diagnosefindung zum Erkennen des EMS ist die Durchführung des kombinierten Glucose-Insulin-Tests in einem stressfreien Umfeld mit entsprechender veterinärmedizinischer Infrastruktur. Dies kann in der Regel nur eine Pferdeklinik oder eine Tierarztpraxis mit stationären Behandlungsräumen und komfortablen Boxen ermöglichen. Es gibt zwar inzwischen schon sogenannte »Blutdiagnostik-Touren« mit mobilem EMS- und ECD-Test, bei denen Ärzteteams an einem Tag mehrere Testkandidaten in ihren Heimatställen besuchen und diese testen. Allerdings setzt das hochmoderne und mobile medizinische Einrichtungen und Gerätschaften voraus, über die nur die wenigsten Fahrpraxen verfügen. Dies ist auch der Grund, warum beim »normalen« Tierarztbesuch im heimatlichen Stall oftmals nur der Nüchtern-Insulin- und Nüchtern-Glucose-Test durchgeführt wird, der in den meisten Fällen unzureichende Ergebnisse liefert.

Grundsätzlich ist bei allen Testverfahren zur Bestimmung der Insulinresistenz aber zu berücksichtigen, dass bestimmte Umfeldbedingungen während der Testphase wie etwa Stress oder Schmerz die Ergebnisse verfälschen können. Einige Tierärzte gehen sogar soweit, dass Schmerz und Stress eine »natürliche« Insulinresistenz verursachen könne, die nicht stoffwechselbedingt sei. Befindet sich ein zu testendes Pferd beispielsweise in einem akuten Hufreheschub mit entsprechend hohem Schmerzgrad, könne auch bei erwiesener Insulinresistenz nicht auf jeden Fall auf EMS geschlossen werden. Auch das Einführen der Venüle (periphervenöser Katheter) kann bei sensiblen Pferden oder solchen mit traumatischen »Tierarzt-Ängsten« zu enormem Sofortstress führen. In einem solchen akuten Stressgeschehen werden im Nebennierenrindenmark mit Hilfe des zentralen Nervensystems große Mengen des Hormons Adrenalin ausgeschüttet. Dabei gelangt innerhalb von Sekunden das »Stresshormon« Adrenalin über den Blutkreislauf in fast alle Körperteile und erweitert die Blutgefäße. Das bewirkt eine verstärkte Durchblutung der Muskulatur, Steigerung der Herzfrequenz, Anstieg des Blutdrucks, Erweiterung der Bronchien, schnelle Bereitstellung von Energiereserven durch den Abbau von Fett sowie Freisetzung großer

Da Stress zu falschen Testergebnissen führen kann, sollte man das Pferd am Vortag zur Klinik fahren.

Mengen von Glucose. Und gerade letzteres hat eine sofortige Ausschüttung körpereigenen Insulins zur Folge, was die Testergebnisse erheblich beeinflussen kann. Deshalb sollte während der Testphase ein stress-, unruhe- und störungsfreies Umfeld aufgebaut werden, um korrekte und verwertbare Ergebnisse zu erhalten.

Die Erfahrung hat gezeigt, dass durch das Verbringen des Pferdes am Vortag des Tests in eine Pferdeklinik oder Tierarztpraxis mit stationären Anteil mit angenehmer Innenbox und Sichtkontakt zu anderen Pferden dieses am folgenden Morgen (= Testtag) fast immer ruhig und gelassen ist, was eine fachgerechte Testdurchführung ermöglicht.

Ergänzende Tests

Der kombinierte Glukose-Insulin-Test gilt als sogenannter »Goldstandard« in der Diagnostik des Equinen Metabolischen Syndroms (in der Medizin ist der Goldstandard-Test ein diagnostischer Test mit den besten verfügbaren Bedingungen). Da er aber aufgrund des Zeitaufwandes und der veterinärmedizinischen Ausrüstung in der üblichen Fahrpraxis nur schwer durchzuführen ist und andererseits die einfache Bestimmung von Nüchtern-Insulin und Nüchtern-Glukose nur selten zu einer eindeutigen Diagnose führt, können ergänzende Blutparameter im Labor in Auftrag gegeben werden.

Solche sind beispielsweise die Bestimmung des Fruktosamins (= glycolisiertes Serumprotein). Denn der Gehalt von Fruktosamin im Blut besitzt wesentlich geringere Schwankungen als der Blutzuckerspiegel und repräsentiert den mittleren Blutzuckerwert der vergangenen ein bis drei Wochen. Der Fruktosamingehalt wird daher auch als »Blutzuckergedächtnis« bezeichnet.

Das Diagnoselabor »Laboklin« schlägt zusätzlich sogenannte »proxies« vor: »Diese sind reine Rechengrößen, die die gemessenen Insulin- und Glucosewerte auf verschiedene Weise zueinander in Beziehung setzen und helfen können, kompensierte Insulinresistenz, bei denen die Nüchternwerte noch im Referenzbereich liegen, aufzude-

Blutwerte bei EMS

*Der normale Wert des **Insulingehalts** im Blut eines Pferdes beträgt 5 bis 36 µU/ml (Mikro-Units pro Milliliter).
Bei einem Pferd mit EMS kann der Wert auf bis zu 300 µU/ml und mehr ansteigen. Seit dem 20.05.2010 hat sich übrigens der sogenannte Referenzbereich geändert und die Insulinwerte werden in µU/ml angegeben (konventionelle Einheit). Davor wurden die Insulinwerte in pmol/l (= Pikomol pro Liter Blut); das Mol ist die SI-Basiseinheit der Stoffmenge, also wieviel Insulin sich in einem Liter Blut befindet.*

*Der **Glucosewert** beträgt im Normalfall 55–95 mg/dl (Milligramm pro Deziliter) und kann beim EMS zwischen 110–140 mg/dl betragen. Der Glucosewert ist jedoch sehr stark vom Stress und der Fütterung abhängig, was eine realistische Einschätzung schwierig macht (Genaueres hierzu im Abschnitt »Diagnose/Insulin und Glucose«).*

*Die **Tryglyzeridwerte** betragen im Normalfall unter 50 mg/dl, können aber auch leicht erhöht sein und auf über 50 mg/dl steigen. Bedenklich wird es etwa ab 200 mg/dl (Hyperlipidämie). Eine Erhöhung von Tryglyzeriden (= Blutfetten) weisen auf eine Fettstoffwechselstörung, Diabetes oder Übergewicht hin.*

*Die Werte von **Cortisol** sollten zwischen 3 und 6,7 µg/dl (Mikrogramm pro Deziliter) liegen und der **ACTH-Wert** mit 20 bis 50 pg/ml (Pigrogramm pro Milliliter) bei EMS sollte normal sein, kann bei schmerzbedingten Stresssituationen wie akuter Hufrehe jedoch leicht ansteigen und daher falsch positiv sein. Außerdem müssen die jahreszeitlichen Schwankungen beachtet werden (November bis Juli < 29 pg/ml und August bis Oktober < 47 pg/ml), weshalb von August bis September die optimale Diagnose-Zeit ist.*

cken. Bisher stehen uns drei dieser proxies zur Verfügung: RISQI (= reciprocal inverse square of insulin) als Maß für die Insulinsensitivität, MIRG (= modified insulin to glucose ratio) und die Insulin:Glucose ratio (= I:G ratio) spiegeln die pankreatische ß-Zellfunktion wider.«

Im Hufreheschub messen?

Prinzipiell müssen erhöhte Insulin- und ACTH-Werte in akuten Schmerzphasen berücksichtigt werden. Tipp: Drei Tage zur gleichen Zeit hintereinander messen und die ermittelten Werte miteinander vergleichen. Erhöhte Fruktosamin-Werte weisen auf eine dauerhafte Überzuckerung hin.

Therapie

Unter Therapie (aus dem griechischen therapeia = die Pflege der Kranken) versteht man in der Medizin Maßnahmen zur Behandlung von Krankheiten. Ziel ist die Ermöglichung oder Beschleunigung einer Heilung, die Beseitigung oder Linderung der Symptome (= Krankheitszeichen) und die Wiederherstellung der körperlichen Funktion.
Während es in der Humanmedizin seit längerem Medikamente gibt, die den Insulin- und Glucosehaushalt weitestgehend wieder ins Lot bringen, ist dies beim Pferd (noch) nicht der Fall. Der Grund ist, dass die Pharmaindustrie erst forscht, wenn sich damit auch Geld verdienen lässt. Es ist zwar zu vermuten, dass sich bei einem großen Teil der übergewichtigen Pferde mit Depotfetteinlagerungen mittels Glucose-Insulin-Test EMS nachwei-

Fallbeispiel

Wallach, 10 Jahre, Esel, Übergewicht

Anamnese:
Offenstallhaltung mit Pferden, Weidelgras-Portionsweide
Seit zwei Jahren Hufreheschübe, geringgradige Lahmheit, Fettdepot über den Augen und auf der Kruppe, Speckhals.

Diagnostik:
ACTH 11 pg/ml im April: im Referenzbereich
(Referenzbereich ACTH Esel: November bis Juni: 16,5–19,5 pg/ml, Ø 17,8 pg/ml).
ACTH 28 pg/ml im Juli: im Referenzbereich
(Referenzbereich ACTH Esel: Juli bis Oktober: 28,9–36,9 pg/ml, Ø 32,9 pg/ml).
(Quelle: Clinical Research September 2011, University of Liverpool).
Glucose 94 mg/dl: im Referenzbereich
(Referenzwert Glucose 50–94 mg/dl Quelle: Diamedislabor Sennestadt)
Insulin 85 µU/ml: erhöht
(Referenzwert Insulin 5–36 µU/ml Quelle: Diamedislabor Sennestadt)

Röntgen:
ohne besonderen Befund

Diagnose:
Equines Metabolisches Syndrom

Therapie:
Fütterungsumstellung, Reduktionsdiät 1 Kilogramm Heu pro 100 kg Körpergewicht; Haltungsumstellung zur »Steppenlandschaft« und zweiten Esel dazu gekauft; Barhufpflege.

Kontrolle:
Nach 4 Wochen: Insulin 22 µU/ml: normal

Verlauf:
Nach 4 Wochen ist der Esel lahmheitsfrei.

Langzeitwirkung:
Nach einem Jahr erfreut sich der Esel bester Gesundheit.
Das Körpergewicht wurde auf das Normalgewicht reduziert

Erhaltungsfütterung:
2 kg Heu pro 100 Kilogramm Körpergewicht.
Der Esel lebt in einem Erlebnis-Laufstall mit viel Abwechslung durch Sträucher, Hindernisse und verschiedenen Bodenverhältnissen.

sen ließe beziehungsweise EMS vorhanden ist. Allerdings ist die Bereitschaft vieler Pferdebesitzer, einen solchen Test durchführen zu lassen, nach wie vor gering. Somit gibt es auch keine handfesten Statistiken, aus denen Wissenschaft und Forschung die Ernsthaftigkeit der aktuellen Situation erkennen oder erkennen könnten.

Im Fokus einer zukünftigen Medikation stünde ein Medikament, das die Aufnahme von Glucose in die Zellen verbessert, damit diese wieder in vollem Umfang als Energieträger genutzt werden kann. Das hätte dann gleichzeitig eine geringere Ausschüttung von Insulin zur Folge.

Antidiabetika

Pferde sind im Gegensatz zum Menschen oder fleischfressenden Säugetieren in der Lage, über lange Zeit und unabhängig von der Insulinresistenz große Mengen Insulin aus der Bauchspeicheldrüse abzugeben. Das hängt vermutlich damit zusammen, dass Pferde Dauerfresser sind und sich das ganze System evolutionsbedingt darauf eingestellt hat, unablässig Insulin zu produzieren, um den Glukosehaushalt zu regulieren. Deshalb könnte ein Medikament, das die »Insulinsensitivität an den Rezeptoren« verbessert, sehr sinnvoll sein. Aktuell diskutiert wird der Einsatz sogenannter Antidiabetika wie beispielsweise »Metformin«.

Die über die Nahrung aufgenommene Glukose (= Zucker) wird zum Teil sofort verwertet, ein Teil wird aber auch als Reserveenergie in der Muskulatur und in der Leber gespeichert. Untersuchungen hätten ergeben, dass Metformin die Aufnahme von Glukose im Darm hemmen und eine schnellere Aufnahme in die Muskelzellen bewirken soll (Quelle: Fort- und Weiterbildung für Tierärzte (www.fuwft.de). »Deshalb wird der Einsatz von Antidiabetika, wie zum Beispiel Metformin in der Therapie des Equinen Metabolischen Syndroms mit dem Ziel einer Erhöhung der Insulinsensitivität diskutiert. Das Problem sei jedoch, dass es bisher kaum Erfahrungen zur Anwendung von Metformin beim Pferd gibt und es möglicherweise bereits in therapeutischen Dosen zu starken Nebenwirkungen beim Pferd kommen kann.«

Eine weitere Möglichkeit, den Insulin- und Glukosehaushalt wenn auch nur in geringem Umfang positiv zu beeinflussen, besteht in der Vergabe sogenannter Futterergänzungsmittel. Hier sind inzwischen zahlreiche Produkte für EMS-geschädigte Pferde auf dem Markt, die es vor einigen Jahren noch gar nicht gab. Das ist auch immer ein Gradmesser für die rasante Zunahme von EMS. Zur Wahrung der Neutralität des Autorenduos und da es keine direkt messbaren Erfolge dieser Präparate gibt, wird auf Produktnennungen verzichtet und nur kurz auf die Inhaltsstoffe eingegangen. Man muss sich aber im Klaren darüber sein, dass solche Futterzusätze keine Wunder vollbringen können und ihr Einsatz im Verhältnis zu den Kosten gut überlegt werden sollte (bis zu circa einem Euro pro Tag zum Beispiel bei Chromhefe). Einen ähnlichen Effekt solcher Zusätze bringt das Weglassen von Getreideprodukten bei der Fütterung oder das leistungsbezogene Ersetzen bei einer Normdiät durch beispielsweise nichtmelassierte Rübenschnitzel, die den gleichen Energiegehalt wie Hafer haben.

Ein solches Futterergänzungsmittel ist **Chrom** (Chromhefe, chromhaltige Kräuter), das die Insulinempfindlichkeit der Zellen etwas erhöhen kann. In der Zusammenfassung eines aus Futterindustriemitteln finanzierten Forschungsberichts des Instituts für Tierernährung, Ernährungsschäden und Diätetik der veterinärmedizinischen Fakultät der Universität Leipzig »Effekte der Aufnahme von Chromhefen auf die Glukose- und Insulinreaktion bei adipösen Pferden« von 2010 (Dr. Ingrid Vervuert, Prof. Dr. Manfred Coenen) heißt es: »Chrom scheint daher auch bei Ponys und Pferden zu einer nachweisbaren Verbesserung der Insulinresistenz zu führen, auch wenn das Niveau der Insulinreaktion immer noch hoch ist.« Bei der vier Wochen dauernden »Placebo kontrollierten« Studie wurden insgesamt 27 insulinresistente Pferde und Ponys untersucht. Dabei erhielten 12 Tiere ein Placebo (Hefe ohne Chrom) und 15 Tieren wurde eine chromhaltige Hefe verabreicht (2,5 Milligramm pro 100 Kilo Körpergewicht). Dabei ist »die innerhalb der Versuchsreihe verabreichte Menge von 1,25 Gramm Chromhefe pro 100 Kilo Körpergewicht offenbar geeignet, bei insulinresistenten Ponys und Pferden eine günstige Beeinflussung der Glukose- und Insulinreaktion zu erreichen. Für die Vielzahl der Hufrehe- oder EMS gefährdeten Tiere ergibt sich auf Grund der Ergebnisse dieser Arbeit der Uni Leipzig durchaus eine Chance, das Risiko durch Zufütterung von Chromhefe zu verringern«.

Bestimmte Futterzusätze können die Glukose- und Insulinreaktion positiv beeinflussen.

Auch die Verabreichung der Spurenelemente **Vanadium** und **Mangan** soll helfen, da EMS-Pferde oftmals damit unterversorgt sind beziehungsweise einen Mangel haben. Allerdings ist noch nicht näher untersucht, welche Mengen sinnvoll sind und wie lange sie verabreicht werden sollten.

Beispielsweise ist in 100 Milliliter Maiskeimöl etwa ein Milligramm Vanadium enthalten. Mangan spielt im Fettstoffwechsel eine wichtige Rolle. Der Bedarf ist mit 40 Milligramm pro Kilogramm Heu laut Professor Helmut Meyer (»Pferdefütterung«) normalerweise abgedeckt. Nur auf kalkhaltigen Böden mit hohem pH-Wert sowie auf Sandböden, die von Natur aus manganarm sind, kommen niedrigere Werte vor.

Auch ist in fast allen stärke- und zuckerreduzierten Müslis ausreichend Mangan enthalten.

Für die Glukoseverwertung spielen auch Vitamine eine wichtige Rolle. So werden die Vitamine B2, B6, Biotin, Pantothensäure und Niacin von einem gesunden Pferd selbst produziert. In einem durch EMS Stoffwechsel geschädigten Darm können jedoch Mangelerscheinungen auftreten. Hier können verdauungsfördernde Kräuter wie Fenchel, Anis, Kümmel und Koriander helfen, aber nur nach Anweisung des Tierarztes.

Schließlich wirken auch **Omega-3-Fettsäuren** kontrollierend auf den Glukosestoffwechsel, besonders wenn zusätzlich ein Hufrehe-Problem besteht.

Andere Therapieansätze setzen bei gesundheitlichen Schwierigkeiten an, die durch EMS entstehen. Solche sind beispielsweise die bei Stuten verminderte oder ausbleibende Fruchtbarkeit, Muskelrückbildungen und steigende Infektionsanfälligkeit.

Leber unterstützende Mittel

Die Leber wird durch Schadstoffe, die beim Abbau der Fettdepots freigesetzt werden, erheblich belastet. Einen Aufschluss über bereits vorliegende Störungen erhält man über ein Blutbild. Allerdings kann auch bei guten Leberwerten eine Störung nicht ausgeschlossen werden.
Beim Entgiftungsprozess von Leber und Nieren helfen bestimmte Wirkstoffe. Ein solcher ist »Hepasan« von Vet-Concept, eine spezielle Wirkstoffkombination zur Unterstützung der Leberfunktion und schnellen Revitalisierung des gesamten Organismus. Auch homöopathische Mittel wie Nux vomica oder Okoubaka (Lebertherapeutikum) verbessern die Entgiftung über die Leber. Ebenso können Kräuter mit einem hohen Anteil von Bitterstoffen wie etwa die Mariendistel unterstützend eingesetzt werden. Aber auch hier gilt: Nur in Absprache mit dem Tierarzt und immer nur ***ein*** *Leber unterstützendes Mittel verwenden.*

Es stellt sich allerdings die große Frage, ob mit Stuten, die EMS haben, gezüchtet werden sollte. Denn es ist immer noch nicht ausreichend erforscht, ob und in welchem Umfang die Veranlagung zu EMS weitervererbt wird.

Besteht bei einem unter EMS leidenden Pferd eine erhöhte Infektionsanfälligkeit, kann über eine Unterstützung des Immunsystems nachgedacht werden. Besonders Fehlernährungen wie ein ständiger Überschuss von Eiweiß und Kohlenhydraten oder eine überhöhte Aufnahme von Pilzsporen (im Heu) können die Darmflora und damit den Stoffwechsel belasten. Es entstehen giftige Stoffwechselprodukte, die das Säure-Basen-Gleichgewicht zu Ungunsten des Immunsystems verschieben. Entscheidende Verdauungsvorgänge können dann nicht mehr richtig vollzogen und dadurch wichtige Mineralien und Vitamine nicht in vollem Umfang aufgenommen werden. Auch hier gibt es Nahrungsergänzungsmittel für das Immunsystem, wie beispielsweise die bereits erwähnten Omega-3-Fettsäuren. Bemerkenswerte Zusammenhänge zwischen der Verfütterung von Pflanzenölen und ihren Einfluss auf das Immunsystem zeigt eine Veröffentlichung der Universität Leipzig: »Ergebnisse zur Beeinflussung des Immunstatus durch die Gabe sogenannter Omega-3-Fettsäuren (aus Fisch- und Leinöl), wie sie von anderen Tierarten und vom Menschen bekannt sind, liegen inzwischen auch beim Pferd vor. Die Möglichkeit, Entzündungsprozesse innerhalb bestimmter Grenzen durch diese immunologisch potenten Fettsäuren zu regulieren, wurde auch für das Pferd an mehr oder weniger entzündungsfördernden Stoffwechselprodukten in Körperflüssigkeiten nachgewiesen« so Professor Annette Zeyner.
Ähnlich wie Paraimmunitätsinducer (Zylexis® (früher Baypamun P®) wirken auch Kräuter wie Echinacea, Kamille und Weißdorn.

Bei EMS wird die Muskulatur mit zu wenig Energie versorgt, kann also je nach Stadium weder aufgebaut noch erhalten werden. Daher resultiert der Muskelschwund. Wenn es nicht gelingt, die fatalen Vorgänge, die zur Insulinresistenz und überhöhten Glucosewerten führen, nachhaltig entgegenzuwirken (durch Futterreduzierung und mehr Bewegung), können auch die Muskeln nicht aufgebaut werden. In erster Linie muss also das eingelagerte Depotfett abgebaut werden. Erst dann ist an einen Muskelaufbau zu denken.

Fettdepots abbauen

Um den Ursachen des Equinen Metabolischen Syndroms entgegen zu treten, gibt es nur einen Weg: Die Nährstoffzufuhr reduzieren und die körperliche Bewegung erhöhen. Nur hierdurch wird das eingelagerte Fett abgebaut, das die schädigenden Hormone in den Körper abgibt. Gleichzeitig muss versucht werden, den Insulin- und Glucosehaushalt wieder ins Lot zu bringen. Das ist nur möglich, wenn die Muskeln Arbeit verrichten und dabei Energie verbrennen.

Bewegung

Sind die Hufe eines EMS-Pferdes noch nicht betroffen – etwa durch eine schleichende oder gar akute Hufrehe –, können durch ein gezieltes und regelmäßiges Bewegungsprogramm sowie durch eine tierärztlich überwachte beziehungsweise angeordnete Reduktionskost die Stoffwechselvorgänge wieder in normale Bahnen geleitet werden. Ziel ist es, die punktuellen Depotfetteinlagerungen abzubauen und dieses abgebaute Fett wieder zu verstoffwechseln, sprich, »in die

Beachte:

Vergessen Sie die Versprechen vieler Vertreiber von Futterergänzungsmitteln, die den Muskelaufbau durch ihre Produkte propagieren. Kein Zusatzpräparat der Welt kann beim EMS-Pferd Fett in Muskeln umwandeln.
Das geht nur durch 1. Bewegung, 2. Bewegung und 3. Bewegung!

Professor Ellen Kienzle rät, täglich eine halbe Stunde flotten Trab zu reiten.

Muskeln zu bringen«. Hierzu sollte die Arbeit zunächst kontinuierlich erfolgen, keine kurze und intensive Arbeit. Hierfür eignen sich in erster Linie Geländeritte, deren Dauer und Intensität peu á peu gesteigert werden. Besonders günstig sind Schritt und Trabphasen in bergigem Gelände. Durch das Bereiten von Abhängen und Hügeln wird neben vielen Muskeln besonders die Hinterhandmuskulatur beansprucht, die als »Antriebsmotor« gilt. Hierzu wird im Schritt und möglichst gerade bergauf und bergab geritten. Weil beim Bergaufreiten das Pferd seinen Schwerpunkt nach hinten verlagert, muss es mit den Hinterbeinen mehr Gewicht aufnehmen. Beim Abwärtsreiten lastet das Gewicht zwar größtenteils auf der Vorhand, das Pferd muss aber auch dann mit der Hinterhand gut untertreten. Weil es Steigung oder Gefälle Schritt für Schritt bewältigt, kräftigt es auch die Bauch- und langen Rückenmuskeln. Gelegenheiten für die Kletterarbeit finden sich fast überall. Falls man in einer absolut flachen Landschaft wohnt, können auch künstliche Erdaufschüttungen wie etwa Straßendämme genutzt werden. Beim Bergreiten sollte man prinzipiell sein Gewicht nach vorne verlagern und dem Pferd viel Kopffreiheit lassen.

Laufen auf sandigen Böden ist besser, weil anstrengender als auf festem Untergrund. Auch Zugarbeit im Schritt (Einspänner, Gig) eignet sich sehr gut, da hier viele Muskeln beansprucht werden.

Da EMS-Pferde meist sehr triebig sind, wäre bei einem Geländeritt auch ein begleitender und frisch vorwärts laufender Artgenosse von großem Vorteil.

Wassertreten trainiert viele Muskeln und motiviert träge Pferde.

Zum Muskelaufbau haben sich auch Gewässer mit festem Sandboden wie flache Flüsse oder Bäche bewährt, in denen man eine längere Strecke reitet, jedoch nie länger als zehn Minuten. Ein optimaler Trainingseffekt wird erzielt, wenn das Wasser bis zu den Karpalgelenken reicht. Dann muss das Pferd ähnlich wie bei der Cavalettiarbeit seine Beine höher heben und gegen den Wasserwiderstand arbeiten, was die Muskulatur von Oberarm, Schulter, Hals, Rücken und Oberschenkel gleichermaßen kräftigt. Das Wassertreten sollte möglichst über eine Distanz von mindestens 100 Metern, zuerst im Schritt, später auch im Trab praktiziert werden.

In der Anfangsphase des Bewegungsprogramms wird das EMS-Pferd in der Regel rasch schwitzen. Deshalb ist es wichtig, ihm ausreichend Natrium zur Verfügung zu stellen. Hierfür eignen sich besonders Salzlecksteine, die gerne angenommen werden.

Meist sind bei EMS-Pferden aufgrund des vorhergehenden Bewegungsdefizits auch Trittsicherheit, Bewegungskoordination und Biegsamkeit geschwächt. In Tabelle 11 auf Seite 84 sind deshalb einige Lektionen im Gelände aufgeführt, die diese Schwächen ausgleichen.

Das Bewegungstraining zum Muskelaufbau darf zu Beginn in der Regel nur als »leichte Arbeit« durchgeführt (siehe hierzu den Abschnitt »Fehleinschätzung der Arbeitsleistung« im vorhergehenden Kapitel) und jegliche Überanstrengung vermieden werden. Erst wenn sich die Depotfetteinlagerungen weitestgehend abgebaut haben, sich die Ausdauerleistung erhöht hat und entsprechend Muskeln gebildet haben, ist an eine Steigerung zur »mittleren Arbeit« zu denken.

Himalajasalz

Wie die Erfahrung gezeigt hat, werden besonders Himalaja-Salzlecksteine gerne aufgenommen, die aus reinem naturbelassenem Salz ohne Zusätze bestehen. Dieses Salz ist mehr als 250 Millionen Jahre alt, frei von Verschmutzungen der heutigen Meere und enthält zusätzlich essentielle Mineralstoffe und Spurenelemente. Im Gegensatz zu industriell gefertigten und gepressten Steinen sind diese Lecksteine weitaus unempfindlicher gegen Feuchtigkeit und halten im Außenbereich wesentlich länger.

Himalajasalz-Lecksteine sind reich an Mineralien.

Zusätzliche Lektionen	Phase/ Zeitpunkt	Ausführung	Förderung, Stärkung, Verbesserung
Steine und Äste	Erste Trainingstage im Schritt	Mehrere mitteldicke Äste oder größere Steine werden im Abstand von 5 Metern hintereinander auf dem Weg gelegt und in Schlangenlinien umritten; Zwischenräume im Seitengang	Konzentration, Trittsicherheit und Bewegungskoordination
Volten und Wellen	Beim Ausritt im Schritt und Trab	Umreiten von Bäumen in Schlangenlinien und Volten gleichmäßig auf linker und rechter Hand	Biegsamkeit, Konzentration
Mutproben	Bei jedem Ausritt	Alle »monsterhaften« Dinge wie Schilder, Sonnenschirme, Pfützen, Planen ohne Druck im Schritt, dann im Trab an-, um- bzw. durchreiten	Aufmerksamkeit und Vertrauen
Kleine Geländesprünge	Beliebig; im Trab	Überspringen von umgefallenen Baumstämmen oder großen Ästen aus dem Trab	Rückenmuskulatur, Koordination und Konzentration
Bergauf, bergab	Berg, Hang, Hügel im Schritt	Im fleißigen Schritt Bergwege, Hügel oder Hänge bewältigen (nicht Galopp); kräftigt Hinterhandmuskeln, Rückenmuskeln, Förderung der Schubkraft	Muskeltraining, Kondition
Vorwärts und Rückwärts	Im Schritt an Böschungen	Langsam rückwärts zwei Schritte die Böschung heraufreiten, max. dreimal pro Ritt	Muskeltraining, Konzentration
Serpentinen	Im Schritt auf Wiesen	Serpentinenartig eine Hangwiese im Schritt erklimmen; Pferd muss weit untertreten	Muskeltraining, Koordination
Wassertreten	In Bächen, flachen Flüssen	Bäche oder Flüsse mit festen Böden im Schritt durchreiten, maximal 50 cm Tiefe (Karpalgelenkhöhe); Fortbewegung mit Wasserwiderstand	Oberarm, Schulter, Oberschenkelmuskulatur
Intervalltraining	Nach einigen Wochen je nach Konditionsstand	Abwechselnd höhere Gangarten (mäßiger Trab, Galopp) mit Schrittphasen (fleißig) unterbrechen; Puls muss sich beruhigen, ehe das Pferd wieder schneller wird; Verbesserung des Stoffwechsels und der Ausdauer	Steigerung der Ausdauer, Schnelligkeit
Geschwindigkeit	Nach einigen Monaten je nach Konditionsstand	Kontrolliert abgemessene Strecke galoppieren; Tempo unterhalb der Leistungsgrenze	Ausdauer, Schnelligkeit, Kraft, Muskulatur

Tabelle 11: Ergänzende Lektionen zum Geländeritt bei einem mehrmonatigen Aufbautraining.

Bewegung bei schleichender oder akuter Hufrehe

An ein Bewegungsprogramm wie zuvor beschrieben zu denken, ist sowohl bei schleichender als auch besonders bei akuter Hufrehe absolut unmöglich. Hier geht es vielmehr darum, ob man überhaupt etwas bewegen darf, um Folgeerkrankungen wie etwa Koliken zu verhindern. Die Frage, ob sich ein an Hufrehe erkranktes Pferd bewegen darf oder nicht, wird äußerst kontrovers diskutiert.
Die Gegner führen an, dass die tiefe Beugesehne bei jedem Schritt, den das Pferd macht, Zugkräfte am Hufbein ausübt, die die problematische Hufbeinrotation fördern.
Befürworter gehen davon aus, dass ein kontinuierliches Bewegen des leicht an einer Hufrehe erkrankten Pferdes unter »Herdenzwang« durch seine Artgenossen aufgrund der Durchblutungsförderung positiv für die Genesung sei.
Hat das Pferd jedoch eine hochgradige Rehe mit extremen Schmerzen und liegt es entsprechend viel, darf man es auf keinen Fall zur Bewegung zwingen! Verbessert sich sein Zustand oder hat es nur eine schleichende Rehe, wäre eine dosierte Bewegung auf weichem Boden möglicherweise zumutbar.
Eine Alternative wäre auch das Aqua-Training, das die Muskulatur zum Verbrennen von Energie angeregt, ohne die Hufe zu belasten.

Um die Gewichtsreduktion zu unterstützen und das Normalgewicht zu halten, ist eine Auslaufhaltung mit kontinuierlicher Bewegungsmöglichkeit und zusätzlichen Bewegungsanreizen für das EMS-Pferd ideal (siehe hierzu auch den Abschnitt »Mehr Bewegungsanreize über die Haltung« im Kapitel 1).

Zuckerarme Ernährung

Wie bereits im Abschnitt »Überversorgung mit Kohlenhydraten« (Kapitel 1) ausgeführt, müssen parallel zum Bewegungsprogramm die Futtermittel gewechselt und vor allem die Futtermengen reduziert werden. Besonders dürfen keine leicht verdaulichen Kohlenhydrate aus Getreide, Frischgras, zuckerhaltigen Müslis oder melassierten Rübenschnitzeln zugeführt werden. Der Weidegang muss gegebenenfalls vorübergehend ganz eingestellt (bis zum Erreichen normaler Insulinwerte) und **lebenslang** rationiert werden. Die Gräsergemeinschaft auf der Weide sollte zuckerarm sein (siehe hierzu auch den Abschnitt »Grünlandgestaltung und reduzierte Grasaufnahme« im Kapitel 1).

Außerdem muss der Bedarf des EMS-Pferdes genau ermittelt werden (siehe hierzu den Abschnitt »Norm- und Reduktionsdiät« im Kapitel 1). Da dies keine leichte Aufgabe ist, sollte der Tierarzt oder ein Fütterungsexperte hinzugezogen werden, die einen entsprechenden Futterplan entwickeln. Ziel ist die Reduzierung der Energiezufuhr (= Zucker) mit gleichzeitiger Sicherstellung einer ausreichenden Zufuhr von Rohfasern, um den Magen-Darm-Trakt in »Bewegung zu halten« und keine Koliken zu provozieren.

Fallbeispiel

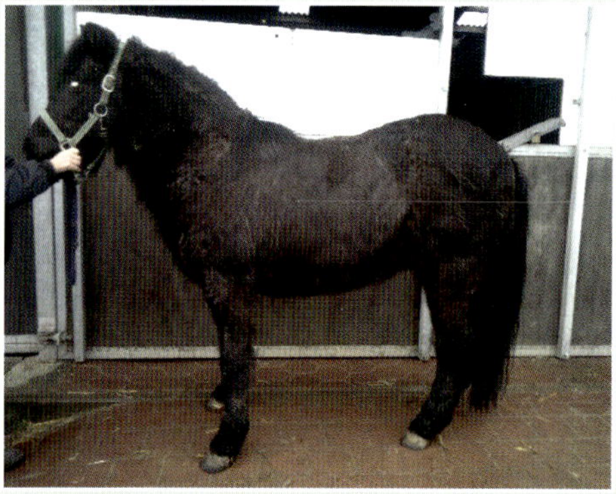

Stute, 17 Jahre, Isländer, Übergewicht

Anamnese:
Offenstallhaltung mit 24 Stunden Weidezugang in der Gruppe mit anderen Pferden; Hufreheschub im Sommer, Fettdepots über den Augen und am Hals, Fellwechselstörung.

Diagnostik:
ACTH 66 pg/ml im Dezember: erhöht (Referenzwert im Dez < 29 pg/dl; Quelle: Equine Endokrinologie Symposium Berlin März 2012 Referent Durham).
Insulin 49 µU/ml: erhöht.
(Referenzwert Insulin 5–36 µU/ml Quelle: Diamedislabor Sennestadt).
Glukose 78 mg/dl im Referenzbereich.

Diagnose:
Equines Metabolisches Syndrom + Equine Cushing Disease.

Therapie:
Fütterungsumstellung, Reduktionsdiät, Portionsweide.
1 mg Pergolid (1 Tablette Prascend®)
10 ml Viequo Royal Senior.

Kontrolle:
Nach 4 Wochen im Januar ACTH 17 pg/ml im Referenzbereich
Insulin 79 µU/ml: erhöht.

Langzeitwirkung:
Die Haltung kann entgegen tierärztlicher Anordnung nicht optimiert werden. Aufgrund der 24 Stunden-Weidehaltung bleibt das Tier therapieresistent mit erhöhtem Insulin im chronischen Hufreheschub dauerhaft lahm.

»Futterberater« darf sich jeder nennen

Die Bezeichnung »Futterberater« ist gesetzlich nicht geschützt und sagt nichts über die tatsächliche Befähigung aus. Wie erkennt man aber einen guten Futterberater?

- Studium der Tierwissenschaften, Tierernährung oder besser noch Pferdewissenschaften sowie regelmäßige Fortbildung
- Unabhängige Tätigkeit (also nicht solche von Futtermittelherstellern bzw. -vertreibern)
- Beratung vor Ort (keine Ferndiagnosen via Telefon oder Foto)
- Gegebenenfalls Zusammenarbeit mit behandelnden Therapeuten (Tierarzt, Tierheilpraktiker, Hufbearbeiter)
- Einbeziehung aller relevanter Parameter

- Grunddaten (Alter, Größe, Gewicht)
- Haltung (Box, Offen- oder Laufstall, Weidegang)
- Fütterung (Futterarten, Futtermenge, Futterqualität (auch der Wiese), Fütterungstechnik, Futteraufnahme, Fressverhalten, Futterverwertung und Futterzustand)
- Nutzung (Art, Dauer, Intensität und Regelmäßigkeit der Arbeit)
- Ganzheitliche Zustandsbewertung (Fell, Horn, Haut, Muskulatur, Knochen, Gelenke, Gang, Geruch, Verdauung, Körperabsonderungen wie Schweiß)
- Gesundheit (eventuelle Vorerkrankungen oder aktuelle Erkrankungen, Blutwerte und andere klinische Werte)

Für die Erstellung eines individuellen Futterplans werden von einem seriösen Futterberater im Durchschnitt bis zu 200 Kriterien zugrunde gelegt.

Bei Ergänzungsfuttermitteln ist unbedingt auf einen Stärke-/Zuckeranteil unter zehn Prozent zu achten, was in der Regel in stärke- und zuckerreduzierten Spezialmüslis der Fall ist. Deshalb sind Getreide wie Hafer, Gerste, Mais und Dinkel ebenso wie Müslis mit hohen Getreideanteilen tabu. Eine gegebenenfalls notwendige Zusatzenergie für Pferde mit Normalgewicht im Trainingszustand der mittleren Arbeit nach einem entsprechenden Bewegungsprogramm könnte durch Pflanzenöl, hochverdauliche Faserstoffen wie unmelassierte Rübenschnitzel, Obsttrester oder Reiskleie erfolgen.

Darüber hinaus ist für eine bedarfsgerechte Versorgung mit Vitaminen, Antioxidantien und Mineralstoffen zu sorgen. Antioxidantien wie Vitamin E und C vermindern den oxidativen (= in

Ein zuckerarmes, getreidefreies Müsli sollte durch ein passendes Mineralfutter ergänzt werden.

Biotin kann helfen, die Insulinsensitivität zu steigern

Beachte:

*Viel hilft nicht viel! Füttern Sie immer nur **ein** entsprechend ausgewähltes Nahrungsergänzungsmittel und klären Sie die Zufütterung sowie Dosierung zuvor mit Ihrem Tierarzt ab.*

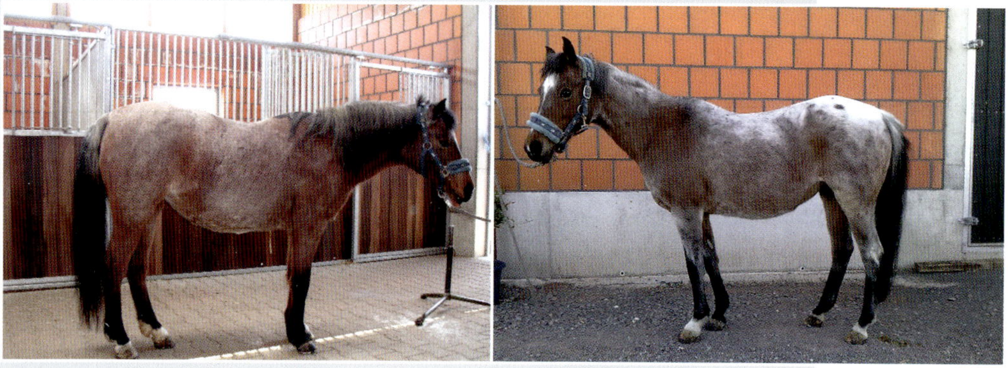

links: Ponystute mit EMS, ECD und deutlichem Übergewicht Anfang März 2011. rechts: Dasselbe Pferd mit Normalgewicht und völlig gesund nur drei Monate später.

ständigem Sauerstoffkontakt) »Stress« an den Zellen. Und Substanzen wie Zimt, Biotin, Chrom, Vanadium und Mangan können wie bereits oben beschrieben die Insulinsensitivität ein wenig erhöhen.

Schafft man es, das übergewichtige EMS-Pferd durch eine konsequente Reduktionsdiät und tägliches Arbeiten abzuspecken, kann es wieder ganz gesund werden.

Stroh aus der Sparraufe hilft beim Abspecken.

Equine Cushing Disease (ECD)

Kapitel 3

Equine Cushing Disease (ECD)

Bis 2012 hieß die Stoffwechselerkrankung »Equine Cushing Disease« (ECD = Cushing-Erkrankung beim Pferd) noch »Equines Cushing Syndrom« (ECS). Aus Syndrom (= gleichzeitiges Vorliegen verschiedener Symptome) wurde also jetzt eine international anerkannt »Disease« (= Erkrankung). Und ebenso als international anerkannt gilt EMS (Equines Metabolisches Syndrom, siehe vorheriges Kapitel) seit 2012 als »Vorstufe zur ECD«. Das bedeutet, dass das Metabolische Syndrom im fortgeschrittenen Alter (ab circa 15 bis 20 Jahren) in die Cushing-Erkrankung übergehen kann oder gar beide gleichzeitig bestehen. Deshalb wurde die Cushing Disease als »Wohlstandskrankheit« in diesem Buch ebenfalls mit aufgenommen. Denn in früheren Zeiten wurden die Pferde auch alt, es erkrankte aber bei weitem nicht jedes vierte Pferd an Cushing wie heute. Das lag vor allem auch daran, dass »Opas Pferde« nicht mit dem extremen Nahrungsüberangebot konfrontiert wurden wie heute. Infolge der ernährungsbedingten Auslöser spricht man vom »metabolisch bedingten Cushing Syndrom«, hierzu später mehr.

Equine Cushing Disease (ECD) ist unheilbar und äußerst komplex (= vielschichtig). Durch die vielfältige und häufig untypische Symptomatik war es bisher auch für den Tierarzt schwer, eine eindeutige Diagnose zu stellen. Inzwischen liegen jedoch eine ganze Reihe von Forschungsarbeiten vor und die diagnostischen Verfahren haben sich wesentlich verbessert.

Verschiedene Studien gehen davon aus, dass 15 bis 40 Prozent aller älteren Pferde an ECD leiden. Der Prascend-Hersteller Boehringer aus Ingel-

Der Entdecker

Der US-amerikanische Neurologe und Chirurg Harvey Williams Cushing (1869–1939, gesprochen: »Kusching«) beschrieb und untersuchte das nach ihm benannte Krankheitsbild beim Menschen Anfang des 20. Jahrhunderts. Beim Cushing-Syndrom entstehen körperliche Veränderungen, die durch einen hohen Cortisolspiegel im Blut (= Hypercortisolismus) und einem Überangebot von Glucokortikoiden (= Steroidhormone aus der Nebennierenrinde) verursacht werden. Beim ***Menschen*** *werden für Cushing insgesamt fünf Ursachen ausgemacht, auf die an dieser Stelle aber nicht eingegangen wird, um das Ganze nicht noch mehr zu komplizieren. Nur dies: Es gibt zwar Parallelen bei Mensch und Pferd, die beiden Krankheitsbilder sind aber nicht gänzlich identisch.*

Die Symptome beim Menschen sind durch die verstärkte hormonelle Wirkung der Cortikoide auf die Zielgewebe bedingt und äußern sich in Bluthochdruck, Stoffwechsellage wie bei Diabetes mellitus, »Vollmondgesicht«, Fettsucht, »Stiernacken«, Knochenerweichung, Hautschäden, Muskelschwäche und Hirsutismus (Bildung kräftiger Langhaare an verschiedenen Körperstellen). Wie man später sehen wird, sind ähnliche Symptome auch beim Cushing-Pferd anzutreffen.

Lieber Leser,

vielen Dank für Ihre Antwort.
Nur durch Ihre Anregungen und Ihre Kritik können wir uns ständig verbessern. Bitte schreiben Sie uns doch auf dieser Antwortkarte, wie Ihnen das Buch gefallen hat.

Schreiben Sie uns und gewinnen Sie!

Unter den Einsendern werden jeden Monat 10 Büchergutscheine im Wert von jeweils € 50,– verlost

Autor und Titel des Buches:

Meine Meinung zu diesem Buch:

☐ sehr gut ☐ gut ☐ weniger gut ☐ nicht so gut

Kommentar:

heim (das Medikament »Prascend®« gilt als wirksames Therapiemittel bei der Behandlung von ECD) geht von zwanzig Prozent aller über 15-jährigen Pferde und Ponys aus.

ECD-Ursachen

Es gibt beim Pferd momentan vier Ursachen beziehungsweise »Arten« der ECD:

- Verlust der »dopaminergen Hemmung des Pars intermedia der Hypophyse«.
- Ein Tumor im mittleren Bereich der Hypophyse (»Hypophysen-Zwischenlappen-Adenom«).
- Ernährungsbedingte Ursachen ausgelöst durch Stoffwechselentgleisungen beim Metabolischen Syndrom.
- ECD durch Behandlung mit Cortison.

Bei der oben als erste aufgeführte Art der ECD entstehen die Symptome durch eine Überproduktion des Hormons Cortisol in der Nebenniere, die Ursache liegt jedoch im Gehirn des Pferdes. Beteiligt sind der Hypothalamus (Abschnitt im Zwischenhirn, der die vegetativen (= von selbst ablaufenden) Funktionen des Körpers steuert und die Hypophyse (auch Hirnanhangdrüse genannt = Hormondrüse im Gehirn). Das gesunde Pferd verfügt über ein eingestelltes und fein aufeinander abgestimmtes System aus Hormonen und Botenstoffen. Im Cushing-Geschehen stören jetzt sogenannte »Freie Radikale« (auch als Sauerstoff-Radikale bezeichnet) dieses Regelsystem im Gehirn, indem sie die Zellen im Hypothalamus in »Stress« versetzen, was als »oxidati-

Entstehung der Equinen Cushing Disease durch »Freie Radikale«

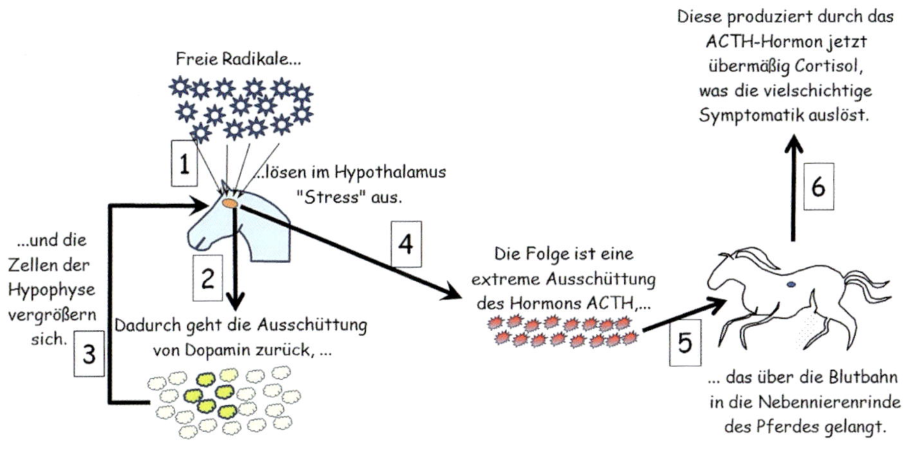

ver Stress« bezeichnet wird, also kein Stress im üblichen Sinn. Dadurch geht die Bildung des lebenswichtigen Botenstoffes »Dopamin« erheblich zurück, was eine Vergrößerung der Zellen in der Hypophyse zur Folge hat. Diese beginnt jetzt mit einer extremen Ausschüttung des ACTH-Hormons bis um das 600-fache, was wiederum in der Nebenniere zu einer übermäßigen Erzeugung des Hormons Cortisol führt. Diese Übermengen Cortisol verteilen sich über die Blutbahnen im ganzen Körper und verursachen die unterschiedlichen und zum Teil heftigen Symptome der Erkrankung. Bei der Therapie (hierzu später) wird dann sehr früh in die Ursachenkette eingegriffen, indem das fehlende Dopamin durch ein Medikament ersetzt und dadurch das System aus Botenstoffen und Hormonen wieder ins Gleichgewicht gebracht wird.

Die zweite ECD-Entstehung sieht das Problem in einem Tumor im mittleren Bereich der Hypophyse (»Hypophysen-Zwischenlappen-Adenom«) begründet. Die Hypophyse (englisch: pituitary gland) befindet sich beim Pferd in Augenhöhe unterhalb des Großhirns und hat ungefähr die Größe eines Ein-Euro-Stücks. Im englischsprachigen Raum wird ECD deshalb auch als »pituitary pars intermedia dysfunktion« (PPID = Fehlfunktion des mittleren Teils der Hypophyse) bezeichnet.

Welche Ursachen auch immer verantwortlich sind, die Folgen sind jedoch immer dieselben: Es entstehen Fehlsteuerungen bei der Produktion der Hormone ACTH (»adrenocortikotropes« Hormon) und POMC (»Pro-Opiomelanocortin«) in der Hirnanhangdrüse. Von dort gelangen diese vermehrt ausgeschütteten Hormone zusätzlich mit bestimmten Botenstoffen über die Blutbahn in die Nebennierenrinde, wo sie eine erhöhte Produktion des körpereigenen Hormons Cortisol ankurbeln, das das Grundübel der ECD ist.

Dopamin

Der beim ECD absolut im Fokus stehende Botenstoff Dopamin (DA) ist ein biogenes (= biologischen oder organischen Ursprungs) Amin (= organischer Stoff des Ammoniaks) aus der Gruppe der Katecholamine (körpereigene und künstliche Stoffe, die an den Rezeptoren des Herz-Kreislaufsystems eine anregende Wirkung haben) und ein wichtiger Neurotransmitter (griechisch: neuron = Nerv und lateinisch transmittere = hinüber schicken, übertragen; also etwas über Nerven übertragen). Das Nervensystem benötigt solche Botenstoffe, um Nervenzellen zu erregen oder zu hemmen.
Das Pharmaunternehmen Boehringer, das 2010 das Medikament Prascend® auf den Markt gebracht hat (Wirkstoff Pergolidmesilat) bezeichnet diesen Wirkstoff als »lang wirkenden Dopamin-Rezeptoragonist«. Ein Agonist ist in der Pharmakologie eine Substanz, die einen bestimmten Transmitter (= Überträger) in seiner Wirkung imitiert beziehungsweise ersetzt.

Cortisol ist die vom Körper hergestellte Form des Cortisons und beeinflusst den Energiestoffwechsel, die Immunabwehr und die Glykogeneinlagerung (Blutzucker) in die Leber. Paradoxerweise muss dabei allerdings der körpereigene Cortisonspiegel nicht unbedingt erhöht sein, kann aber. In keinem der in diesem Buch vorgestellten Fallbeispiele war übrigens der Cortisolspiegel erhöht. Dieser galt in früheren Zeiten als sicherer Hinweis bei der Diagnose von ECD (siehe

Nebenniere

Die Nebennieren sind paarige Hormondrüsen und befinden sich beim Pferd auf den vorderen Polen beider Nieren. Sie sind ungefähr acht Zentimeter lang und drei Zentimeter breit. Die das Mark umgebende Nebennierenrinde besteht dabei aus drei Schichten, wobei die Zellen der mittleren Schicht vorwiegend Glucokortikoide wie das Cortisol bilden. Die Produktion der Glucokortikoide wird über das adrenokortikotrope Hormon (ACTH) aus der Hypophyse reguliert. Infolge der Vielzahl der in der Nebenniere gebildeten Hormone können bei Störungen die vielfältigen Krankheitsbilder auftreten.

Cushing auch durch Behandlung mit Cortison

ECD kann aber auch durch eine langfristige Vergabe entzündungshemmender Glucokortikoide ausgelöst werden (Cortisontherapie), die zum Beispiel bei der Behandlung von Allergien (Sommerekzem) oder bei Bronchitis eingesetzt werden. Diese Ursache wird als »iatrogene« (= vom Arzt erzeugte) Cushing-Disease bezeichnet. Hierbei sind besonders ältere Pferde gefährdet (= Risikogruppe), die über einen längeren Zeitraum Cortison erhalten. Im Zweifel sollte man ältere Pferde daher wenn möglich alternativ behandeln.

hierzu später bei der Erklärung des umstrittenen Dexamethason-Suppressionstests). Bei ECD-Pferden verläuft der tägliche »Biorhythmus« des Cortisolspiegels anders als bei gesunden Pferden, bei denen der Cortisolspiegel morgens ansteigt (um die täglichen »Anforderungen« wie Leistung, Stress, Ernährung erfüllen zu können) und kontinuierlich bis zum Abend sinkt. Bei ECD-Pferden ist er jedoch den ganzen Tag über gleichmäßig vorhanden, was als Verlust der »tagaktiven Rhythmik« der Cortisolausschüttung mit der Folge eines »relativen Zuviels« an Cortisol bezeichnet wird.

Bei der ECD sind also die regelnden Mechanismen zwischen Hypophyse und Nebennierenrinde gestört. Neben dem ACTH sind darüber aber noch weitere Hormone »beteiligt«, die an dieser Stelle jedoch nur kurz erwähnt werden: Lipoproteine, Endorphine und MSH-Hormone. Letztere sollen für die Fellveränderung (»Hirsutismus«) des ECD-Pferdes verantwortlich sein. Die erhöhte Produktion dieser »spezifischen« Hormone löst dann eine Kettenreaktion aus, in der ein Hormon die übermäßige Ausschüttung eines anderen verursacht, das wiederum regt die Überproduktion eines weiteren Hormons an und so weiter. Bei dieser Kette kommt es dann nicht wie beim gesunden Pferd zu einer Hemmwirkung durch die produzierten Hormone, was als »negatives Feedback« bezeichnet wird.

Die Rolle des Equinen Metabolischen Syndroms (EMS) bei der Cushing Disease

Wie anfangs erwähnt, gilt das Equine Metabolische Syndrom (EMS) seit 2012 international

Fallbeispiel: Equine Cushing Disease

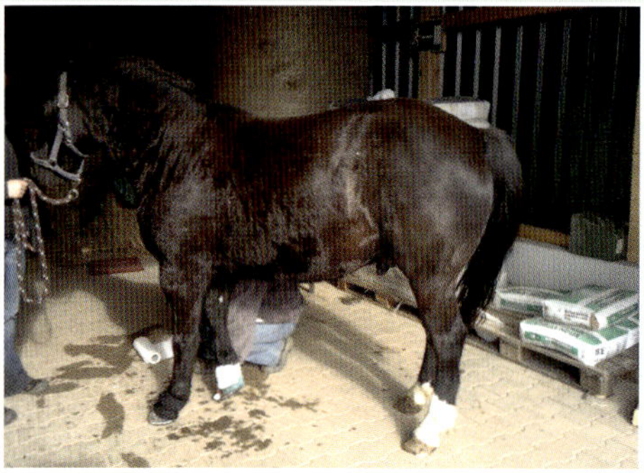

Wallach, 12 Jahre, Ponymix, Übergewicht

Anamnese:
Stallhaltung im Winter, 24 Stunden Sommerweide, Silage und Haferfütterung. Seit 5 Jahren Hufreheschübe, mittelgradige Lahmheit, Fettdepot über Augen, Speckhals, Kruppenfett, vermehrtes Schwitzen.

Diagnostik:
ACTH 139 pg/ml erhöht
(Referenzwert ACTH im Okt < 47 pg/ml)
(Quelle: Equine Endokrinologie Symposium Berlin März 2012 Referent Durham)
Insulin und Glukose normal im Oktober

Röntgen: Rotation

Diagnose: Equine Cushing Disease

Therapie:
Fütterungsumstellung, Reduktionsdiät, 1 Kilogramm Heu pro 100 Kilo Körpergewicht
1 mg Pergolid (= 1 Tb Prascend®)
Hufrehebeschlag mit Napoleonmethode
Eissockenkühlung 10 Tage
Hufhornregeneration mit Plantadolor 1 x tgl. 10ml

Kontrolle:
ACTH 10 pg/ml im Dezember
(Referenzwert ACTH im Dez < 29 pg/ml)
(Quelle: Equine Endokrinologie Symposium Berlin März 2012 Referent Durham)

Verlauf:
Nach 12 Wochen ist das Pferd lahmheitsfrei und wird wieder normal geritten (mit Umstellung auf normalen Hufbeschlag)

anerkannt als Vorstufe zur Equinen Cushing Disease. Durch die ernährungsbedingten Auslöser spricht man von **metabolisch bedingter Cushing Disease** (metabolisch = stoffwechselbedingt). Diese Art des Cushings wird fälschlicherweise auch oft als »peripheres Cushing« bezeichnet, was jedoch etwas ganz anderes ist und aus der Humanmedizin stammt (das periphere Cushing-Syndrom entsteht durch Cortisol produzierende Adenome oder Karzinome der Nebennierenrinde).

Auch aktuelle Studien belegen, dass stoffwechselbedingte Störungen Auslöser der Cushing Disease sein können. Das betrifft besonders Pferde, die über einen langen Zeitraum hinweg übermäßig Kohlenhydrate in Form von Zucker erhalten haben und dann in eine anormale Stoffwechsellage geraten.

Symptomatik

Die klinischen Symptome sind bei der Equinen Cushing Disease sehr vielfältig. So ergibt die Gesamtheit der aus dem Krankheitsprozess der ECD resultierenden Symptome das klinische Bild, also die Symptomatik. Da sich die Krankheit in der Regel jedoch sehr schleichend entwickelt, sind diese zu Beginn kaum vorhanden beziehungsweise zu erkennen. Erste klare und wahrnehmbare Zeichen sind Abmagerung, Muskelabbau besonders im Rückenbereich, Depotfetteinlagerung am Mähnenkamm und auf der Kruppe sowie Fellveränderungen. Bevor es dazu kommt, können aber auch viele andere Hinweise erscheinen. Besonders wenn sich bestimmte Anzeichen entwickeln, die vorher noch nicht da waren, sollte man hellhörig werden. Solche sind beispielsweise »Schlappheit« und verstärktes Schwitzen (Hyperhidrose) während eines Ausritts oder bei der Arbeit in der Reitbahn. Dabei kann die Schweißbildung am ganzen Körper auftreten, beginnend und besonders stark an der Brust, am Kopf und an den Flanken. Schlappheit und Schwitzen können im Frühstadium manchmal die einzigen Anzeichen sein.

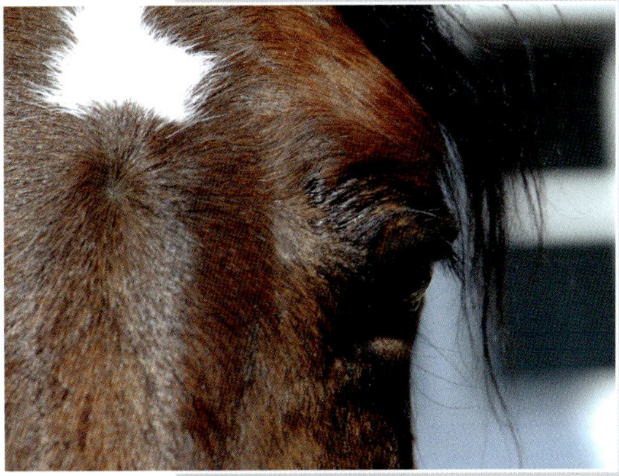

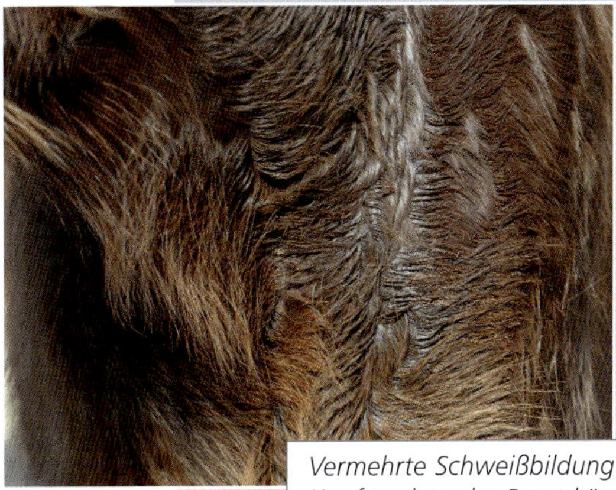

Vermehrte Schweißbildung am Kopf und an der Brust können auf Cushing hinweisen.

Weitere Merkmale sind oder können sein:

- erhöhte Wasseraufnahme mit gleichzeitig vermehrtem Harnabsatz (Polydipsie, Polyurie) durch erhöhten Glucosespiegel;
- manche Pferde werden apathisch, sind weniger ansprechbar, übertrieben ängstlich oder zeigen sogar depressive Verhaltensweisen (Lethargie (Form der Bewusstseinsstörung, die mit Müdigkeit und einer Erhöhung der Reizschwelle einhergeht) und Apathie (Teilnahmslosigkeit, mangelnde Erregbarkeit und Unempfindlichkeit gegenüber äußeren Reizen));
- Appetitlosigkeit (Anorexie);
- ungewöhnlicher Leistungsabfall;
- Zyklusstörungen und Unfruchtbarkeit bei Stuten;
- Immunschwächesyndrom mit Hautproblemen, häufigen Infektionen und Wundheilungsstörungen (Sommerwunden (Dermatitiden)), Kieferhöhlenentzündung (Sinusitis maxillaris), Bindehautentzündung am Auge (Konjunktivitis) und Infektionserkrankungen durch Parasiten (Parasitosen), Kotwasser, Darmabwehrschwäche;
- ein beginnender Gewichtsverlust trotz ausreichender Futteraufnahme;
- herabgesetztes Schmerzempfinden durch die

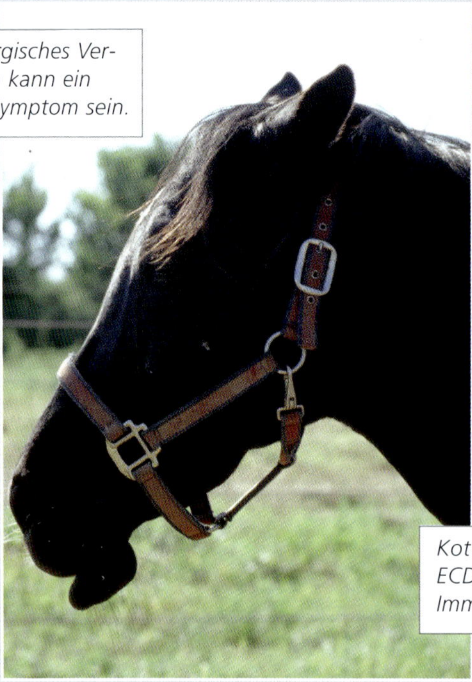

Lethargisches Verhalten kann ein ECD-Symptom sein.

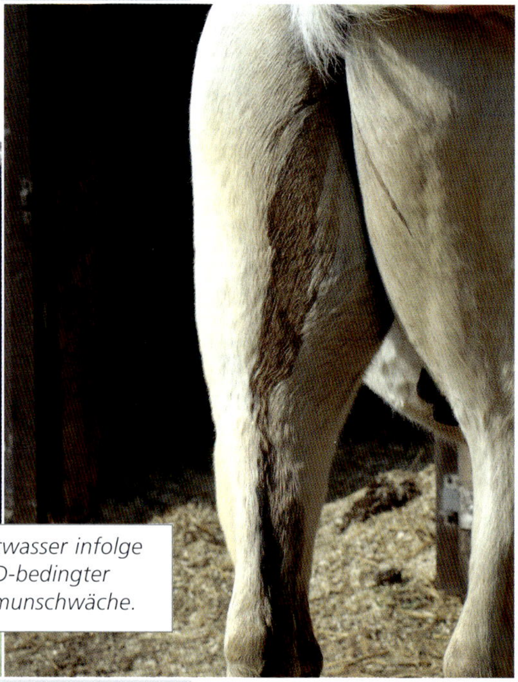

Kotwasser infolge ECD-bedingter Immunschwäche.

erhöhte und dauerhafte Endorphinproduktion (siehe oben Hormonbildung, Endorphine regeln unter anderem auch Empfindungen wie Schmerzen);

- Schwellungen und Ödeme infolge »mineralcortikoider Effekte«.

Stellt man bei seinem »in die Jahre gekommenen« Pferd eines oder gar mehrere dieser Veränderungen fest, sollte auf jeden Fall eine Blutuntersuchung erfolgen.
Ignoriert man hingegen diese anfänglichen Veränderungen und es entwickelt sich eine »handfeste« ECD, können folgende »klassischen« Symptome in Erscheinung treten:

- Haarkleidveränderungen (Hirsutismus) mit langem, lockigem Fell (ähnlich wie bei American Curly-Horses) und auch Farbveränderungen des Fells; die Fellwechsel finden verzögert, nur teilweise oder gegebenenfalls gar nicht mehr statt;
- Muskelglykogenabbau: chronische Abmagerung, Herzmuskelschwäche, Muskelatrophie, Muskelschwund; Diabetes Typ II ist häufig mit ECD gekoppelt;
- ein »Mix« an Über- und/oder Untergewichtigkeit, Muskelschwund und Gewichtsverlust mit Ausbildung von Senkrücken und Hängebauch;
- Fettdepots durch eine Fettumverteilung, besonders am Mähnenkamm, Kruppe, Schultern und anderen Bereichen; auch Fettpolster über den Augen (= »supraorbitale« Fettpolster);
- schlechte Hornqualität, Huflederhautentzündungen und Hufrehe infolge dauerhaft erhöhtem Insulin-Spiegel und Durchblutungsstörung infolge Hyperinsulinämie; Immunschwäche: Hufabszesse;

Einzelne längere Haare in einer anderen Fellfarbe sind typisch für Cushing-Pferde.

Hufgeschwüre kommen bei ECDlern häufig vor.

- Zahnerkrankungen (Zahnwurzelentzündungen);
- Seltener Ataxie und andere neurologische Symptome; Narkolepsie (= Schlafkrankheit).

Häufigkeit und zahlenmäßige Erfassung der Symptome

In der bereits erwähnten Studie der TiHo Hannover wurde auch die zahlenmäßige Häufigkeit der einzelnen Symptome bei 63 Cushing-Pferden untersucht. So waren Hirsutismus (40) und Hufrehe (38) die häufigsten Symptome und beide Symptome lagen bei 22 Pferden vor. Vier Pferde hatten keinen Hirsutismus oder Hufrehe. »In diesem Zusammenhang ist eine Besonderheit in der Gruppe der »jungen« Pferde (bis 10 Jahre) herauszustellen. Keines dieser Pferde zeigte einen Hirsutismus oder einen unvollständigen oder verzögerten Fellwechsel. Die Verdachtsdiagnose wurde allein aufgrund einer unergründlichen Lahmheit beziehungsweise aufgrund von Hufrehe gestellt.« In Tabelle 12 auf Seite 99 sind das Vorkommen beziehungsweise die Häufigkeit der einzelnen Symptome in einer Zusammenstellung von 63 Cushing-Pferden aufgeführt.

Von den 63 ECD-Pferden waren 59 Prozent 20 bis 40 Jahre alt und 33 Prozent in der Gruppe der 10 bis 20 Jährigen. »Auffallend ist jedoch die Gruppe der bis 10 jährigen Pferde, die mit einem Vorkommen von 8 Prozent (= 5 Pferde von 63) eine ernstzunehmende Patientengruppe darstellen. Damit ergibt sich eine gänzlich neue Patientenschaft, für die das Equine Cushing-Syndrom (jetzt Disease, d.Verf.) bislang als unwahrscheinlich galt. Wichtig ist es, in diesem Zusammen-

Hirsutismus

Wie bereits erwähnt, sollen nach neusten Erkenntnissen die so genannten MS-Hormone (MSH = Melanozyten-stimulierende Hormone) für die Fellveränderung (Hirsutismus) des ECD-Pferdes verantwortlich sein. MS-Hormone, auch als »Melanotropine« bezeichnet, sind eine Gruppe von Peptidhormonen und regulieren in den Pigmentzellen der Haut unter anderem die »Pigmentdispersion«.
Einige Forscher gehen aber auch davon aus, dass der tumorös entartete mittlere Abschnitt der Hypophyse im Gehirn (siehe auch oben: »Hypophysen-Zwischenlappen-Adenom«) bei entsprechender Ausbildung beziehungsweise Größe den Druck auf den Hypothalamus sowie auf die Verbindungen zwischen Hypophyse und Hypothalamus ausübt. Da der Hypothalamus unter anderem auch den Fellstoffwechsel steuert, könnte er demzufolge durch diesen Druck beeinflusst werden mit der Folge von Fellveränderungen (Hirsutismus) und erhöhtem Schwitzen.
An Hirsutismus sollen nach verschiedenen Untersuchungen 55 bis 80 Prozent der an ECD erkrankten Pferde leiden.
In einer Dissertation von Christina Brüns (»Diagnose und Therapieverlauf des Equinen Cushing-Syndroms«) an der Tierärztlichen Hochschule Hannover heißt es hierzu: »Das auffälligste Symptom (bei der ECD) ist der Hirsutismus. Er wird als das Kardinalsymptom dieser Erkrankung betrachtet, tritt aber nicht immer in seiner klassischen Form auf, so dass sich unter Umständen nur ein unvollständiger oder verzögerter Fellwechsel zeigt, der aber auch gänzlich fehlen kann.«

Lockiges Fell ist das auffälligste Kennzeichen bei Cushing.

Symptome	Anzahl der ECD-Pferde
Hirsutismus bzw. verzögerter/unvollständiger Fellwechsel	40
Hufrehe	38
Leistungsinsuffizienz (= Ermüdung und Muskelschwäche)	22
Allgemeine Muskelatrophie (= Muskelschwund)	17
Hyperhidrosis (= vermehrtes Schwitzen)	17
Gewichtsabnahme	16
Polydipsie (= krankhaft gesteigerter Durst)	16
Polyurie (= krankhaft erhöhte Urinausscheidung)	15
Disproportionale Fettablagerungen vor allem an den supraorbitalen Fettpolstern	14
Apathie	11
Hyperglykämie (= erhöhter Blutzuckerspiegel)	10
Zunehmende Schwäche	9
Epiphora (= Auslaufen von Tränenflüssigkeit aus den Augen)	5
Fertilitätsstörungen (= Unfruchtbarkeit)	5
Sekundäre Infektionen	4
Kreislaufkollaps	3
Visuelle Störungen	2
Krämpfe	1

Tabelle 12: Vorkommen und Häufigkeit der einzelnen Symptome in einer Zusammenstellung von 63 Cushing-Pferden (aus der Dissertation von Christina Brüns (»Diagnose und Therapieverlauf des Equinen Cushing-Syndroms«) an der Tierärztlichen Hochschule Hannover.

hang herauszustellen, dass die Verdachtsdiagnose bei diesen jüngeren Pferden allein aufgrund einer vorliegenden unergründlichen Lahmheit (Hufrehe) gestellt wurde oder sogar ein reiner Zufallsbefund ohne Vorhandensein klinischer Symptome war, der nur durch erhöhtes Plasma-ACTH erfasst wurde«, so Frau Dr. Brüns.

Fallbeispiel

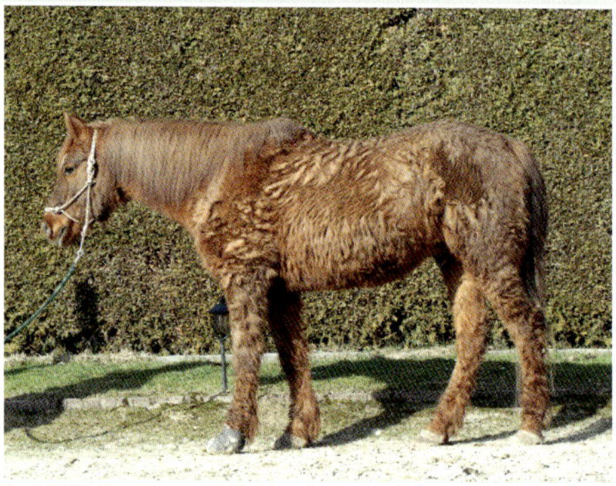

Foto links: Der Araber mit 11 Jahren ...
Foto rechts: ... und mit 21 Jahren

Wallach, 21 Jahre, Araber, Normalgewicht

Anamnese:
Offenstallhaltung im Winter, 24 Stunden Sommerweide, Hafer-Fütterung; seit 4 Jahren Hufreheschübe, hochgradige Lahmheit, seit 2 Jahren Fellwechselstörungen mit Lockenbildung, Neigung zu Hufgeschwüren seit 3 Jahren, apathisch.

Diagnostik:
ACTH 827 pg/ml im Januar: extrem erhöht
(Referenzwert ACTH im Januar < 29 pg/ml; Quelle: Equine Endokrinologie Symposium Berlin März 2012 Referent Durham).

Röntgen: Hufbeinspitzenauflösung, hohle Wand

Diagnose: Equine Cushing Disease

Therapie:
Fütterungsumstellung ohne Hafer; Reduktionsdiät mit 1,5 kg Heu pro 100 kg Körpergewicht; 2 mg Pergolid (= 2 Tabletten Prascend®);
Hufhornregeneration mit Plantadolor 1 x täglich 10 ml;
Barhufpflege.

Kontrolle:
Im Februar: ACTH 38 pg/ml leicht erhöht
(Referenzwert im Februar < 29 pg/ml; Quelle: Equine Endokrinologie Symposium Berlin März 2012 Referent Durham)

Verlauf:
Zweite Kontrolle im Mai: ACTH 20 pg/ml (im Referenzbereich)
(Referenzwert im Mai < 29 pg/ml; Quelle: Equine Endokrinologie Symposium Berlin März 2012 Referent Durham))
Weiterer Verlauf: nach 3 Monaten ist das Pferd lahmheitsfrei und deutlich munterer; das Körpergewicht bleibt beim Normalgewicht, die Locken haben sich noch kaum zurückgebildet.

Erhaltungsfütterung:
2 Kilogramm Heu pro 100 Kilo Körpergewicht;
Portionsweide ab Juni; Barhufpflege

Diagnose

Ist eine ECD schon länger unbemerkt fortgeschritten und liegen die typischen Symptome Hirsutismus und Speckhals bereits vor, lässt schon das äußere Erscheinungsbild des betroffenen Pferdes eine gesicherte Diagnose zu. Dennoch ist für eine erfolgreiche Behandlung mit therapiebegleitenden Verlaufskontrollen und angepasster Medikamentendosis (Prascend®) die Erhebung eines Hormon- und Stoffwechselprofils sehr wichtig. Dies geschieht zum einen durch die Bestimmung des ACTH-Wertes im Blut und zum anderen zur Abgrenzung oder zum Ausschluss des Equinen Metabolischen Syndroms oder einer Hyperlipidämie (= Entgleisung des Fettstoffwechsels durch abrupten Futterentzug) durch die Ermittlung der Insulin-, Glucose- und Triglycerid-Werte.

Beachte:

Die üblichen Routine-Blutuntersuchungen sind zur Diagnose der ECD nur von begrenztem Nutzen.

Bei den »endokrinologischen« Tests gibt es sowohl Einzelhormontests (ACTH) als auch sogenannte Funktionstests. Der Nachweis des ACTH-Spiegels in Kombination mit den klinischen Symptomen lässt meist eine eindeutige Einschätzung der Erkrankung zu. Dennoch werden an dieser Stelle auch einige andere Labortests vorgestellt, da diese immer noch häufig von Tierärzten und Laboren durchgeführt werden. Besonders beim sogenannten und von einigen Labors immer noch als »Goldstandard« bezeichneten »Dexamethason-Suppressionstest« ist **größte Vorsicht** geboten, da dieser im Verdacht steht, einen Hufreheschub auszulösen.

Endokrinologische Funktionstests

Die Endokrinologie (aus dem Griechischen endo = innen, krinein = entscheiden und logie = Lehre) ist die »Lehre von den Hormonen«. Das Grundprinzip der endokrinologischen Funktionstests – auch als dynamische Tests bezeichnet – besteht darin, dass dynamische Suppressions- oder Stimulationstests zur Diagnostik eines Hormonexzesses (= unzureichende Suppression = unzureichende Unterdrückung, Hemmung) oder überschießender Stimulation (= überschießende Anregung)) oder eines Hormonmangels (= unzureichende Stimulation) eingesetzt werden. Denn vielfach lassen sich Zustände der Über- oder Unterfunktion von endokrinen Organen (also Teile von inneren Organen wie Hirn und Nebennieren, die Hormone ausschütten) nicht durch die alleinige Messung von basalen (= grundlegenden) Hormonspiegeln mit anschließendem Vergleich der entsprechenden Referenzbereiche (= also der Wertebereich, der sich im normalen Rahmen befindet) erfassen.
Bei den dynamischen Testverfahren hingegen werden laborspezifische Referenzbereiche und individuelle Einflussgrößen speziell bei der ECD beachtet, was allerdings oftmals einer geschulten Beurteilung durch den Endokrinologen (endokrinologisches Labor) bedarf. Diese Referenzbereiche und die Einschätzung durch das Labor (= Befundinterpretation) sollten daher immer auf dem sogenannten Endbefund, also dem Blatt Papier mit den ermittelten Blutwerten des Labors, das an den Tierarzt geschickt wird, stehen.

Einfache Tests	Dynamische Tests (Funktionstests)
ACTH	**Übernacht-Dexamethason-Suppressionstest (DST)**
Cortisol	**TRH-Stimulationstest**
Glukose	**Kombinierter DST/TRH-Test**
α-MSH	**ACTH-Stimulationstest**
β-Endorphin	**Cortisol-Differenz nach 8 Stunden**
Urin-Cortisol: Kreatinin	

Tabelle 13: Tests zur ECD-Diagnostik (PPID) (in Anlehnung an die University of Liverpool).

Dexamethason-Suppressionstest (DST)

Beim niedrig dosierten Dexamethason-Suppressionstest wird zunächst mittels Blutentnahme der Basalwert des Cortisols bestimmt (basale Cortisol Bestimmung). Dann verabreicht der Tierarzt intravenös oder intramuskulär Dexamethason (40 Mikrogramm pro Kilogramm Lebendgewicht), das dem Cortisol ähnelt, welches der Pferdekörper selber herstellt. Nach 19 Stunden wird der Cortisol-Spiegel mittels Blutentnahme erneut gemessen. Während er bei gesunden Pferden von 0 bis 12 Stunden kontinuierlich sinkt und sich nach etwa 16 Stunden wieder auf seinen Basalwert eingependelt hat (weniger als 1 Mikrogramm pro Deziliter), fällt er beim ECD-Pferd von 0 bis 12 Stunden etwas ab, steigt dann aber von 12 bis 19 Stunden an und erreicht fast wieder den hohen Anfangswert (etwa 5 Mikrogramm pro Deziliter). Dieses Ergebnis lässt vermuten, dass das Pferd Cushing hat, muss es aber nicht.

Dieser Test wird über Nacht durchgeführt und sollte tageszeitlich angepasst durchgeführt werden zum Beispiel:

- 16–18 Uhr: Probenentnahme Basalwert
- direkt im Anschluss: Injektion von 40µg/kg KGW Dexamethason
- 11–13 Uhr Folgetag: Probenentnahme Suppressionswert.

Der DST galt in den 1990-iger Jahren als »Goldstandard« (= diagnostischer Test mit den besten verfügbaren Bedingungen) für die Diagnostik aufgrund annähernd perfekter Sensitivität und Spezifität nach 20 Stunden. Allerdings hatten Studien ergeben (Donaldson 2005), dass dieser Test jahreszeitlich unterschiedliche Ergebnisse gezeigt hat. Auch andere Autoren konnten die Sensitivität und Spezifität der ursprünglichen Untersuchung nicht bestätigen. Deshalb kombinieren viele Tierärzte den Dexamethason-Suppressionstest mit dem TRH-Stimulationstest. Besteht bei einem Pferd mit Verdacht auf ECD ein Hufreheschub, ist der Einsatz von Dexamethason jedoch umstritten. Allerdings ist die beim DST eingesetzte Menge Dexamethason (etwa ein Fünfundzwanzigstel der kleinsten therapeutischen Menge) sehr gering, um beim gesunden Pferd eine Hufrehe auszulösen.

TRH-Stimulationstest (ACTH)

Beim TRH-Stimulationstest reagieren die entarteten Zellen des mittleren Teils der Hypophyse (siehe Abschnitt: »Ursachen der ECD«) auf die Vergabe von TRH (englisch: Thyrotropin Releasing Hormon; eine im Zwischenhirn gebildete »Signalsubstanz« zur internen Nachrichtenweitergabe) mit einer massiven ACTH-Ausschüttung. Dieser Test wurde lange als Alternative zum Dexamethason-Suppressionstest bei an Hufrehe erkrankten oder Hufrehe verdächtigten Pferden eingesetzt. Heute wird er in der Regel durch die Bestimmung des körpereigenen ACTHs ersetzt.

Beim TRH-Stimulationstest muss nur eine Blutentnahme erfolgen und es besteht für das Pferd kein Risiko. Allerdings ergibt das Resultat eine geringere Sensitivität und ist häufig falsch-positiv (Quelle: IDEXX Vet-Med-Labor). Auch wird das Ergebnis oft durch saisonale Schwankungen beeinflusst – wie übrigens bei allen Tests (DST, ACTH-Bestimmung und kombinierter DST/TRH-Test).

Die Testdurchführung wird wie folgt durchgeführt:

- Zu Beginn Probenentnahme Basalwert
- Dann intravenöse Injektion von 1 Milligramm TRH pro Pferd (0.5 Milligramm TRH pro Pony)
- Nach 30 Minuten wird eine weitere Blutprobe entnommen und dann anschließend beide Proben im Labor ausgewertet und der Stimulationswert der zweiten Probe ermittelt.

Besteht ein erhöhter Cortisol-Spiegel von mehr als 30 Prozent, ist das ein Hinweis auf eine Störung. Ab einem Anstieg von 60 bis 100 Prozent gilt die Diagnose ECD als weitestgehend gesichert.

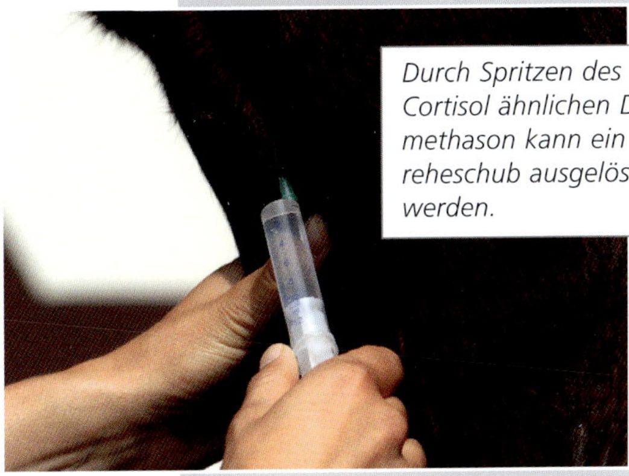

Durch Spritzen des Cortisol ähnlichen Dexamethason kann ein Hufreheschub ausgelöst werden.

Kombinierter Dexamethason-Suppressions-/TRH-Stimulationstest

Der kombinierte DST/TRH-Test ist sensitiver als beide Einzeltests getrennt. Nachteilig sind jedoch die aufwendigere Durchführung (zwei bis drei Besuche) und die Entnahme mehrerer Blutproben.

Die Durchführung geschieht wie folgt:

- Blutprobe Basalwert
- Intramuskuläre Injektion von 40 Mikrogramm Dexamethason pro Kilogramm Körpergewicht
- Nach drei Stunden Blutentnahme für den ersten Suppressionswert und intravenöse Injektion von 1 Milligramm TRH je Großpferd (Pony: 0.5 Milligramm)
- Nach 30 Minuten Blutprobenentnahme zur Ermittlung des Stimulationswerts
- Nach 21 Stunden Blutprobenentnahme, um den Langzeit-Suppressionswert zu ermitteln.

Beurteilung: Gesunde Pferde zeigen schon nach drei Stunden eine deutliche Suppression und keine Stimulation durch TRH. ECD-Patienten supprimieren schlecht oder gar nicht, zeigen aber eine deutliche Stimulation des Serum-Cortisols durch TRH (70 bis 300 Prozent).

ACTH-Wert-Bestimmung

Die ACTH-Bestimmung gilt inzwischen als »Goldstandard« bei der labordiagnostischen ECD-Erkennung. Der Grund liegt in einer verbesserten Auf- beziehungsweise Zubereitung der entnommenen Blutproben durch den Tierarzt und verbesserten Labortechnik. Auch sind die Informationen über Entnahme, Zubereitung, Kühlung, Möglichkeiten der Kurzzeitlagerung sowie Transport des Blutes beziehungsweise Serums in das Labor für die praktischen Tierärzte besser geworden, weil sich das Wissen über das Hormongeschehen (hier speziell ACTH) enorm weiterentwickelt hat.
Beim ACTH-Test wird nur eine Blutprobe mit Aprotinin-Stabilisator entnommen, vorzugsweise morgens zwischen 8°° und 10°° Uhr. Aprotinin ist ein »Protease-Inhibitor« und wird als Stabilisator in »EDTA-Blut« bei der Bestimmung labiler Hormone und Enzyme verwendet (BD Vacutainer® Röhrchen für die Hormon-Bestimmung). Dann wird das stabilisierte Blut zentrifugiert und das Plasma von den Zellen möglichst schnell getrennt, um hämolysefreies EDTA-Plasma zu erhalten.

Anschließend wird das Blut eingefroren und in einem Isolationsbehälter ins Labor geschickt. Das ist äußerst wichtig, denn nur leicht gekühltes oder gar ungekühltes Plasma ist nach zwölf Stunden nicht mehr beurteilbar. Da jedoch das Zeitfenster zwischen Zentrifugieren und der Analyse im Labor in der Regel über zwölf Stunden beträgt, waren und sind viele der ACTH-Werte dieses Testverfahrens unbrauchbar. Die teilweise immer noch zu lesende Kritik einiger Tierärzte und Labors hinsichtlich der Ergebnisse der ACTH-Wert-Bestimmung beruht eindeutig auf einer nicht fachgerechten Durchführung dieses Tests. In meiner Praxis ist es noch nie zu einer nicht eindeutigen Diagnose gekommen, die die Durchführung anderer Tests notwendig gemacht hätte.
Gemäß dem Ergebnis zweier eigener Praxis-Studien im Sommer und Herbst 2012 in Zusammenarbeit mit dem Labor »Biocontrol« für vete-

Blutprobenentnahme in der Fahrpraxis

Viele Pferdebesitzer ziehen es vor, dass die Blutentnahme ihres Pferdes zur Bestimmung des ACTH-Wertes im heimatlichen Stall vorgenommen wird.
Ein weiteres Argument ist auch, dass dort der Stresslevel geringer sei. Das mag bei einigen wenigen Fällen auch so sein, die Praxiserfahrung hat jedoch gezeigt, dass dies in der Regel nicht so ist (siehe hierzu auch den Abschnitt »Diagnose« des Kapitels »Equines Metabolisches Syndrom«). Besonders beim Aufstallen der Probanten am vorhergehenden Tag der Tests in einer Klinik oder Tierarztpraxis mit stationärem Anteil sind diese am Testtag fast durchweg stressfrei. Das ist besonders bei komplizierteren Testverfahren wie dem kombinierten DST/TRH-Test oder dem Übernacht-Dexamethason-Suppressionstest von Vorteil. Ein weiterer Vorteil ist das so wichtige sofortige Zentrifugieren der stabilisierten Blutprobe.
Dennoch kann natürlich auch aus der Fahrpraxis heraus vernünftig getestet werden. Mittels einer mobilen Laborzentrifuge wird die Probe zentrifugiert und gekühlt zur Praxis transportiert.

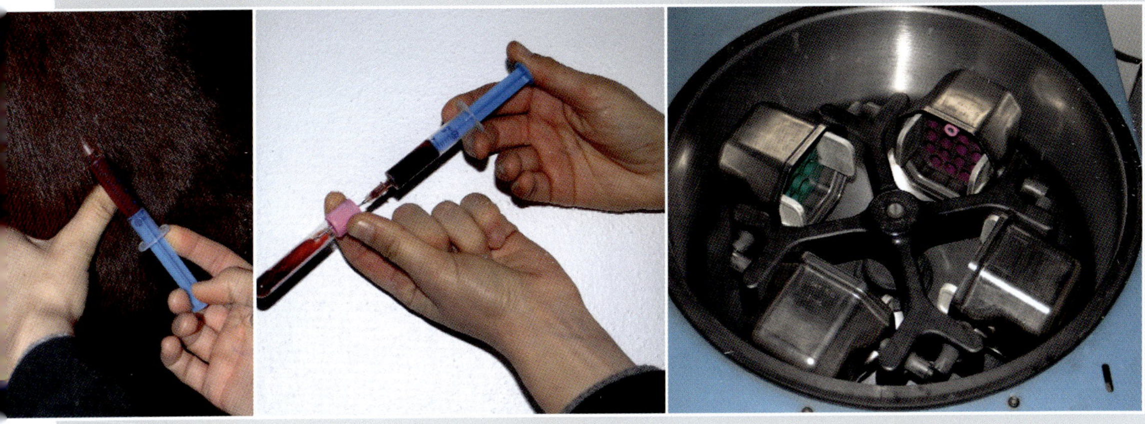

v.l.n.r.: Blutabnahme · Umfüllen in Röhrchen mit Aprotinin-Stabilisator · Röhrchen in der Zentrifuge.

Sofortiges Zentrifugieren ersetzt Stabilisator

2012 führte unsere Praxis in Zusammenarbeit mit dem Labor »Biocontrol« zwei Studien im Hinblick auf die Entnahmetechnik von Blutproben zur Bestimmung der ACTH-Werte durch. Die erste Studie fand im Juni und Juli 2012 an 82 Pferden statt, von denen insgesamt 410 Proben entnommen und auf Equines Cushing Disease (ECD) untersucht wurden. Die Probenentnahmen wurden durchgehend um 8°° Uhr morgens abgewickelt, die Blutproben sowohl mit als auch ohne Stabilisator sofort zentrifugiert und gefroren, gekühlt sowie ungekühlt ins Labor geschickt. Bei den Untersuchungen 24 Stunden später wurden die höchsten ACTH-Werte im gefrorenen EDTA-Plasma ohne Stabilisator gemessen. Zehn von den 60 Pferden ohne ECD-Verdacht wurden auf diese Weise positiv getestet, fünf Hufrehepferde erwiesen sich als negativ. Zwölf Pferde mit Verdacht auf ECD wurden positiv bestätigt ebenso wie fünf Pferde, die sich bereits in ECD-Therapie befanden. Bei der zweiten Studie im Oktober 2012 wurden fünf Pferde mit insgesamt 70 Proben getestet. Die Probenentnahmen fanden wiederum um 8°° Uhr früh statt, die ACTH-Messung einen Tag danach im Labor. Von jedem Pferd wurden jeweils 14 Proben (7 mit Stabilisator und 7 ohne Stabilisator) zentrifugiert und gefroren und zwar direkt nach der Blutentnahme, nach 1 Stunde, nach 2 Stunden, nach 3 Stunden, nach 4 Stunden, nach 5 Stunden und nach 8 Stunden. Ergebnis: Die jeweils erste Probe mit sofortigem Zentrifugieren und Einfrieren ergab durchweg die höchsten ACTH-Werte. Ab der zweiten Probe halbierten sich die ACTH-Werte bereits und zwar unabhängig, ob mit oder ohne Stabilisator.

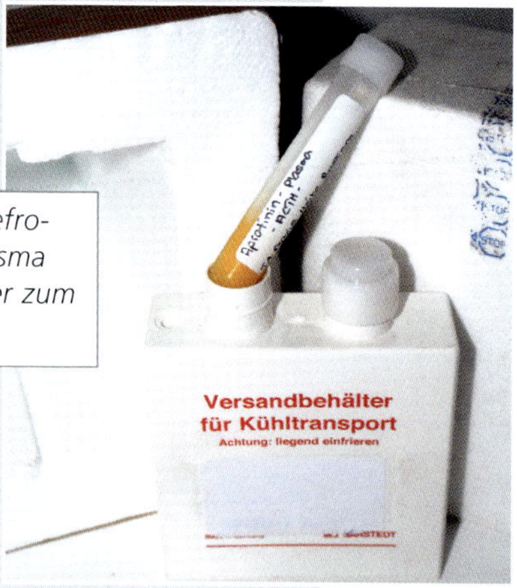

Röhrchen mit gefrorenem EDTA-Plasma und Kühlbehälter zum Verschicken.

rinärmedizinische Untersuchungen aus Ingelheim ist Aprotinin als Stabilisator bei sofortigem Zentrifugieren von EDTA-Blut nicht notwendig (siehe Kasten). Unsere Praxis geht daher heute nach folgendem Standard vor: Die EDTA-Blutentnahme erfolgt ohne Stabilisator zwischen 8^{oo} und 10^{oo} Uhr morgens.

In der Fahrpraxis wird die Blutprobe mittels mobiler Zentrifuge sofort zentrifugiert und das EDTA-Plasma gefroren in einem Kühlbehälter zum Labor verschickt, wo es 24 Stunden später untersucht wird. Zur besseren Beurteilung im Vergleich wird die Nachuntersuchung nach vier Wochen zur selben Uhrzeit mit gleicher Entnahmetechnik durchgeführt.

Allerdings schwankt auch hier der ACTH-Wert jahreszeitlich, was die Diagnose erschwert und im Herbst und Winter zu Fehlinterpretationen führen kann. Das hat aber nichts mit dem ACTH-Test an sich zu tun, sondern liegt in der Natur der Sache. Auch die Tatsache, dass niedrige ACTH-Werte nicht immer beweisen, dass das (hier meist jüngere) Pferd keine ECD hat, liegt nicht am ACTH-Test, sondern spiegelt die »Tücke« dieser Erkrankung wider.

Vorgehensweise beim ACTH-Wert-Test:
Vor und während der Probenentnahme darf das Pferd unter keinen Umständen Stress ausgesetzt und sollte relativ schmerzfrei sein. Denn erhöhte Schmerzen durch einen Hufreheschub oder Stresssituationen können zu falsch-positiven Ergebnissen bei der ACTH-Bestimmung führen. Geringe bis mittelgradige Schmerzen hingegen haben laut University of Liverpool (Durham 2011) keinen Einfluss auf ACTH. Bei hochgradigen Schmerzen durch einen akuten Reheschub kann unter Umständen auch unter Einfluss eines Schmerzmittels beziehungsweise nicht-steroidalen Entzündungshemmers wie beispielsweise Metacam® getestet werden (siehe hierzu auch den Kasten »Im Hufreheschub messen?«, S. 78).

Zu beachten ist auch die saisonale Einflussnahme im ACTH-Geschehen. Denn in den Herbstmonaten von August bis Oktober können auch Blutproben gesunder Pferde bis in den kritischen Bereich hinein erhöhte Plasma-ACTH-Konzentrationen ergeben (= Hypophysen-Hyperaktivität). Allerdings zeigen neuste Untersuchungen, dass eben nicht nur bei gesunden Pferden erhöhtes ACTH vorliegt, sondern dass gerade bei ECD-Pferden noch höhere Werte gemessen werden als in den Monaten von November bis Juli. Das macht einen ACTH-Test in dieser kritischen Zeit noch aussagekräftiger (= Goldstandard). Die optimale Zeit zum Testen ist der Monat November. Während negative Testergebnisse im Herbst eine ECD mit großer Wahrscheinlichkeit ausschließen, sollten positive Ergebnisse bei Pferden mit nicht eindeutigen klinischen Symptomen erneut zwischen November und Juli kontrolliert werden.

Auswertung Befund:
Beim gesunden Pferd sollte der ACTH-Wert von August bis Oktober unter 47 (Pigrogramm pro Milliliter) und von November bis Juli unter

Fallbeispiel

Stute, 22 Jahre, Finnpferd (Kaltblut), Normalgewicht

Anamnese:
Stallhaltung im Winter Heu-, Hafer- und Müsli-Fütterung, 24 Stunden Sommerweide; Fellwechselstörung im Frühjahr, glanzloses Fell, teilweise lockig, vermehrtes Schwitzen beim Reiten, eher müder Charakter, brüchiges Hufhorn, periodische Konjunktivitis.

Diagnostik:
ACTH 370 pg/ml im Juli erhöht (Referenzwert im Juli < 29 pg/ml; Quelle: Equine Endokrinologie Symposium Berlin März 2012 Referent Durham).
Diagnose: Equine Cushing Disease

Therapie:
1,5 mg Pergolid (1,5 Tabletten Prascend®)

Kontrolle im Oktober: ACTH 36 pg/ml (Referenzwert im Oktober: > 47 pg/ml; Quelle: Equine Endokrinologie Symposium Berlin März 2012 Referent Durham).

Verlauf:
Drei Wochen nach Therapiebeginn ist das Pferd wie »ausgewechselt«. Beim Reiten ist die Stute nun aufmerksam und deutlich munterer, das Fell ist nach zwei Wochen deutlich glänzender. Acht Monate nach Therapiebeginn wechselt die Stute normal ihr Fell. Die periodische Konjunktivitis bleibt aus, die Hufe sind wieder normal.

Langzeitwirkung:
Das Pferd lebt mit der Erkrankung zwei Jahre ohne Einschränkungen. Die ACTH-Werte steigen 2014 bei gleichbleibender Haltung und weiter geführten Therapie plötzlich rasant an. Das Pferd fällt öfter um und verstirbt schließlich an akutem Herz-Kreislauf-Versagen. In der Pathologie wird ein sich plötzlich schnell vergrößerter Hypophysentumor (= Adenom) festgestellt, der auf den Bereich des Herz-Kreislauf-Systems drückte. Es kam zu Einblutungen mit Todesfolge.

29 pg/ml liegen (= ACTH-Referenzbereich), kann jedoch bei Pferden mit Equinem Metabolischen Syndrom und gleichzeitig vorliegender und schmerzbedingter Hufrehe ebenfalls leicht ansteigen und daher falsch-positiv sein. Beim Esel liegen die Referenzbereiche von November bis Juli bei < 20 pg/ml und Juli bis Oktober bei < 40 pg/ml (Quelle: University of Edinburgh).

ACTH-Werte über 50 pg/ml sind verdächtig, ausgeprägte ECD-Patienten können Werte bis in den dreistelligen Bereich erreichen. Bei ACTH-Werten von über 100 pg/ml im September kann man allerdings von einem positiven ECD-Verdacht ausgehen.

Eine von der Universität Gießen und dem Labor »biocontrol« 2012 durchgeführte Studie ergab ganz neue und aktuelle Referenzbereiche. So unterliegt der ACTH-Spiegel des Pferdes im Jahresverlauf deutlichen Schwankungen und ist wie folgt einzuordnen:

März bis April:	8–35 pg/ml
Juni bis August:	2–40 pg/ml
September bis Oktober:	10–55 pg/ml
Dezember bis Januar:	4–33 pg/ml

Bei allen diagnostischen Auslegungen sollten aber immer auch die klinischen Symptome und die äußeren Umstände berücksichtigt werden. Denn ACTH-Werte im Referenzbereich schließen eine ECD nicht immer generell aus.
Neben der ACTH-Bestimmung sollten aber auch durch »einfache Tests« die Grundwerte von Glucose, Insulin, Cortisol, α-MSH, β-Endorphin und Urin-Cortisol (Kreatinin) ermittelt werden. Sie helfen dem Labor und dem Tierarzt bei der Diagnosestellung des ECD und bei der Differenzierung und Einstufung in eine der vier Ursachen zur Entstehung der Cushing-Disease (siehe hierzu auch den Abschnitt »Ursachen« zu Beginn des Kapitels über ECD).

Therapie

Eines steht fest: ECD ist zum jetzigen Zeitpunkt (November 2014) nicht heilbar. Sie kann nur medikamentös (Pergolid) und soweit behandelt werden, dass sich ein Teil oder sogar alle Symptome zurückbilden. Klinische Studien der University of Liverpool (England) gehen aktuell von einer 86-prozentigen klinischen Besserung der mit Pergolid behandelten Pferde aus.
Außer dem im Fokus stehenden Medikament Pergolid (Pergolidmesilat, Prascend®) können noch begleitende und unterstützende therapeutische Maßnahmen vorgenommen werden. Solche sind die Anpassung der Fütterung, homöopathische Mittel, der Einsatz von Präparaten zur Unterstützung bei Magen-Darm-Problemen und des Immunsystems, Kräuterkuren (Phytologie), Lichttherapie, angepasste Bewegungsprogramme, spezielle Hufpflege, unterstützende Maßnahmen beim Hirsutismus (Fellveränderung) und Verbesserung oder Änderung der Haltung.

Wirkstoff Pergolidmesilat

Der zurzeit (Stand 2014) in Deutschland effektivste Wirkstoff bei der Behandlung der Equinen Cushing Disease ist »Pergolidmesilat«. Pergolid wird als Monotherapeutikum (= Arzneimittel, das allein und ohne weitere Arzneimittel eingesetzt wird) zur Behandlung der Parkinson-Krankheit beim Menschen eingesetzt. Dort verursacht es aber auch einige Nebenwirkungen wie beispielsweise Appetitlosigkeit. Auch beim Pferd konnte beobachtet werden, dass Pergolid bei hoher Dosierung oder nachträglicher Erhöhung der Dosierung (Dosisanpassung zum Beispiel im

Wer hat's erfunden?

In den frühen 1990-iger Jahren kam der amerikanische Pferde-Tierarzt Dr. Duncan Peters aus Montana als erster auf die Idee, einem Cushing-Pferd eine sehr kleine Dosis des Medikaments Pergolid zu verabreichen. Die Dosis entsprach ungefähr einem Sechstel dessen, was ein an Parkinson erkrankter Mensch erhält. Das Pferd reagierte darauf positiv. In weiteren Versuchen konnte Dr. Peters bei acht von neun Cushing-Patienten diese positiven Ergebnisse ohne Nebenwirkungen übertragen. Die ersten Reaktionszeiten lagen im Mittel bei knapp drei Wochen, grundlegende Besserung trat durchschnittlich nach 21 Wochen ein. Nach Veröffentlichung der Ergebnisse entwickelte sich Pergolid weltweit zu einer geeigneten Option für die Behandlung der Equinen Cushing Disease (Quelle: Biomedica Laboratories, Kanada).

Fallbeispiel

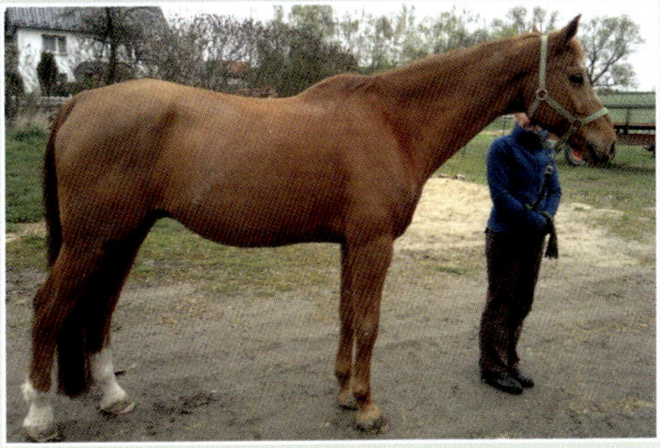

Wallach, 22 Jahre, Warmblut, Untergewicht

Anamnese:
Stallhaltung, im Sommer mit stundenweise Weide, Hafer- und Müsli-Fütterung; Fellwechselstörung im Frühjahr, glanzloses Fell, teilweise lokkig, apathisch, beim Reiten triebig. Immunschwäche: wiederholt Phlegmone, chronische Abmagerung.

Diagnostik: ACTH 91 pg/ml im März erhöht
(Referenzwert im März < 29 pg/ml; Quelle: Equine Endokrinologie Symposium Berlin März 2012 Referent Durham).

Diagnose: Equine Cushing Disease

Therapie:
1 mg Pergolid (1 Tablette Prascend®)
Kontrolle im April: ACTH 28 pg/ml
(Referenzwert im April > 29 pg/ml; Quelle: Equine Endokrinologie Symposium Berlin März 2012 Referent Durham).

Verlauf:
Anfangs frisst der Wallach drei Tage schlecht, nach einer Woche hat er einen sehr guten Appetit, beim Reiten ist er wieder so kernig wie früher, der Fellwechsel setzt gut ein, das Allgemeinbefinden ist deutlich besser.

Herbst) Inappetenz verursacht (Quelle: University of Liverpool). Dann sollte die Dosis reduziert werden. Bei anhaltender Appetitlosigkeit mit auffälligem Gewichtsverlust empfehlen die britischen Forscher Zahnuntersuchung, Blutuntersuchung zur Abklärung anderer Ursachen und gegebenenfalls weitere klinische Untersuchungen.

Die 2005 durchgeführte britische Studie (85 Prozent der Pferde zeigten klinische Besserung) ergab auch eine erfolgreiche Langzeitbehandlung, die seit neun Jahren – also bis heute – anhält. Es wurde auch festgestellt, dass bei frühen Fällen – also bei rechtzeitigem Erkennen und Behandeln der ECD mit Pergolid – eine Rückkehr zur vollen Leistungsfähigkeit möglich sei und viele Cushing-Pferde noch lange ein angenehmes Leben führen könnten.

Preis, Dosierung und Dosisanpassung

Ab dem Jahr 2011 wurde der Wirkstoff Pergolidmesilat offiziell auch für Pferde zugelassen (Prascend®). Vorher war er nur für den Menschen vorgesehen (Pergolid). Das bedeutet, dass ab diesem Zeitpunkt Tierärzte nur noch das für Tiere zugelassene Medikament verschreiben dürfen, obwohl beide Medikamente den gleichen Wirkstoff besitzen. Konnte man 2010 Pergolid also

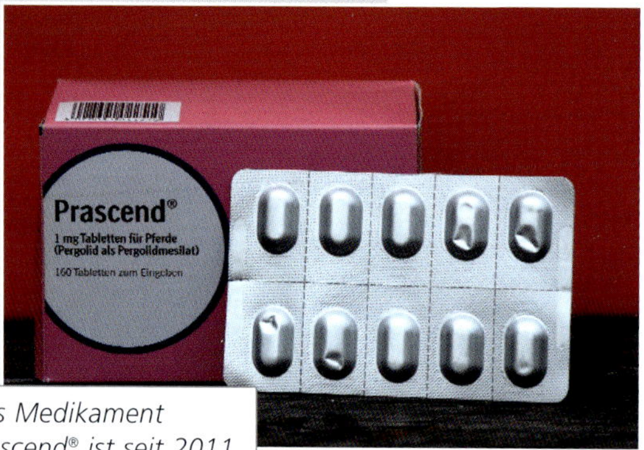

Das Medikament Prascend® ist seit 2011 für Pferde zugelassen.

noch über die »Hollandapotheke« (nur mit Rezept des behandelnden deutschen Tierarztes) bestellen (Preis ca. 0,85 Euro pro 1-Milligramm-Tablette), darf der Pferdebesitzer ab 2011 nach dem Deutschen Arzneimittelgesetz nur noch das für Tiere zugelassene Prascend® vergeben (Preis zwischen 1,82 und 2,14 Euro pro Tablette je Packungsgröße). Das ist auf der einen Seite schade, denn mit einer Dosierung von beispielsweise einer Tablette täglich belaufen sich die monatlichen Kosten für den Cushing-geplagten Pferdebesitzer auf etwa 55 Euro. Vergleicht man jedoch den Preis von Prascend® mit dem in Deutschland erhältlichen Pergolid für an Parkinson erkrankte Menschen, fährt man noch relativ günstig. Denn eine Tablette Pergolid kostet in Deutschland drei Euro (alles Stand 2020), also fast das Doppelte.

Bei der Dosierung von Prascend® bestehen unterschiedliche Meinungen. Während der Prascend®-Hersteller Boehringer in seiner Broschüre »Equines Cushing Syndrom: Zurück ins Pferde-Leben!« die Dosierempfehlung nach dem Körpergewicht des Pferdes angibt (200–400 Kilogramm: 1/2 Tablette, 400–600 kg: 1 Tablette, 600–850 Kilogramm: 1 1/2 Tabletten und 850–1000 kg: 2 Ta-

Pferde irren nicht, Menschen schon

*Großes Aufsehen erregte vor zehn Jahren eine von der Fachwelt stark beachtete Dissertation der Tierärztlichen Hochschule Hannover. So heißt es auf Seite 33 der Doktorarbeit von Frau Dr. med. vet. Christina Brüns »Diagnose und Therapieverlauf des Equinen Cushing-Syndroms«: »Der Therapieplan sah die tägliche Verabreichung von 0,01 mg Pergolidmesilat pro Kilogramm Körpergewicht per os vor.« Und auf Seite 58 nochmals: »Jedem Pferd dieser Studie werden bzw. wurden täglich 0,01 mg Pergolidmesilat pro Kilogramm Körpergewicht verabreicht.« Heißt übersetzt: Monatlich rund 200 Euro Kosten pro Pferd und eine fünffache Überdosierung! Später wurde dann korrigiert: »**Erratum** (= Fehler): Die Dosisangabe 0,01 mg Pergolidmesilat pro Kilogramm Körpergewicht soll ersetzt werden durch: 0,002–0,01 Milligramm Pergolidmesilat pro Kilogramm Körpergewicht«.*
Bedeutet jetzt korrigiert: Für ein 500-Kilo-Pferd 500 x 0,002 mg = 1 Milligramm (= eine Tablette). Das ist bis hierhin o.k.

Warum Frau Dr. Brüns und damit auch die beiden Gutachter der Dissertation Herr Prof. Dr. H.-O. Hoppen und Herr Prof. Dr. E. Deegen im »Erratum« nochmals »bis 0,01 Milligramm« angegeben haben, ist irrend verwirrend. Denn »bis 0,01 Milligramm« heißt: 500 Kilogramm x 0,01 Milligramm = 5 Milligramm (= 5 Tabletten). Also wieder die 2,5- bis 5-fache Überdosierung!

Fallbeispiel

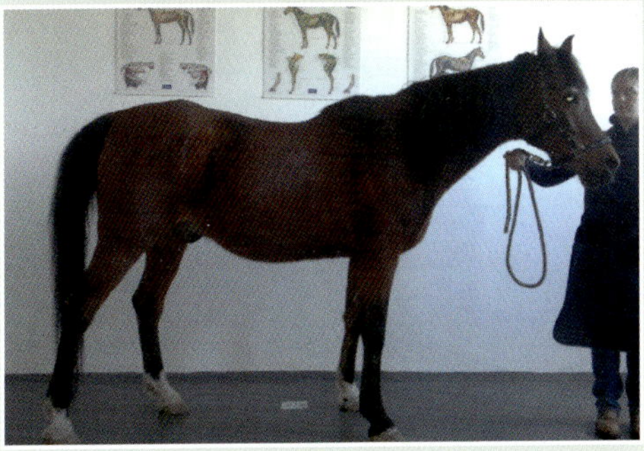

Der abgemagerte Araber.

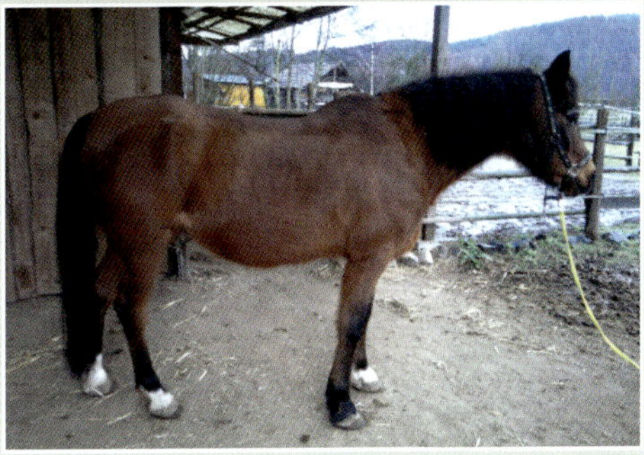

Der Araber nach drei Monaten.

Wallach, 24 Jahre, Araber, Untergewicht

Anamnese:
Offenstallhaltung im Winter, 24 Stunden Sommerweide, Hafer- und Müsli-Fütterung, akuter Hufreheschub, hochgradige Lahmheit, seit einem Jahr Fellwechselstörungen, apathisch, chronische Abmagerung, Husten.

Diagnostik:
ACTH 101 pg/ml im März erhöht (Referenzwert ACTH im März < 29 pg/ml)

Röntgen: Sinker (Hufbeine sinken nur nach unten ab, keine Rotation).

Diagnose: Equine Cushing Disease

Therapie:
Fütterungsumstellung ohne Hafer, Müsli mit normalem Energiegehalt; Fütterung mit Heu ad libitum.
1,5 mg Pergolid (1,5 Tablette Prascend®)
Barhufpflege.

Verlauf:
Nach einer Woche ist das Pferd lahmheitsfrei und deutlich munterer.
Kontrolle im April: ACTH 82 pg/ml (Referenzwert im April < 29 pg/ml)
Anpassung der Dosis auf 2 mg Pergolid (2 Tabletten Prascend®)
Kontrolle im Mai: ACTH 19 pg/ml (Referenzwert im Mai < 29 pg/ml)

Verlauf:
Nochmalige Anpassung der Dosis jetzt auf 1,75 mg Pergolid (1 3/4 Tabletten Prascend®); Dauermedikation
Kontrolle im September:
ACTH 23 pg/ml
(Referenzwert im September < 47 pg/ml)

Langzeitwirkung:
Das Pferd lebt zwei Jahre (von 2012–2014) mit Normalgewicht und wird als Freizeitpferd geritten. 2014 magert es ab und bekommt plötzlich Atemnot aufgrund eines vergrößerten Hypophysentumors (Adenom), der auf den Bereich für das Atemzentrum drückt. Das Pferd wird euthanasiert.

bletten), dosieren viele Tierärzte Prascend® nach der Höhe des gemessenen ACTH-Wertes. Das ist nachvollziehbar, denn Pergolidmesilat drückt den ACTH-Wert ja nach unten. Heißt also: hoher ACTH-Wert –> höhere Anfangsdosis, niedriger ACTH-Wert –> niedrigere Anfangsdosis.

Hat sich der Tierarzt also für eine Anfangsdosis entschieden, muss der klinische Verlauf (Verbesserung der Symptome, Nebenwirkungen) beobachtet werden. Treten insgesamt Verbesserungen ein und keine Nebenwirkungen auf, kann diese Dosierung auch weiterhin bis zum Nachfolge-ACTH-Test gegeben werden. Befinden sich die ACTH-Werte in der Nähe des Referenzbereiches (maximal 50 Pigrogramm pro Milliliter) oder leicht darüber, kann die Anfangsdosierung beibehalten werden. Liegt der Wert immer noch zu hoch und gehen die Symptome nur geringgradig zurück, sollte die Dosis erhöht werden.

Im Gegenzug muss die Anfangsdosierung verringert werden, wenn Nebenwirkungen auftreten, die vorher nicht da waren. Solche können nach Angaben des Prascend®-Hersteller Boehringer sein: Inappetenz, vorübergehende Anorexie und Lethargie, leichte Anzeichen einer zentralnervösen Störung (z.B. leichte Niedergeschlagenheit oder leichte Ataxie), Durchfall und Koliken. In diesem Fall schlägt Boehringer eine Unterbrechung der Vergabe um zwei bis drei Tage vor und anschließende Fortführung mit der Hälfte der Dosis. Danach kann in Abschnitten von zwei bis vier Wochen wieder auf die ursprünglich Anfangsdosis gegangen werden.

Aus der Praxiserfahrung wird in der Regel eine Dosisanpassung – wenn überhaupt notwendig – nach vier Wochen vorgenommen. Sie kann aber auch – besonders wenn Nebenwirkungen auftreten – schon nach zwei Wochen erfolgen.

Wie bereits erwähnt, steigt im Herbst jeden Jahres der ACTH-Wert sowohl beim gesunden als auch beim ECD-Pferd an. Eine Dosisanpassung im Herbst (= Erhöhung der Dosis) sollte aber nur bei klinischen Veränderungen (also Zunahme der Symptome) in Erwägung gezogen werden.

In unserer Praxis erfolgt die Dosierung nach dem ACTH-Wert. Die Dosisanpassung (Erhöhen/Senken) wird um jeweils einer viertel Tablette durchgeführt. Die Praxiserfahrung zeigt, dass eine medikamentöse Einstellung der ACTH-Werte auf 20–30 Pigrogramm pro Milliliter (pg/ml) ideal ist. Die Pferde kommen mit dieser Einstellung sehr gut zurecht.

Verabreichung und Vergabezeitpunkt

Bei der Verabreichung der verhältnismäßig »winzigen« Menge Pergolidmesilat muss mit großer Sorgfalt vorgegangen werden, damit auch wirklich die ganze Dosis »in den Körper« gelangt. Hierzu gibt es verschiedene Möglichkeiten. Der Prascend-Hersteller empfiehlt die Verabreichung mit Melasse, anderen Süßungsmitteln, in eine Möhre oder Apfel (die Tablette in einem Apfel »verstecken«) oder aufgelöst in Wasser. Vergibt man die Tablette als Ganzes zum Beispiel mit einer Mini-Portion stärke- und zuckerreduziertem Müsli, sollte man anschließend jedoch immer kontrollieren, ob diese auch wirklich aufgenommen wurde. Denn es gibt sehr feinfühlige Pferde, die die Tablette nach einiger Zeit ausfindig machen und diese seitlich wegschiebend verschmähen. Ist das der Fall, kann die Tablette pulverisiert (zum Beispiel mit einem Tablettenmörser aus der Apotheke) und dem Müsli beigemischt werden. Hierbei sollte man aber regelmäßig den Futtertrog gründlich reinigen, damit sich keine Tablettenpulverreste mit der Zeit im Trog ablagern.

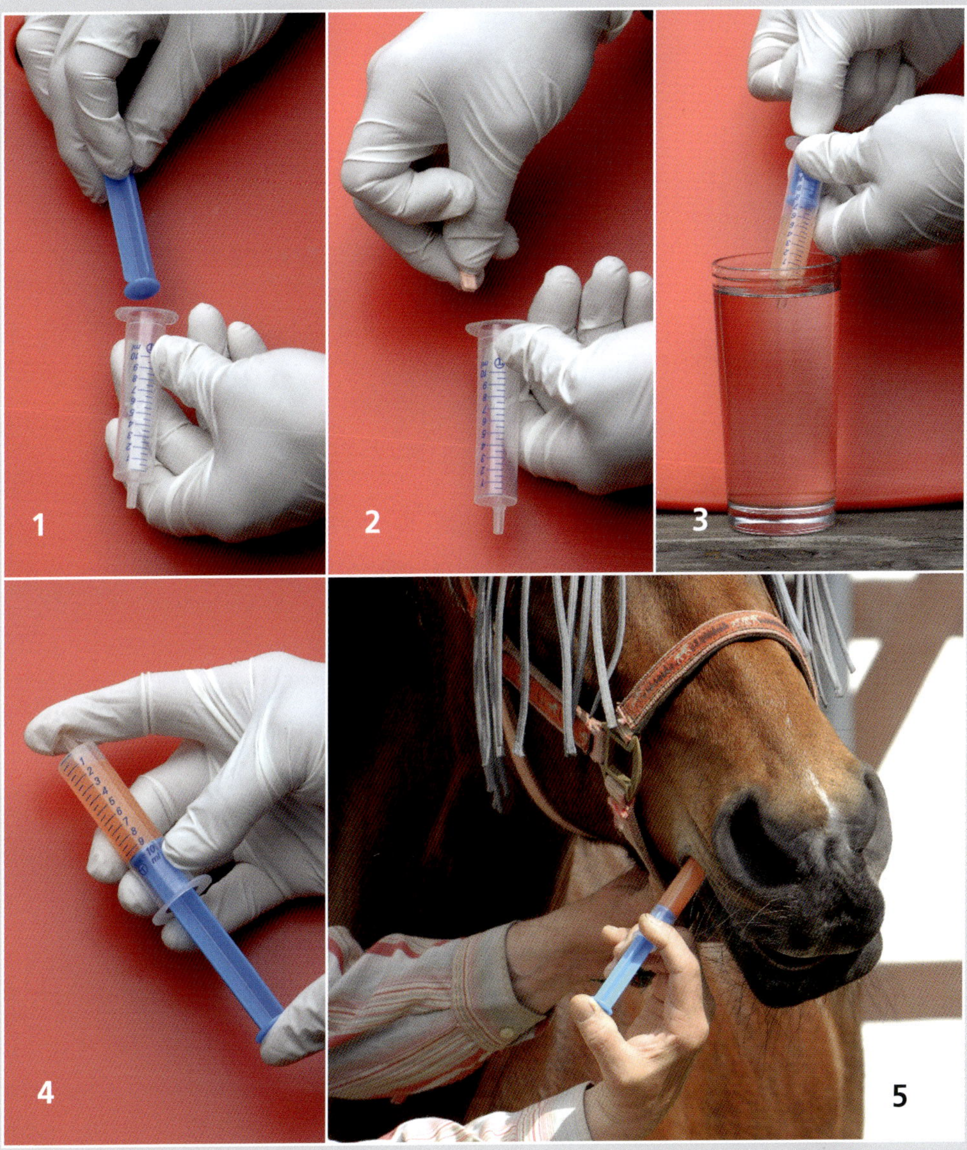

Fotos 1–5:
Spritze auseinander bauen …
… Tablette hineingeben …
… zusammenbauen und Wasser aufziehen …
… schütteln …
… und dem Pferd ins Maul geben.

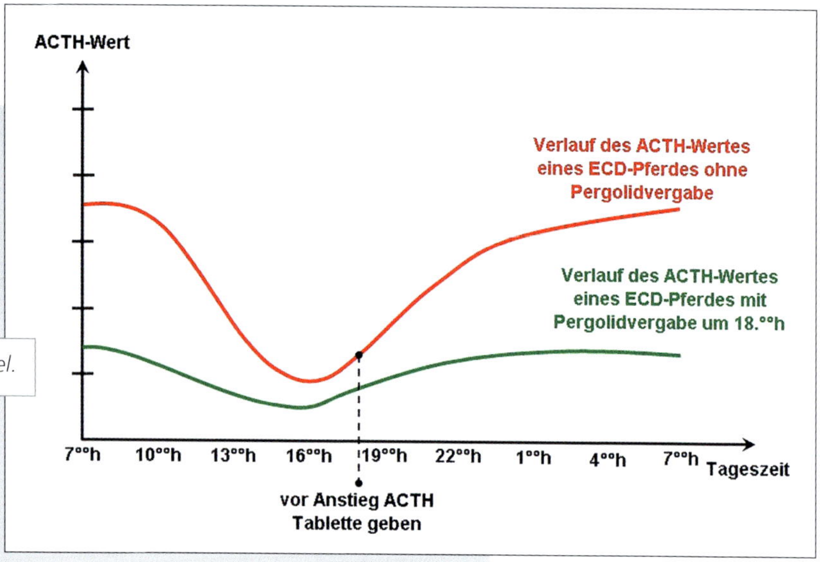

ACTH-Spiegel.

Unser Praxistipp lautet: Man nehme eine 10-Milliliter-Spritze, gebe eine Tablette in die leere Spritze, baut diese zusammen und zieht Wasser ein. Anschließend schütteln und ins Maul spritzen. Geht schnell und ist am sichersten.

Der Vergabezeitpunkt sollte **immer abends** sein und zwar zwischen 18°° und 20°° Uhr. Denn zu diesem Zeitpunkt fängt der ACTH-Wert in seinem Tages-Nacht-Rhythmus an zu steigen (siehe Grafik »Verlauf des ACTH-Wertes«) und durch die Vergabe von Pergolidmesilat wird dieser Anstieg verhindert, was das ganze A & O des Prozedere ist. Gibt man sie zum Beispiel morgens, wird zwar auch der ACTH-Wert verringert. Da er aber sowieso von 7°° Uhr bis in den frühen Nachmittag abfällt (sowohl beim gesunden als auch beim Cushing-Pferd) würde die morgendliche Vergabe dieses Absinken nur etwas forcieren und der abendliche Anstieg nur mäßig verringert.

Kontroll- und Nachuntersuchungen

Auch Kontroll- beziehungsweise Nachuntersuchungen, die je nach Verlauf der Cushing Disease in verschiedenen Abständen durchgeführt werden sollten, gehören zur Therapie. In der Regel sollte die erste Nachuntersuchung der endokrinen und klinischen Ausgangswerte nach einem Monat durchgeführt werden. Wie bereits dargestellt, verbessern sich bei (fast) allen Cushing-Patienten mindestens eines, meist aber mehrere oder gar alle klinischen Symptome und die ACTH-Werte normalisieren sich vollständig oder annährend. Deshalb wird auch eine monatliche Dokumentation der klinischen Befunde (also der Symptome) empfohlen.

Bei der Behandlung mit Prascend® werden insgesamt drei Nachuntersuchungen empfohlen und zwar die erste nach sechs Wochen, die zweite nach 12 Wochen und die letzte nach sechs Monaten. Dabei wird bei allen drei Nachuntersuchungen empfohlen, nochmals jeweils einen ACTH-Test zu machen, die klinischen Symptome zu überprüfen sowie gegebenenfalls eine Dosisanpassung des Pergolidmesilat vorzunehmen. Überdies wird auch in den folgenden und hoffentlich beschwerdefreien Jahren alle sechs Monate eine klinische und labordiagnostische »Überwachung« empfohlen.

Weitere Therapiemöglichkeiten

Wie bereits erwähnt, können bei manchen Cushing-Pferden nach Behandlung mit Pergolid Nebenwirkungen auftreten. Auch ist beschrieben, dass wiederum andere Pferde auf Pergolid gar nicht ansprechen, also keine Besserung der Symptome eintritt. In diesen Fällen wäre über eine Therapie mit einem anderen Wirkstoff beziehungsweise Medikament nachzudenken. Deshalb werden im Folgenden einige Alternativen vorgestellt.

Bei Cushing-Pferden, die extrem viel trinken und Wasser lassen, könnte eine Therapie mit Trilostan ins Auge gefasst werden.

Trilostan

Als Ersatz von Pergolid wird auch das synthetische und hormonell inaktive Steroidanalogon Trilostan genannt, das sich bei der ECD ebenfalls als wirkungsvoll erweisen soll.

Trilostan ist eine zur Stoffklasse der Steroide zählende chemische Verbindung, die in der Tiermedizin zur Behandlung der hypophyseabhängigen Nebennierenüberfunktion eingesetzt wird. Trilostan hemmt ein bestimmtes Enzymsystem und wirkt »kompetitiv« (= sich gegenseitig verdrängend oder behindernd bei Reaktionen, wenn zwei beteiligte Stoffe um ein in begrenzter Menge vorliegendes Reagens konkurrieren) auf die Synthese verschiedener Steroidhormone wie beispielsweise Cortisol in der Nebennierenrinde. Sprich, Trilostan hemmt die körpereigene Cortisol-Produktion. Während Pergolid jedoch direkt an der Hypophyse ansetzt, wirkt Trilostan an der Nebennierenrinde.
In Deutschland wird es vorwiegend zur Behandlung des Hunde-Cushings eingesetzt, bei der Therapie der ECD hauptsächlich in Australien.

2004 wurde der Einfluss von Trilostan auf die klinischen Symptome und pathophysiologischen (= krankhafte Veränderung eines Lebewesens) Veränderungen bei Cushing-Pferden untersucht. An der britischen Studie nahmen zwanzig Pferde im Alter zwischen 15 bis 30 Jahren teil, die mindestens drei der Cushing-typischen Symptome zeigten. Nach 30 Tagen hatten sich die Laborwerte signifikant verbessert und bei allen zwanzig Pferden ging mindestens eines der Symptome zurück. Am auffälligsten war die Verbesserung bei der Lethargie. Bei den Pferden mit Polydipsie und Polyurie (zu viel Trinken und Wasser lassen) besserten sich auch diese Symptome. Es wurden keine Nebenwirkungen beobachtet. (Quelle: vetline.de: Dr. Cathy McGowan und R. Neiger (University of Liverpool, England), »Efficacy of trilostane for the treatment of equine Cushings's syndrome«, Equine vet. 2003). Die Kosten einer Behandlung mit Trilostan belaufen sich bei einer Dosierung von 240 mg/Tag (Pferde > 250 kg) auf etwa 70 Euro im Monat. In Bezug auf Nebenwirkungen wurde die Substanz von der EU jedoch noch nicht eingestuft und eine verlässliche und zitierfähige Quelle hierzu wurde noch nicht gefunden.

Bromocriptin-Mesylat

Bromocriptin-Mesylat wird ebenfalls in der ECD-Therapie eingesetzt. Die Bioverfügbarkeit dieser Substanz scheint beim Pferd wegen der geringen Aufnahme jedoch ungenügend zu sein. Die Wirksamkeit bei der Behandlung von ECD sei eingeschränkt (Quelle: IDEXX Vet-Med-Labor).

Serotonin-Antagonisten

Auch sogenannte Serotonin-Antagonisten wie der Wirkstoff »Cyproheptadin« (Periactin®) werden bei der Therapie der ECD eingesetzt. Periactin® ist ebenfalls in Tablettenform erhältlich und die Dosierung beginnt bei etwa 0,13 Milligramm pro Kilogramm Pferdegewicht und Tag und sollte dann so eingestellt werden, dass sich die klinischen Symptome des Cushing verbessern. »Wenn das Pferd an Kraft und Muskeltonus gewinnt und der Grad der Verbesserung einen Monat lang anhält, wird die Dosierung von Cyproheptadin allmählich reduziert, bis die unveränderte Besserung anhält. Cyproheptadin ist bei etwa 75 bis 80 Prozent der Fälle wirksam«, so die etwas veraltete Information der Biomedica Laboratories aus Kanada.

Heutzutage wird die Wirksamkeit dieser Substanz allerdings in Frage gestellt. Nebenwirkungen von Cyproheptadin sind selten, aber aufgrund ihrer antihistaminergen Effekte können sie zu einer leichten Sedation führen, wenn sie in einer höheren Dosierung verabreicht werden. Eine Kombinationsbehandlung mit Pergolid ist bei Pferden, die auf eine Monotherapie mit Pergolid schlecht ansprechen, beschrieben (Quelle: IDEXX Vet-Med-Labor).

Homöopathie

Homöopathische Therapien sind bei vielen Erkrankungen von Mensch und Tier sehr sinnvoll und inzwischen auch von der »konservativen« Medizin anerkannt. Auch im »Internet« wird bezüglich ECD heftig dafür geworben. »Chemie-Bomber, die auch für die Parkinsonsche Krankheit beim Menschen verwendet werden, wollte ich wenn's eben ging, vermeiden« und »Als angenehme Begleiterscheinung ist diese Behandlungsmethode auch noch wesentlich billiger, als die chemische Keule«! Gemeint ist »Hypophysis suis-Injeel forte« von Heel. »Zuerst hab ich gar nichts am Pony festgestellt, aber nach einer Weile war sie wieder topfit. Sie wurde wieder kerniger und aufgeweckter und brezelt jetzt wieder über die Wiese wie sonst«!

Hierzu heißt es auf der Homepage der Firma Heel: »Die konventionellen Therapieoptionen sind sehr teuer. Zu der biologischen Behandlungsoption fragen Sie bitte Ihren Tierarzt.«

Auslöser für die Behandlung der ECD mit Hypophysis suis-Injeel forte war ein Fachartikel in der Zeitschrift »Biologische Tiermedizin« vom März 2003: »Biologische Therapie des Equinen Cushing-Syndroms bei älteren Pferden« von Herrn Dr. Heinz-Joachim Schwierczena, Fachtierarzt für Pferde. Darin heißt es: »Die als Equines Cushing-Syndrom bezeichnete Erkrankung älterer Pferde ist seit einiger Zeit vermehrt in das Augenmerk der Pferdemedizin getreten. Zu den immer wieder beschriebenen Symptomen zählen vor allem Fellstörungen, lokal begrenztes Schwitzen und all-

gemeine Mattigkeit. Die zur Verfügung stehenden konventionellen Therapieansätze scheiden aus wirtschaftlichen Gründen meist aus. In der vorliegenden Arbeit wurde deshalb bei 11 älteren Pferden mit klinischen Symptomen des Equinen Cushing-Syndroms ein Behandlungsversuch mit einem potenzierten Organpräparat durchgeführt. In den meisten Fällen führte die Behandlung zu einer deutlichen Symptomenbesserung und einer allgemeinen Reaktivierung der Tiere, die in einigen Fällen schon nach wenigen Injektionen begann.«
Mit dem »potenzierten Organpräparat« sind Hypophysis suis Injeel-Forte und Hypophysis suis Injeel gemeint, sogenannte potenzierte Organpräparate vom Schwein.
Hierzu ist folgendes zu sagen: Die Therapie mit diesen homöopathischen Mitteln fand im nachfolgenden Jahrzehnt keinen Durchbruch und wurde in der Fachwelt (wissenschaftliche Studien) auch – soweit zu recherchieren war – für das Cushing-Geschehen beim Pferd nicht weiter verfolgt.
Die Ampullen werden über einen Zeitraum von 21 Tagen nach folgendem Schema dosiert und unter die Haut gespritzt: Hypophyis suis Injeel forte (10 Ampullen): am 1./3./5. und 7. Tag je zwei Ampullen, am 9. und 11. Tag je eine Ampulle. Danach Hypophysis suis Injeel (5 Ampullen): Am 13./15./ 17./19. und 21. Tag je eine Ampulle.

Kräuterkuren

Schon seit mehr als 500 Jahren ist die Wirkung des **Mönchspfeffers** (Vitex agnus castus) bekannt. Eine Studie aus dem Jahr 1993 ergab, dass Mönchspfeffer den hormonellen Stoffwechsel beeinflusst. Er blockiert die Freisetzung von »Prolaktin« (laktotropes Hormon (LTH)) in der Hypophyse. Prolaktin ist für die Hemmung des Neurotransmitters Dopamin verantwortlich. Mit anderen Worten: Mönchspfeffer ermöglicht die

Scharf wie Nachbars Lumpi

Der Mönchspfeffer ist ein bis zu fünf Meter hoch wachsender Strauch, der im Spätsommer in einem zartem Blau oder Violett blüht. Aus diesen Blüten wachsen die etwa fünf Millimeter großen und scharf wie Pfeffer schmeckenden Früchte.

Der deutsche Arzt und Prediger Hieronymus Bock (1498 bis 1554) hat in seinem Buch »New Kreütterbuch« als erster die Wirkung des Mönchspfeffers beschrieben: »und tilgt auch des fleysches brunst und begirde.« Dadurch erlangte Mönchspfeffer in der Kirchengeschichte eine besondere Bedeutung. Er sollte helfen, Nonnen und Mönche keusch zu halten (keusch wie ein Lamm). Man traf den Mönchspfeffer daher in jedem Klostergarten an. Die Früchte wurden zermahlen und als Gewürz verabreicht. Was die Geistlichen aber nicht bedachten: In kleinen Mengen steigert der Mönchspfeffer die Libido ...

Mehrere Studien belegen den positiven Effekt von Mönchspfeffer.

Bildung des lebenswichtigen Botenstoffes Dopamin und verhindert dadurch die Ausschüttung des ACTH-Hormons.
Die britische »Kräutermedizinerin« Hilary Self stellte auf der ENUCO 2007 in Wien (Fachtagung über Pferdeernährung) eine interessante Studie vor. Dabei wurden in dieser drei Monate dauernden Untersuchung 15 Cushing-Pferden täglich zehn Milliliter eines Mönchspfefferextraktes verabreicht. Gleichzeitig erhielten zehn vergleichbare ECD-Pferde (Kontrollpferde) nur ein Placebo (= wirkungslose Flüssigkeit). Am Ende sollen sich bei 90 Prozent der 15 Cushing-Patienten eindeutige Verbesserungen hinsichtlich Fellveränderung, Vitalität und Schwitzen gezeigt haben. Nicht bekannt ist, ob im Rahmen dieser Studie auch Blutuntersuchungen (ACTH-Wert, Cortisol, Blutzucker) durchgeführt wurden, deren Ergebnisse mehr und klarere Aufschlüsse über die Wirkung des Mönchspfeffers im Cushing-Geschehen geben könnten.

Ähnliche Erfolge mit Mönchspfeffer werden auch aus den USA berichtet. Dort wurde es in einer neun Monate dauernden Untersuchung Anfang der 1990-iger Jahre über neun Monate an zehn Cushing-Pferden verfüttert (Kellon, 2000, British Horse Journal No. 7). Darin wird berichtet, dass die Reaktionen der ECD-Pferde »schnell und beeindruckend« gewesen seien. Innerhalb von drei Wochen hätte sich das »Energieniveau« nachhaltig erhöht und die hohen Blutzucker- und Insulinspiegel sanken in einigen Fällen innerhalb von vier bis sechs Wochen. (Quelle: Biomedica Laboratories, Kanada). Nebenwirkungen durch das Extrakt seien bei Pferden bislang nicht bekannt.

Verwendet wurde in der US-Studie das Mönchspfefferextrakt »Hormonise«, das in Großbritannien von der Firma »Animal Health Company« hergestellt wird und nicht billig ist. Die Kosten belaufen sich auf etwa 50 Euro im Monat.

Viequo Royal Senior stärkt das Herz-Kreislaufsystem und regt den Leberstoffwechsel an.

Flüssiges Zusatzfutter mit Mönchspfeffer

Gute Erfahrungen haben wir in unserer Praxis mit dem flüssigen Geriatikum »Royal Senior« von VetVital bei älteren Cushing-Pferden gemacht. Außer Mönchspfeffer enthält das Präparat Teufelskralle (entzündungshemmend, Stoffwechsel anregend), Ginseng, Mariendistel, Weißdorn, Ginkgo (durchblutungsfördernd) sowie L-Carnitin.

Zur Unterstützung der Nieren wird im Cushing-Geschehen auch das **Goldrutenkraut** empfohlen, das täglich für sechs bis acht Wochen je nach Pferdegröße in einer Menge von 20 bis 30 g verabreicht wird. Goldrutenkraut schwemmt zusammen mit Wasser Giftstoffe und Bakterien aus den Nieren und regelt die Nierenfunktion. Zusätzlich können noch 30 bis 40 Gramm **Mädesüßkraut** für sechs bis acht Wochen gegeben werden. Mädesüßkraut wirkt leicht schmerzlindernd, entzündungshemmend und stärkt die Nieren. Diese Kräuterkuren sollten jedoch nur zwei- bis dreimal im Jahr durchgeführt werden.

Zur Unterstützung der Leber werden **Mariendistelsamen** (Einsatz bei Stoffwechselstörungen) und **Löwenzahnwurzel** genannt. Mariendistelsamen schützen die Leber auch bei Wurmbefall und sollen Nebenwirkungen von Medikamenten herabsetzen. Löwenzahnwurzel wirkt ebenfalls positiv auf den Stoffwechsel und die Verdauung, soll blutreinigend und appetitanregend sein und bei Hautproblemen und Hufrehe helfen. Die Dosierung beträgt ebenfalls 20 bis 30 Gramm täglich für sechs bis acht Wochen.

Gegen Müdigkeit können **Ginsengwurzeln** zugefüttert werden (30 Gramm pro Tag). Die Wurzeln werden über Nacht in kaltes Wasser gelegt und am nächsten Tag samt dem Sud unter das Futter gemischt. Bei Pferden konnten unter anderem folgende Ergebnisse bei der Anwendung von Ginseng beobachtet werden: verbesserter Allgemeinzustand, geringere Stressanfälligkeit, schnellere Regeneration nach Belastung und glänzendes Fell sowie gesteigerte Mobilität bei älteren Tieren.

Weißdornkraut (30 Gramm pro Tag, einige Wochen) wird zur Stärkung von Herz- und Kreislauf und zur Erweiterung der Gefäße verwendet.

Liegt die Ursache einer ECD in einem »Hypophysen-Zwischenlappen-Adenom« (siehe hierzu auch das Kapitel »Ursachen der ECD«), können therapiebegleitend täglich 20–30 Gramm **Mistelkraut** für zwei Monate verabreicht werden (zwei- bis dreimal im Jahr). Mistelkraut findet bei der Regulierung des Blutdrucks, Stabilisierung des Kreislaufs und Ordnung des Hormonhaushalts Verwendung. Es wird traditionell aber auch bei tumorösen Erkrankungen angewendet, da es auf einen Tumor beziehungsweise ein Adenom wachstumshemmend wirkt.

Lichttherapie

Pferde haben einen wesentlich größeren Lichtbedarf als Menschen oder andere Haus- und Nutztiere. Ein Lichtmangel kann bei gesunden Pferden zu Wachstumsstörungen und Störungen im Fett-, Eiweiß- und Kohlenhydratstoffwechsel führen.

Mit der sogenannten Lichttherapie soll der Biorhythmus beziehungsweise der Tag-Nacht-Rhythmus und somit die »Cortisol-Ausschüttung« positiv beeinflusst werden. Verwendet werden

Weißdorn unterstützt die Herzfunktion und wirkt durchblutungsfördernd.

Fallbeispiel

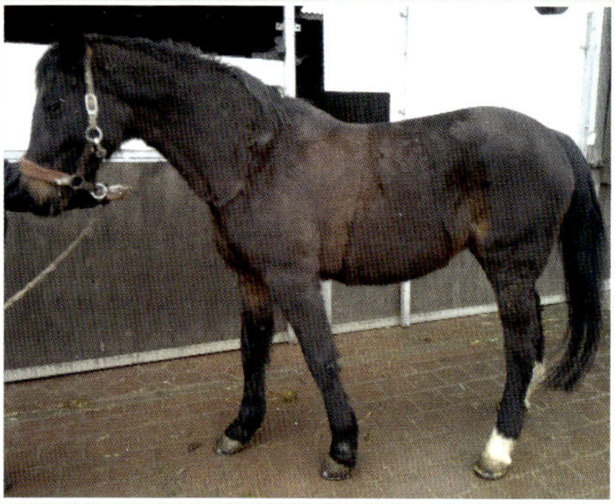

Stute, 26 Jahre, Warmblut, Untergewicht

Anamnese:
Stallhaltung im Winter, 24 Stunden Sommerweide, Müsli und Rübenschnitzel-Fütterung; Fellwechselstörung im Frühjahr, glanzloses Fell teilweise lockig, Schwitzen ohne Belastung, apathisches Verhalten, Teilnahmslosigkeit, frisst schlecht.

Diagnostik:
ACTH 104 pg/ml im Dezember erhöht (Referenzwert im Dez < 29 pg/ml; Quelle: Equine Endokrinologie Symposium Berlin März 2012 Referent Durham).

Diagnose: Equine Cushing Disease

Therapie:
1,5 mg Pergolid (1,5 Tabletten Prascend®)
1 x tgl. 30 ml Viequo Royal Senior
Kontrolle im Januar: ACTH 27 pg/ml (Referenzwert im Januar < 29 pg/ml; Quelle: Equine Endokrinologie Symposium Berlin März 2012 Referent Durham).

Verlauf:
Zwei Wochen nach Therapiebeginn frisst das Pferd normal und schaut wieder aus dem Fenster. Sie nimmt ihre Umgebung wieder wahr und ist beim Reiten wieder munter. Der Fellwechsel beginnt normal, das Schwitzen im Stehen hat aufgehört.

hierfür helle und leistungsstarke Leuchten mit der Farbtemperatur »Tageslichtweiß« (6.500 Kelvin). Die Bestrahlung wird vorzugsweise abends durchgeführt, die Dauer richtet sich nach der Jahreszeit.

Die Lichttherapie soll die Selbstheilung des Körpers fördern, natürliche Regenerationsprozesse anregen, das Immunsystem stärken und regulierend auf Hormone und Botenstoffe im Gehirn wirken. Allerdings sind bis auf die fördernden Selbstheilungskräfte (besonders die Haut betreffend) die angegebenen positiven Auswirkungen hinsichtlich des Hormongeschehens wissenschaftlich nicht untermauert.

Ergänzende Maßnahmen

Was bei einem gesunden Pferd schon selbstverständlich sein sollte, nämlich eine sorgsame Hufpflege, regelmäßige Zahnkontrolle und Entwurmungen, sowie Impfungen, gilt für das Cushing-geplagte Pferd natürlich besonders.

Wie bereits im Abschnitt »Hirsutismus« beschrieben, ist die Haarkleidveränderung bei der Equinen Cushing Disease das »Kardinalsymptom«. Die Pferdehaut einschließlich ihres Haarkleides gilt als Organ und stellt die äußere Abgrenzung des Körpers zur Umwelt dar. Die Aufgabe von Haut und Haarkleid (= Fell) ist, den Körper gegen Regen, Wind, Kälte, Hitze, Parasiten, UV-Strahlen oder vor Austrocknung zu schützen. Darüber hinaus reguliert die Haut den Wärmehaushalt durch eingelagerte Fettzellen und Schweißdrüsen und ist außerdem ein Atmungs- und Ausscheidungsorgan. Viele dieser Regulierungs- und Schutzfunktionen werden auch vom Fell des Pferdes übernommen. Dieses besteht aus feinen Wollhaaren, die als unterer Wärmeschutz dient und den dickeren, sie überragenden, längeren Grannenhaaren, die als Deckhaar den äußersten Schutzschild darstellen. Die etwa 40 Millionen Deck- und Wollhaare eines mittelgroßen Pferdes sind dabei einem ständigen Wandel unterzogen. So arbeiten die verschiedenen Bestandteile eines Pferdehaares wie zum Beispiel Haarzwiebel, Haarschaft, Talgdrüse und Haarbalgmuskel eng zusammen und werden vom Hypothalamus, dem im Zwischenhirn befindlichen wichtigsten Steuerzentrum des vegetativen Nervensystems, gelenkt. Das Haarwachstum und der Haarwechsel eines gesunden Pferdes verlaufen beim Langhaar kontinuierlich, beim Deckhaar fast nur periodisch. Das periodische Wachstum beziehungsweise der Fellwechsel wird hauptsächlich durch die Jahreszeitenwechsel mit ihren Veränderungen wie Tageslichtdauer und Temperatur in Gang gebracht. In der Wachstumsphase (= Anagen) wachsen die Haare aus der Papille, das ist die Wurzel des Haarbalges, heraus. Haben sie ihre Endlänge erreicht, hören sie auf zu wachsen. Dann beginnt die so genannte Umbildungs- oder auch Übergangsphase (= Katagen), in der sich die Zellen neu ausrichten. Es folgt eine Ruhephase mit anschließender Rückbildung (= Telogen). Die alten Haare fallen aus und es werden wieder neue Haare gebildet. Dabei finden die Wachstumsphasen an den verschiedensten Körperteilen unterschiedlich stark statt. Am Kopf und den Beinen weniger, am Rumpf und Hals mehr. Während sich das Langhaar, also Mähne, Schweif, Kötenbehang und Tasthaare, alle drei bis fünf Jahre erneuern, findet er beim Deck- und Wollhaar in regelmäßigen Abständen und unter normalen Bedingungen zweimal jährlich im Herbst und Winter statt, genau genommen nur einmal im Jahr und zwar im Frühjahr. Denn im Herbst fallen die Haare nicht gänzlich aus und bilden sich neu wie im Frühjahr (Sommerfell), sondern Woll- und Deckhaar wachsen verstärkt heraus und entwickeln mehr Länge und Volumen, was als Winterfell bezeichnet wird.

Ein sogenannter Streifenschnitt bringt ECDlern mit langem Fell im Sommer Erleichterung.

Beim Cushing-Pferd gerät dieses ausgewogene und vom Hypothalamus gesteuerte System aufgrund der Hormonstörungen erheblich durcheinander. Die »Pferdefriseurin« Jana Niemann aus Badendorf (»Mähne und mehr«) empfiehlt daher, Cushing-Pferde mit extremem Langhaarwuchs und entarteter Lockung zu scheren. »Man konnte mit Freude erkennen, dass es eine Erleichterung für das Pferd war, als die Fellmatte ab war«, so zu lesen auf ihrer Website (www.mähneundmehr.de).

Am sinnvollsten könnte eine Schur zwischen Frühling und Frühsommer sein. Denn oftmals wird das zottige Winterfell im Frühjahr nicht abgeworfen und erweist sich hinsichtlich Thermoregulation in der warmen Jahreszeit als erhebliche Belastung. Meist wächst das dichte Fell aber bereits nach zwei Monaten wieder nach, was weitere Schuren notwendig macht. Im Herbst und Winter sollte man das gestörte Haarkleid allerdings stehen lassen, damit keine Erkältungsgefahr besteht.

Einige Cushing-Pferdebesitzer wenden bei ihren Pferden auch einen sogenannten »Furminator« an, eine Bürste, die alle losen und abgestorbenen Haare entfernt. Der Furminator wurde zur Fellpflege von Hunden mit extremem Haarwuchs entwickelt und kostet in »Pferdegröße« (Modell »Equine«, knapp 13 Zentimeter breit) zwischen 50 und 70 Euro).

Fütterung dem Krankheitsbild anpassen

Auch eine dem Krankheitsbild angepasste Fütterung ist beim Cushing-Pferd wichtig. Auf der einen Seite muss dem Gewichtsverlust und Muskelschwund entgegengearbeitet werden, zum anderen aber auch – falls noch nicht vorhanden – so gefüttert werden, dass keine Hufrehe entsteht. Viele Tierärzte empfehlen eine ähnliche diätetische Fütterung für ECD-Pferde, wie sie bei rehegefährdeten angewendet wird: stärke- und zuckerreduziert, rohfaserreich und bedarfsgerecht mit Vitaminen, Antioxidantien und Mineralstoffen (getreidefreie Strukturmüslis). Da Cushing-Pferde oftmals ihr Gewicht nicht halten können, ist es wichtig, die richtige Ausgewogenheit von Fütterung (Energiezufuhr) und Bewegung (Energieverbrauch) zu finden. Wenn die zugeführte Energie nicht ausreicht, das Gewicht zu halten, kann dies mit Pflanzenöl oder pektinhaltigen Futtermitteln wie nicht melassierte Rübenschnitzel mit einem Restzuckergehalt von maximal fünf Prozent ausgeglichen werden.

Besteht auch eine Inappetenz infolge Pergolidmesilat, können auch Medikamente zur Behandlung von Magengeschwüren eingesetzt werden (zum Beispiel GastroGard).

Haltung

Grundsätzlich sollte die Haltung eines Cushing-Pferdes ebenso artgerecht sein, wie bei gesunden Pferden. Heißt, die freie Wahl, ob es sich innen oder außen aufhalten möchte. Das garantiert sowohl die offene Gruppenhaltung als auch eine Außenbox mit Einzelpaddock (Einzelhaltung). Bei der Gruppenhaltung können Einschränkungen entstehen, zum Beispiel wenn eine Hufrehe vorliegt. Dann können sich durch Veränderungen der Rangordnung Streitigkeiten entwickeln. Denn Pferde sind in dieser Beziehung in der Regel »gnadenlos«, wenn es beispielsweise um die Sicherung des besten Futterplatzes geht. Hat man bei einem Cushing-Pferd, das in einer gewachsenen Pferdegruppe lebt, den Eindruck, dass es sich unwohl fühlt, kann eine Separierung ins Auge gefasst werden. Allerdings sollte diese immer so gestaltet werden, dass es jederzeit Sicht- und Schnupperkontakt zu den anderen Gruppenmitgliedern hat.

Bei Cushing-Pferden, die oft urinieren, sollte

außerdem auf eine saugfähige Einstreu geachtet werden.

Nicht-melassierte Rübenschnitzel eignen sich als zuckerarmer »Kraftfutter«-Ersatz.

Angepasste Bewegung

Die Möglichkeit einer kontinuierlichen Bewegung ist maßgeblich an der Gesunderhaltung eines Pferdes beteiligt (Bewegungs-, Verdauungs- und Atmungsapparat). Bewegung kurbelt überdies die Durchblutung und den Stoffwechsel an. Das ist besonders im Cushing-Geschehen von elementarer Bedeutung. Ausreichende Grundbewegung kann beispielsweise durch einen strukturierten Offenstall (»Paddock Paradise«) gewährleistet werden.

Desweiteren richtet sich der Umfang der Bewegung (Reiten im Gelände, Reitplatz) beim Cushing-Pferd nach seinen Befindlichkeiten, also wie stark die Symptomatik ist. Besteht eine chronische Hufrehe, ist so gut wie keine Bewegung möglich, besonders bei Hufbeinrotation. Fand nur eine geringgradige Absenkung statt (festzustellen mittels Röntgenbildern), richtet sich das Bewegungsprogramm nach dem Grad der Lahmheit. Die Einschätzung, wieviel sich das Pferd bewegen darf oder soll, sollte aber immer mit dem behandelnden Tierarzt abgestimmt werden. Bei einem akuten Reheschub ist Bewegung allerdings absolut tabu (siehe auch Kapitel: »Hormonell bedingte Hufrehe«).

Sägespäne sind als Einstreu ideal.

Diabetes mellitus

Kapitel 4

Diabetes mellitus

Diabetes mellitus ist eine Erkrankung, bei der der Blutzuckerspiegel zu hoch ist, sprich »Zuckerkrankheit«. Die Hauptrolle bei dieser Erkrankung spielt – wie auch in ähnlicher Weise beim Equinen Metabolischen Syndrom und der Equinen Cushing Disease – das Hormon Insulin, das im Pferdekörper von der Bauchspeicheldrüse produziert wird, um den Transport des Blutzuckers in seine Zielzelle zu organisieren. Mit anderen Worten ist es also dafür zuständig, den Blutzuckerspiegel nach der Nahrungsaufnahme wieder zu senken. Als Zielzellen werden die Zellen bezeichnet, die den Blutzucker für Ihren Energiestoffwechsel nutzen, einerseits, um Energie zu verbrauchen und andererseits, um Energie zu speichern. Zielzellen befinden sich beispielsweise im Gehirn, das für seine Hirntätigkeit Blutzucker als Energielieferant braucht. Außerdem benötigen die roten Blutkörperchen für den Sauerstofftransport Blutzucker. Weitere Zielzellen sind Muskeln und Leber. In der Muskulatur wird Blutzucker für die Muskeltätigkeit gebraucht und in der Leber für den Leberstoffwechsel. Die Muskulatur und die Leber speichern den Blutzucker dann in Form von Glykogen. Glykogen dient dann in Blutzuckermangelsituationen als Energiereserve (siehe auch Grafik »korrekte Verwertung des Blutzuckers« im Kapitel über das Equine Metabolische Syndrom).

Glykogen

Glykogen ist ein verzweigtes Polysaccharid (Vielfachzucker), das aus Glukose-Verbindungen aufgebaut ist. Es wird kurz- bis mittelfristig gespeichert und stellt bei Bedarf in menschlichen und tierischen Organismen den Energieträger Glukose bereit. Bei erhöhtem Energiebedarf (= mittlere bis schwere Arbeit) wird der Glykogenspeicher durch die Muskelzellen abgebaut. Auch das in den Gehirn- und Leberzellen gespeicherte Glykogen wird bei »Nachfrage« wieder zu Glukose aufgespalten und über das Blut dem gesamten Organismus zur Verfügung gestellt.

Diabetestypen

Während beim Menschen vier Typen der Diabetes unterschieden werden (Typ 1: absoluter Insulinmangel, Typ 2: relativer Insulinmangel, Typ 3: A bis H (u.a. genetischer Defekt, durch Infektion, Drogen- oder Chemikalien) und Typ 4 (Schwangerschaftsdiabetes), gibt es beim Pferd zwei: Diabetes Typ 1 und 2.

Diabetes Typ 1

Von Diabetes Typ 1 spricht man, wenn die Bauchspeicheldrüse nicht genug Insulin produziert (= absoluter Insulinmangel). In der Zielzelle herrscht dann Zuckermangel, weil zu wenig Transporthormon Insulin vorhanden ist, um den aus der Nahrung kommenden Blutzucker zur Zielzelle zu transportieren. Der Blutzucker verbleibt dann vorwiegend im Blut und ist dauerhaft erhöht. Dadurch entsteht ein Energiemangel in den Zielzellen und zusätzlich werden ihre Ener-

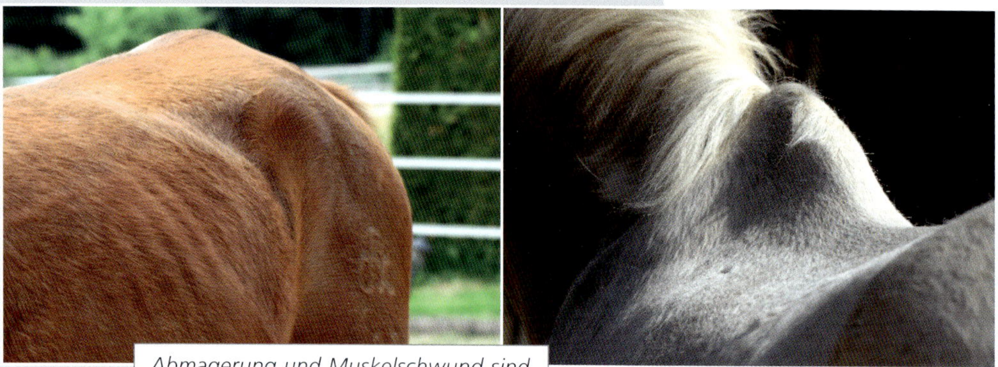

Abmagerung und Muskelschwund sind typisch für Pferde mit Diabetes mellitus.

giespeicher entleert. Die Pferde magern ab, weil die Zielzellen ihre Energiereserven verbrauchen und aus Nichtzuckern wie beispielsweise dem Muskelprotein Ersatzzucker für den Energiestoffwechsel bilden. Diabetes Typ 1 kommt beim Pferd relativ selten vor. Er wird durch Tumore oder Wanderung von Endoparasiten in der Bauchspeicheldrüse verursacht. Strongylus-Larven (= Pferdepalisadenwurm) können die Bauchspeicheldrüse bereits zwei Monate nach der Infektion angreifen, was besonders bei jungen Pferden vorkommt.

Diabetes Typ 2

Der Diabetes Typ 2 hingegen kommt häufiger vor. Er kann als klassische Wohlstandskrankheit bezeichnet werden. Durch die ernährungsbedingt massive Zuckerzufuhr wird in der Bauchspeicheldrüse übermäßig viel Insulin produziert, um dem steigenden Blutzuckerspiegel Herr zu werden.

Durch die Ausschüttung von Lipokinen (Lipokine sind Lipid-Hormone (Lipide = Fette und fettähnliche Stoffe), die fetthaltige mit systemischen Geweben verbinden) aus hormonell aktivem Fettgewebe (siehe hierzu auch das Kapitel über EMS) infolge Fettsucht verringert sich die Anzahl intakter Insulinrezeptoren an den Zielzellen. Das Transporthormon Insulin kann den Blutzucker dann nicht mehr an die Zielzellen abgeben. Und die Zielzellen in Skelettmuskeln, Leber und Gehirn sind durch die Verminderung der Insulinrezeptoren jetzt nicht mehr in der Lage, den Zucker aus dem Blut aufzunehmen. In diesem Fall spricht von einer Insulinresistenz (= relativer Insulinmangel).

Die Pferde haben trotz erhöhtem Blutzuckerspiegel in der Zielzelle Energiemangel. Das führt in der Zielzelle zum Verbrauch der Energiereserven: Muskelprotein wird abgebaut, um den Zuckermangel zu kompensieren. Die Pferde magern zunächst trotz der Mangelsituation äußerlich nicht ab, weil das Fettgewebe trotzdem insulinunabhängig aufgebaut wird. Das äußere Erscheinungsbild ist ein Pferd mit Fetteinlagerungen in Mähnenkamm, Kruppe und Schweif gekoppelt mit Muskelabbau und Konditionsverlust. Durch die Bewegungsunlust und fortschreitende Überernährung entsteht ein unaufhaltsamer Kreislauf. Metabolisch kommt zu viel Zucker ins Blut und kann nicht richtig verarbeitet werden.

Das Fettgewebe ist hormonell weiter aktiv und trägt so zur weiteren Abnahme der Sensitivität der Insulinrezeptoren bei. Der daraus resultierende konstant zu hohe Blutzucker- und Insulinspiegel kann schließlich auch Hufrehe auslösen.

Pferde, die gleichzeitig an Diabetes mellitus Typ 2 und ECD erkrankt sind, zeigen meist folgende Symptome: Sie trinken viel und setzen mehr Urin ab. Das Fell kann stumpf und glanzlos werden und der Fellwechsel wird nicht vollständig durchgeführt. Diese Symptome treten aber auch bei der ECD auf, deshalb ist bei der Diagnose eine Klärung auf gleichzeitig vorhandene ECD von Vorteil. Auch bekommen die Pferde häufiger Entzündungen, können abmagern und sind weniger leistungsfähig. Ebenso sind regelmäßig wiederkehrende Reheschübe möglich. Bei einigen Diabetes-Pferden können auch Augenerkrankungen auftreten (»Grauer Star«).

Im Extremfall kann das Pferd auch in ein »Zuckerkoma« fallen, wobei es bewusstlos zusammenbrechen kann. Besonders die Gehirnzellen, die einen hohen Zuckerverbrauch haben,

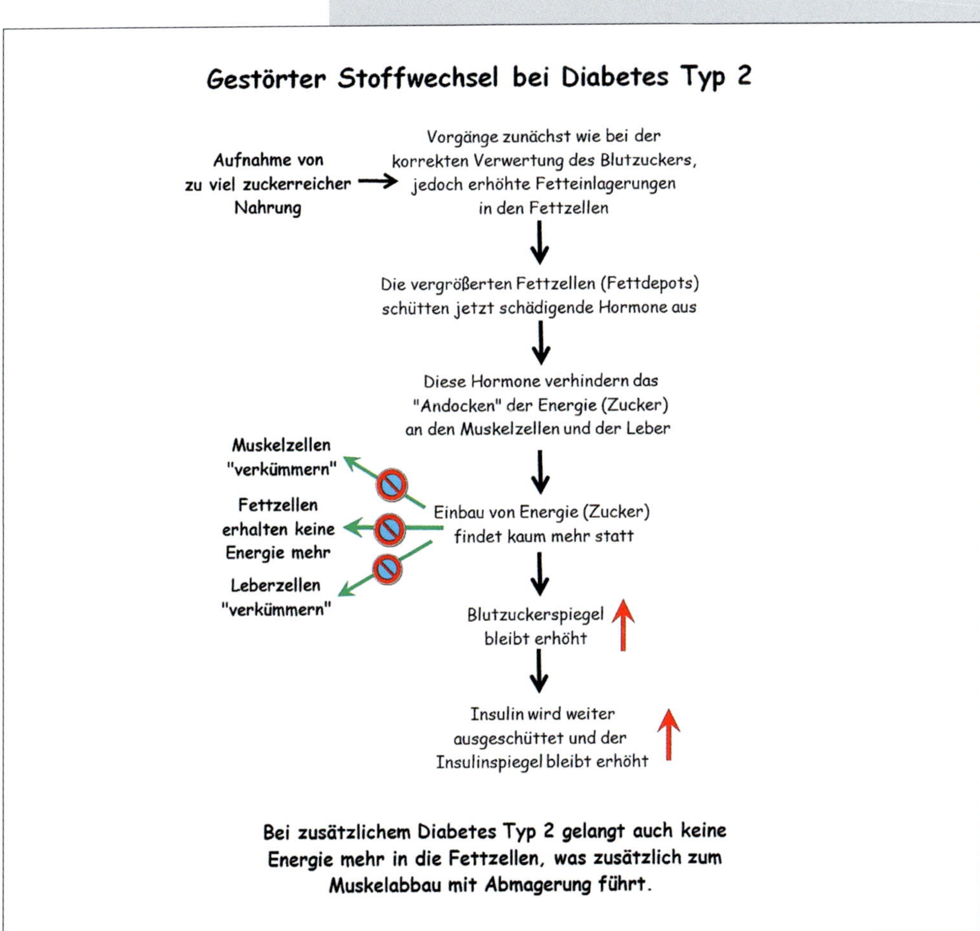

Geringer Anteil von Diabetes Fällen beim Pferd

In einer sieben Jahre dauernden Studie der Tierärztlichen Hochschule Hannover (»Zum Vorkommen von Nierenfunktionsstörungen beim Pferd«, 1995 bis 2002) wurden bei 456 Pferden Diagnosen der Nierenfunktion durchgeführt. Dabei betrug der Anteil der an Diabetes mellitus erkrankten Pferde nur 0,5 Prozent (= 2 Pferde). Bei diesen beiden Pferden konnte Diabetes mellitus aufgrund hoher Harn-Glukosewerte (>2 mmol/l) und Plasma-Glucosewerte (>10 mmol/l) diagnostiziert werden.

Pflanzenöl als energiereicher Ersatz für Stärke und Zucker.

fallen aus. Folgeschäden können Nieren-, Herz- und Kreislaufversagen sein.

Um Diabetes mellitus Typ 2 zu diagnostizieren, führt der Tierarzt Blut- und Urinuntersuchungen durch. In speziellen Laboren können auch die Nüchtern-Insulin- und Glucosewerte im Blut des Pferdes bestimmt werden.

Therapie

Wie das Equine Metabolische Syndrom ist auch Diabetes mellitus beim Pferd reversibel, wenn die Fütterung angepasst wird. Das heißt, **keine** zucker- und stärkehaltigen Futtermittel vergeben, sondern gegen fett- und proteinhaltige austauschen, um Abmagerung und Muskelabbau zu kompensieren. Gut geeignet sind kommerzielle stärke- und zuckerreduzierte Mischfutter (getreidefreie Strukturmüslis), die reich an Fett und Proteinen (= Eiweiß) sind und neben Pflanzenölen unter anderem auch Leinsamenschrot und Luzernehäcksel enthalten. Auch Sonnenblumenöl (20 bis 80 Milliliter pro 100 Kilo Körpergewicht und Tag) sind für eine kohlenhydratfreie Energiezufuhr ideal (zur Erinnerung: 300 Milliliter Pflanzenöl ersetzt ein Kilogramm Hafer). Vergeben werden kann das Öl zum Beispiel in eingeweichten Heucobs oder nicht melassierten Rübenschnitzeln.

Um dem Muskelschwund entgegenzusteuern, braucht das Pferd vermehrt gut verfügbare Aminosäuren (= Protein, zum Beispiel Lysin, Methionin, Arginin), die etwa in Bierhefe, Soja- und Leinextraktionsschrot enthalten sind. Bierhefe

Sojaextraktionsschrot liefert Aminosäuren

Eingeweichte Heucobs sind eine gute Alternative bei Zahnproblemen.

und Extraktionsschrote füttert man in kleinen Mengen (25 bis 50 Gramm pro 100 Kilo Körpergewicht und Tag) bei. Auch kommerzielle Aminosäurepräparate (zum Beispiel Equitop Myoplast® von Boehringer) sind geeignet, die Proteinzufuhr zu optimieren.

Beachte:

Auch wenn das Pferd untergewichtig ist, darf es keinen Zucker und keine Stärke erhalten! Oder würden Sie einem diabeteskranken Menschen Zuckerwatte zu essen geben, nur weil er so dünn ist?

Bei älteren Pferden mit Zahnproblemen ist außerdem darauf zu achten, dass diese in Ruhe fressen können (bei Gruppenhaltung eventuell während der Fütterung separieren). Eventuell muss das Grundfutter (Heucobs) eingeweicht werden und es ist auf eine ausreichende Wasseraufnahme zu achten (gegebenenfalls Wasser anwärmen).

Zur Unterstützung der Herz- und Kreislauffunktion sowie der Muskelerhaltung bzw. -aufbau sollte ein moderates Bewegungstraining erfolgen. Eine kontrollierte Auslaufhaltung ohne Extreme ist von Vorteil.

Tipp: Anstatt süßer Leckerlis kann man dem untergewichtigen Pferd ungesalzene und geschälte Erdnüsse zur Belohnung geben.

Fallbeispiel: ECD, EMS und Diabetes mellitus

Stute, 21 Jahre, Deutsches Reitpony, Untergewicht

Anamnese:
Stallhaltung im Winter, 24 Stunden Sommerweide; Hufreheschub im Winter, Fettdepots Augen, Fellwechselstörung, Anorexie, Apathie.

Diagnostik:
ACTH 40 pg/ml, Insulin 65 uU/ml und Glukose 96 mg/dl: geringgradig erhöht im März.

Diagnose:
Equines Metabolisches Syndrom und Equine Cushing Disease und Diabetes Mellitus Typ 2

Therapie 1:
Fütterungsumstellung, 0,75 mg Pergolid abends
Kontrolle nach 4 Wochen: ACTH 34 pg/ml geringgradig erhöht; Insulin 2 erniedrigt
Apathie geringgradige Besserung

Therapie 2:
1 mg Pergolid abends
Kontrolle nach 4 Wochen: ACTH 16 pg/ml; Insulin 21 uU/ml; Glukose normal

Verlauf:
Vier Wochen nach Therapiebeginn 2 ist das Pferd wie »ausgewechselt«. Beim Reiten ist die Stute nun aufmerksam und deutlich munterer, das Fell ist nach drei Wochen deutlich glänzender.

Langzeitwirkung:
Auch nach einem Jahr erfreut sich das Pony bester Gesundheit, erneute Reheschübe bleiben aus, das Pony hat Normalgewicht und wird ohne Einschränkung regelmäßig geritten.

Auch Diabetes-kranke Pferde können wieder genesen.

Die sechs Typen der Wohlstands-krankheiten

Kapitel 5

Die sechs Typen der Wohlstandskrankheiten

In unserer langjährigen Praxiserfahrung konnten wir sechs verschiedene Typen der »Wohlstandskrankheiten« manifestieren:

Typ 1
Alter über 15 Jahre
Symptomatik: Fellwechselstörung, Haarkleidstörung, Hirsutismus (= lockiges Fell), vermehrtes Schwitzen, sonst ungestörtes Allgemeinbefinden, Normalgewicht; Equine Cushing Disease.

Prozentualer Anteil in der Praxis (Häufigkeit): 10 Prozent
Rückfallrate: Durch Absetzen des Wirkstoffs Pergolid (= Prascend®)
Prognose, Überlebensrate: Sehr gut
Euthanasiegründe: Hohes Alter, Hirnschäden durch vergrößertes Adenom

Typ 1: Hirsutismus.

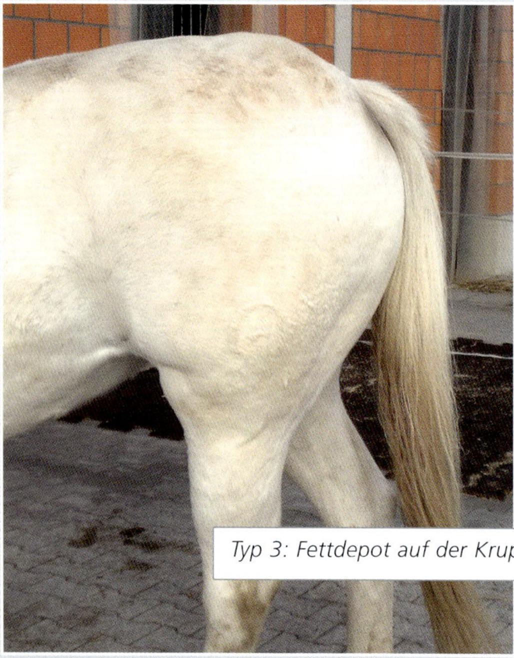

Typ 3: Fettdepot auf der Kruppe.

Typ 2
Alter über 15 Jahre
Symptomatik: Fellwechselstörung, Haarkleidstörung, Hirsutismus (= lockiges Fell), Apathie, chronische Abmagerung, Untergewicht, Lethargie, Immunschwäche: Zahn- und Hautkrankheiten, Sinusitis (= Kieferhöhlenentzündung), Endometritis (Entzündung der Gebärmutterschleimhaut); Equine Cushing Disease und Diabetes Typ 2.
Prozentualer Anteil in der Praxis (Häufigkeit): 5 Prozent
Rückfallrate: Durch Absetzen des Wirkstoffs Pergolid (= Prascend®)
Prognose, Überlebensrate: Schlecht
Euthanasiegründe: Immunschwäche, Anorexie (Appetitlosigkeit), Hirnschäden durch vergrößertes Adenom

Typ 3
Alter über 15 Jahre
Symptomatik: Übergewicht, Fettdepots Mähnenkamm, Kruppe, Schulter, Fellfarbveränderungen, Hufreheschübe Herbst und Winter, Equines Metabolisches Syndrom.
Prozentualer Anteil in der Praxis (Häufigkeit): 35 Prozent
Rückfallrate: Durch Nichteinhaltung der tierärztlichen Fütterungsempfehlung (= Überfütterung).
Prognose, Überlebensrate: Gut
Euthanasiegründe: Hufrehe, Leberverfettung

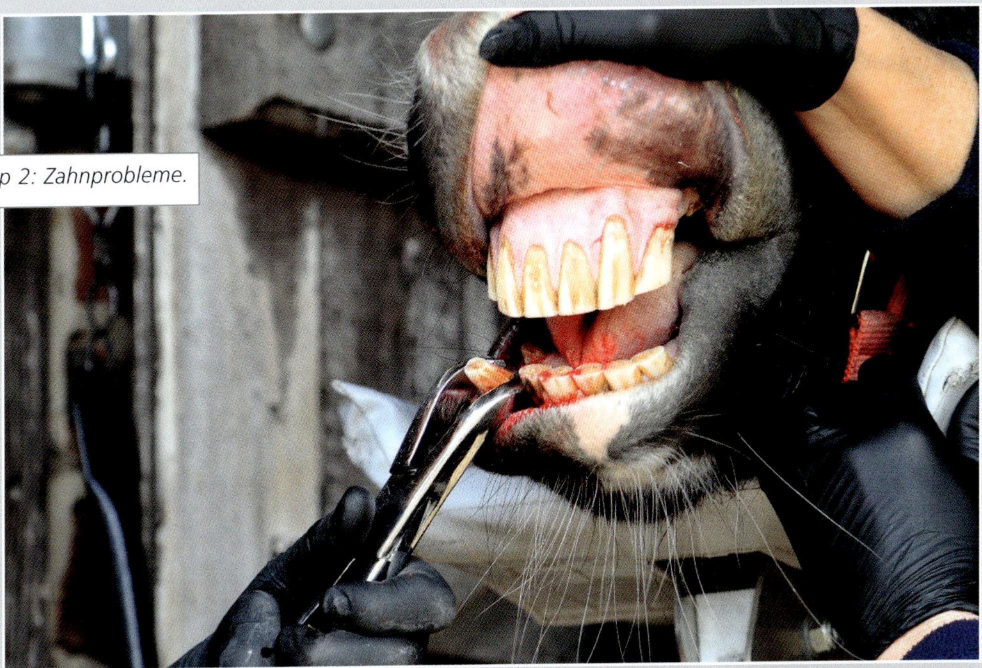

Typ 2: Zahnprobleme.

Typ 4

Alter über 15 Jahre
Symptomatik: Untergewicht, Fettdepots über Auge, Hufrehe Herbst und Winter, Equine Cushing Disease und Diabetes Typ 2.
Prozentualer Anteil in der Praxis (Häufigkeit): 5 Prozent
Rückfallrate: Durch Absetzen des Wirkstoffs Pergolid (= Prascend®)
Prognose, Überlebensrate: Schlecht
Euthanasiegründe: Abmagerung, Herzschwäche, Hufrehe,Hirnschäden durch vergrößertes Adenom

Typ 5

Alter unter 15 Jahre
Symptomatik: Übergewicht, Hufrehe ganzjähriges Problem, Equines Metabolisches Syndrom.
Prozentualer Anteil in der Praxis (Häufigkeit): 10 Prozent
Rückfallrate: Durch Nichteinhaltung der tierärztlichen Fütterungsempfehlung (= Überfütterung)
Prognose, Überlebensrate: Gut
Euthanasiegründe: Hufrehe

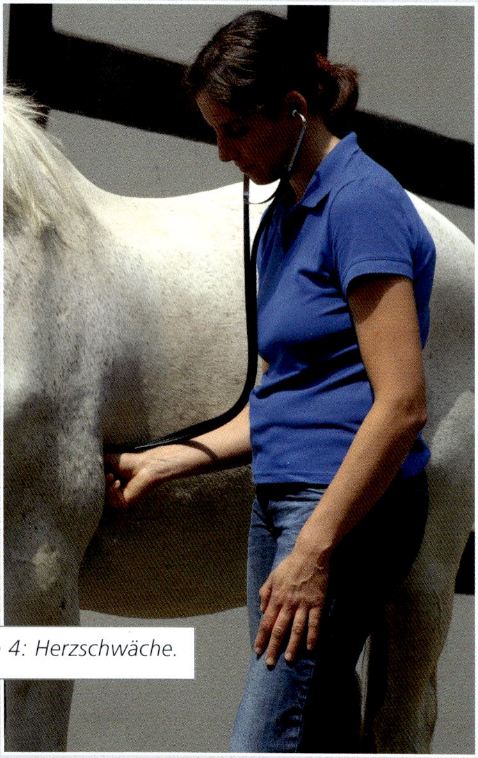

Typ 4: Herzschwäche.

Typ 5: Hufrehe.

Typ 6

Alter über 15 Jahre

Symptomatik: Übergewicht, generalisierte Fettdepots, Hufreheschübe, Fellwechselstörungen, Equines Metabolisches Syndrom.

Prozentualer Anteil in der Praxis (Häufigkeit): 35 Prozent

Rückfallrate: Durch Nichteinhaltung der tierärztlichen Fütterungsempfehlung (= Überfütterung).

Prognose, Überlebensrate: Gut

Euthanasiegründe: Hufrehe

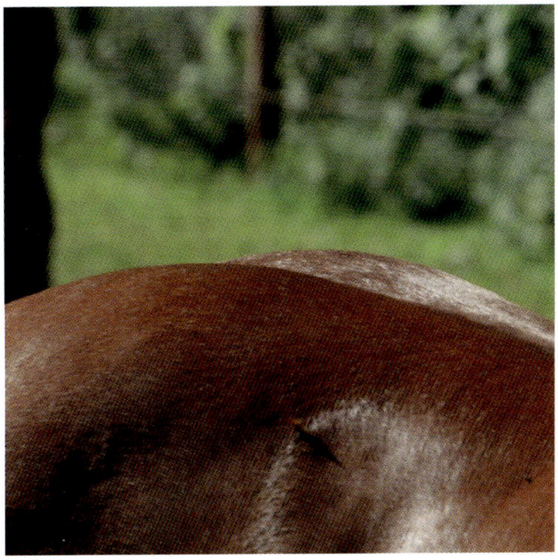

Typ 6: Übergewicht.

Fallbeispiel

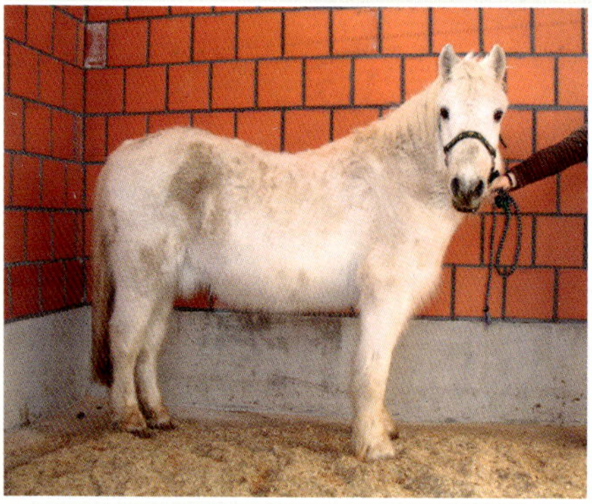

Fellwechselstörung …

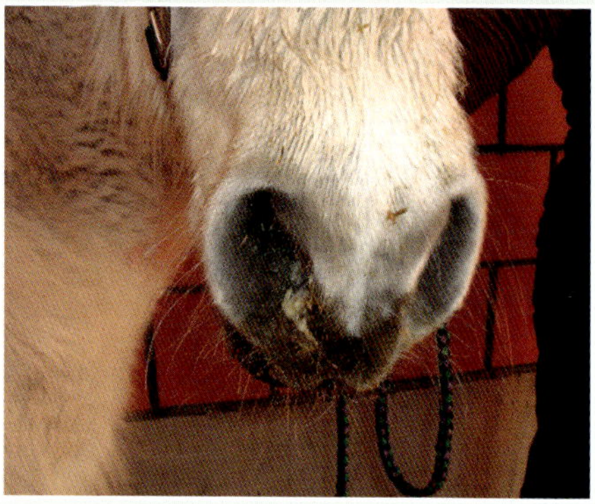

… und Sinusitis

Wallach, 30 Jahre, Ponymix, Untergewicht

Anamnese:
Offenstallhaltung, Heu ad libitum Fellwechselstörung seit vier Jahren, Locken, Sinusitis mit Zahnproblemen

Diagnostik: ACTH 1000 pg/ml hochgradig erhöht im Januar

Diagnose: Equine Cushing Disease

Therapie: 1 mg Pergolid morgens

Kontrolle: Nach vier Wochen: ACTH 100 pg/ml erhöht

Langzeitwirkung: Aufgrund des hohen Alters und der massiven Zahnproblematik ist die Lebenserwartung begrenzt und eine Euthanasie absehbar

Krankheitsbedingte Abmagerung bei alten Pferden ist häufig ein Euthanasiegrund.

Hormonell bedingte Hufrehe

Kapitel 6

Was bedeutet Hufrehe?

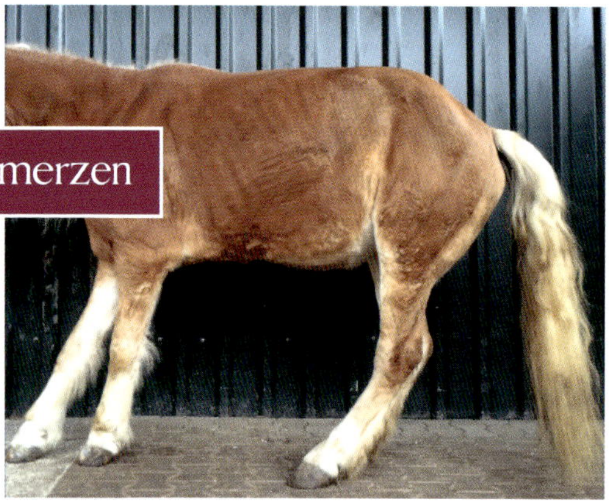

Schmerzen

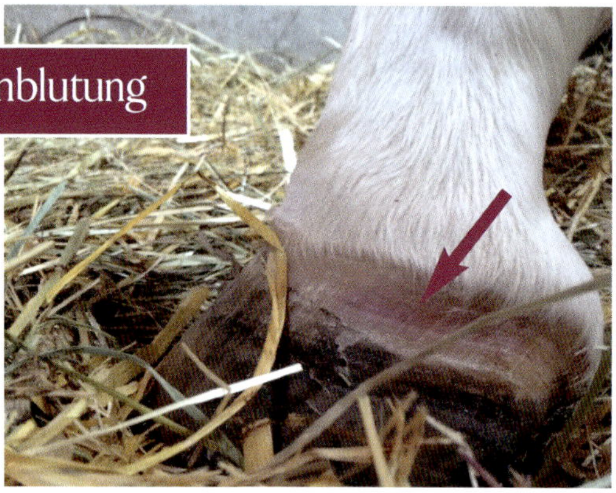

Einblutung

Hufbeinabbildung

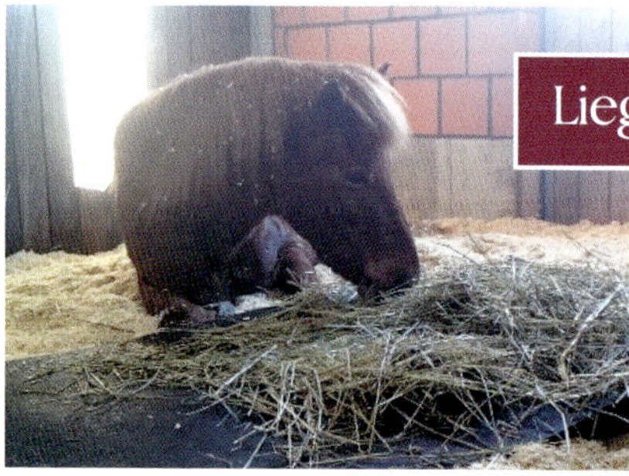

Liegen

Pulsation

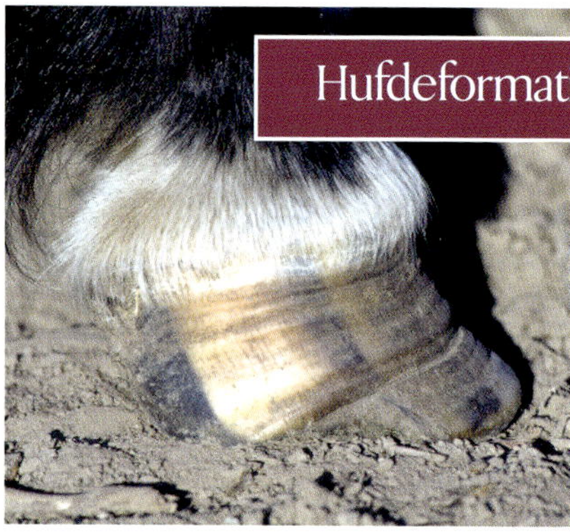

Hufdeformation

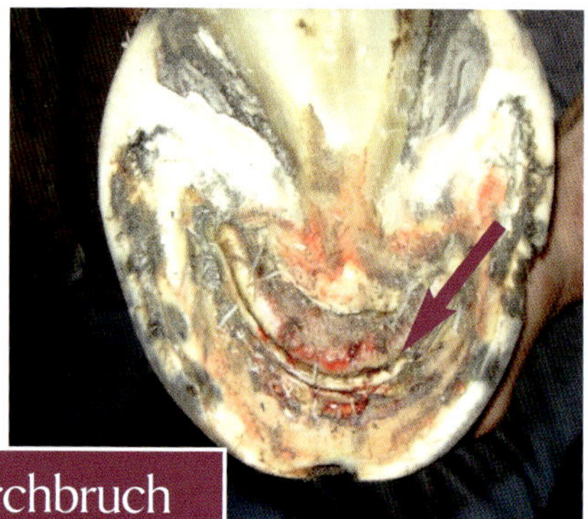

Hufbeindurchbruch

Anatomie des gesunden Hufes

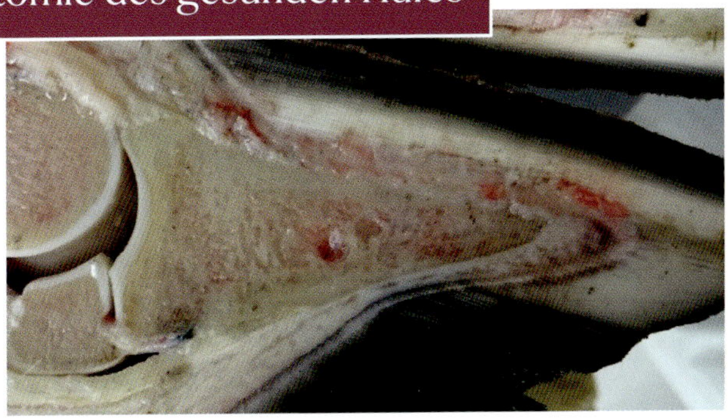

Pathologie akute Hufrehe

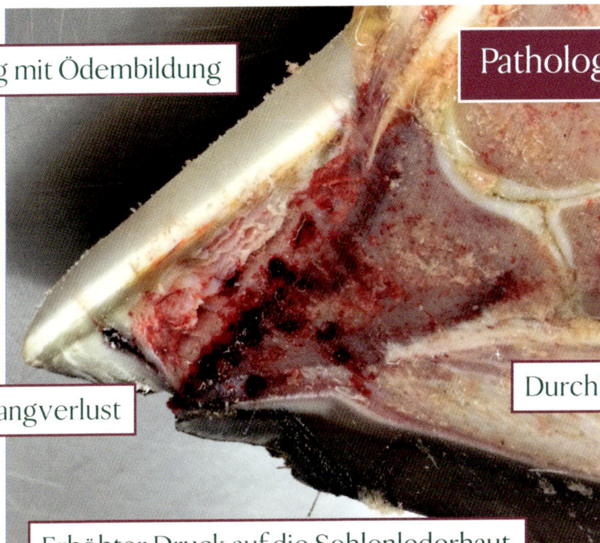

Pathologie chronische Hufrehe

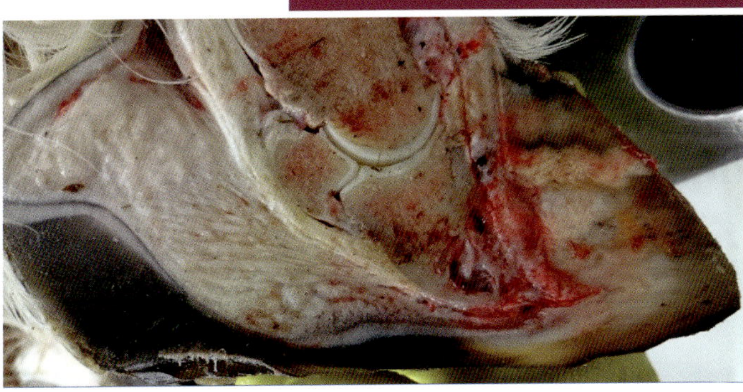

Hormonell bedingte Hufrehe

Als Hufrehe (Laminitis) bezeichnet man eine Entzündung der Huflederhaut, speziell der zahnradartigen Lederhautblättchen (Lamella) im Bereich der Zehenwand, die Hornwand und Lederhaut verbinden. Dauert die Entzündung länger als 48 Stunden (= chronische Hufrehe), kann sich diese Verbindung lockern, allmählich lösen und im weiteren Verlauf der Erkrankung den Aufhängeapparat des Hufbeins (= Hufbeinträger) zerstören. Die Folge ist eine Lageveränderung des Hufbeins in Form einer Absenkung und/oder Rotation in Richtung Hufsohle. Wird diese Lageveränderung nicht aufgehalten, kann das Hufbein durch die Sohle treten (= Hufbeindurchbruch). Im schlimmsten Fall löst sich die Hornkapsel komplett ab, was man »Ausschuhen« nennt.

Hat eine Lageveränderung des Hufbeins stattgefunden, wird das Ausmaß der Schädigung nach circa vier Wochen an der äußeren Hornkapsel erkennbar: Die Hufsohle flacht ab und drückt auf den Boden, der Kronsaum sinkt ein und die Zehenwand wird konkav. Zwischen Hornwand und Wandlederhaut bildet sich sogenanntes Narbenhorn, wodurch sich die weiße Linie verbreitert. Die Zehenwand wölbt sich in der Folge wellenar-

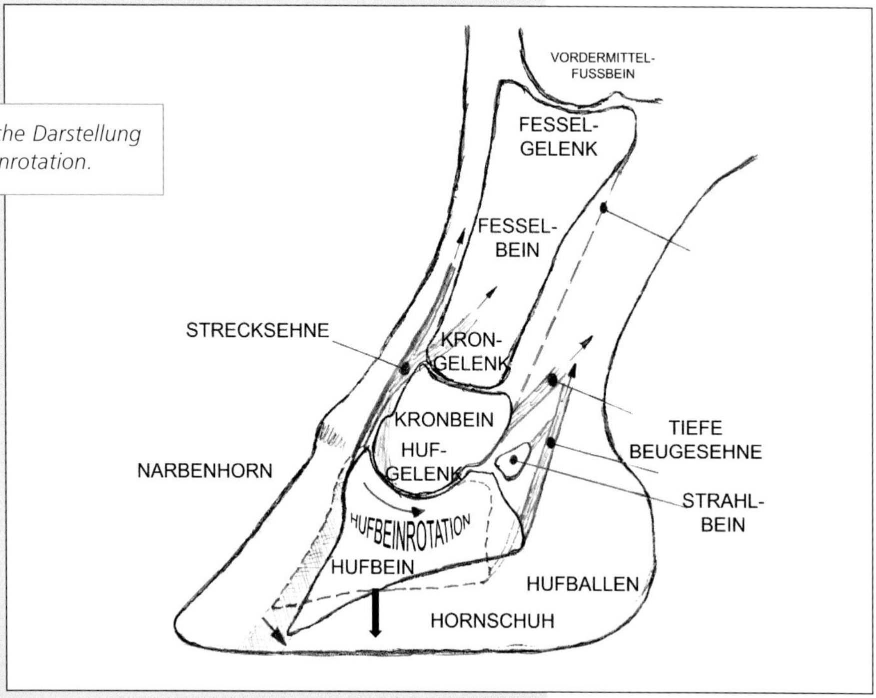

Schematische Darstellung der Hufbeinrotation.

tig auf und es entwickelt sich ein sogenannter Knollhuf.

Hufrehe ist mit Abstand das schwerwiegendste Symptom von EMS, ECD und Diabetes und der häufigste Grund für vorzeitige Unbrauchbarkeit oder gar Euthanasie des Pferdes. Ausgelöst wird die Hufrehe bei allen drei Krankheitsbildern durch Hyperinsulinämie, die nicht nur kennzeichnend für EMS und Diabetes ist, sondern auch als Folge der erhöhten ACTH- und Cortisol-Freiset-

Knollhuf

Insulinspiegel bestimmt Schweregrad der Hufrehe

Laut einer Studie des Homestead Veterinary Hospitals in Pacific/Missouri (USA) unter der Leitung von Dr. Donald Walsh hängt das Ausmaß beziehungsweise die Intensitätsstufe einer hormonell bedingten Hufrehe direkt mit der Höhe der Insulinwerte im Blut zusammen. Je höher der Insulinspiegel, umso höher die Intensitätsstufe. Hierbei wird zwischen Kategorie 1 (leichte Hufrehe: abwechselndes Anheben und wieder Aufsetzen der Hufe im Stehen, gehemmtes Laufen, leichter Wendeschmerz), Kategorie 2 (mittelgradige Hufrehe: Symptome wie zuvor, jedoch verstärkt), Kategorie 3 (starke Hufrehe: nochmals Verstärkung der Symptome wie bei Kategorie 2, mühevoller Schritt, »Pantoffelgang« mit vermehrter Trachtenfußung, Einnehmen der Rehestellung, große Schmerzen, Apathie, Pferd liegt jetzt sehr oft) und schließlich Kategorie 4 (schwere Hufrehe: nochmals Verstärkung der Symptome der Kategorie 3; Stehen und Gehen fällt äußerst schwer und ist fast unmöglich; das Pferd zittert und liegt hauptsächlich, zeigt große Unruhe und Angst, hat extreme Schmerzen; es kann nur unter erheblichem Aufwand zum Aufstehen motiviert werden) unterschieden.

Wendeschmerz

Bei der »Walsh-Studie« wurden 25 Pferde (zehn EMS-Patienten ohne Hufreheerkrankung, sechs ECD-Patienten (Cushing) ebenfalls ohne Hufrehe und neun gesunde Kontroll-Pferde) zweieinhalb Jahre beobachtet und untersucht.

Allen Pferden wurde Insulin verabreicht. Dabei entwickelten alle Pferde in der behandelten Gruppe (EMS/ECD) eine klinische und histologische (= gewebsverändernd) Hufrehe (Grad 2) auf allen vier Hufen innerhalb von 72 Stunden, während bei keinem der gesunden Kontroll-Pferde eine Hufrehe entstand. Dies weist auf die Rolle eines erhöhten Insulinspiegels bei der Pathogenese (= Entstehung der Krankheit) der Hufrehe hin.

zung bei ECD auftreten kann: Ein hoher ACTH-Wert verstärkt die Cortisolwirkung, Cortisol wiederum fördert die Hyperinsulinämie.

Bei hormonell bedingter Hufrehe tragen mehrere Mechanismen zum Krankheitsbild bei. Der dauerhaft erhöhte Blutzuckerspiegel führt zu einer Blutgefäßwandschädigung und somit zu einer erhöhten Durchlässigkeit freier Radikale in den Kapillaren der Huflederhaut.
Durch den Elastizitätsverlust kommt es zu einem Lamininabbau am Hufbeinträger (Laminine bilden zusammen mit anderen Stoffen die Basalmembranen). Dies hat zur Folge, dass die Kittsubstanz zwischen Hufbein und Hufwand zerstört wird und infolge dessen morphologische Veränderungen (= krankhafte Formveränderung) am Huf entstehen.

Der aus dem Blutzuckerspiegel resultierende dauerhaft erhöhte Insulinspiegel verursacht eine Vaskonstriktion, das heißt eine Blutgefäßverengung mit resultierender Durchblutungsstörung in der Huflederhaut. Dies führt zu einer Huflederhautentzündung mit Ödem- und Mikrothrombenbildung (kleine Blutgerinnsel) durch eine erhöhte Gerinnungsneigung der feinen Hufkapillaren. Das Resultat langfristiger Überfütterung mit hormoneller Entgleisung des Stoffwechsels ist dann eine chronische Hufrehe, die durch den vermehrten Proteinabbau bei Insulinresistenz entsteht. Andauernder Proteinmangel führt zu Hornwachstumsstörungen mit der Bildung von Narbenhorngewebe und Neigung zu Hufgeschwüren in der angegriffenen Hornkapsel.
Das Zusammenspiel von Hyperinsulinämie, Hyperglykämie und Insulinresistenz ergibt das Bild der morphologischen Veränderungen am Huf bei chronischer Hufrehe.

Futterringe können auf eine schleichende Hufrehe hinweisen.

Unstrittig ist, dass Insulinresistenz mit einer erhöhten Reheanfälligkeit einhergeht. Das heißt, das Risiko an Hufrehe zu erkranken, scheint bei fettleibigen, insulinresistenten und ECD-Pferden infolge der Vorschädigungen deutlich höher zu liegen als bei gesunden. Deshalb können auch Faktoren wie etwa die Aufnahme geringer Mengen Fruktan, die bei einem gesunden Pferd keine Hufrehe verursachen würden, einen akuten Reheschub auslösen.

Klinisch zeigt die hormonell bedingte Hufrehe häufig einen schleichenden und rezidivierenden (rückfälligen) Verlauf. Aufgrund fehlender typischer Symptome werden viele Fälle zunächst nicht als Hufrehe erkannt. Das ist vor allem bei Cushing-Pferden der Fall, weil vermehrt ß-Endorphine (körpereigene, morphinartig wirkende Stoffe) ausgeschüttet werden, die das Schmerzempfinden herabsetzen. Anzeichen einer schleichenden Hufrehe oder latenten Entzündung des Hufbeinträgers sind sogenannte Futterringe oder Falten im Horn, verbogene Zehenwände oder wegdriftende Seitenwände, lange Zehen mit

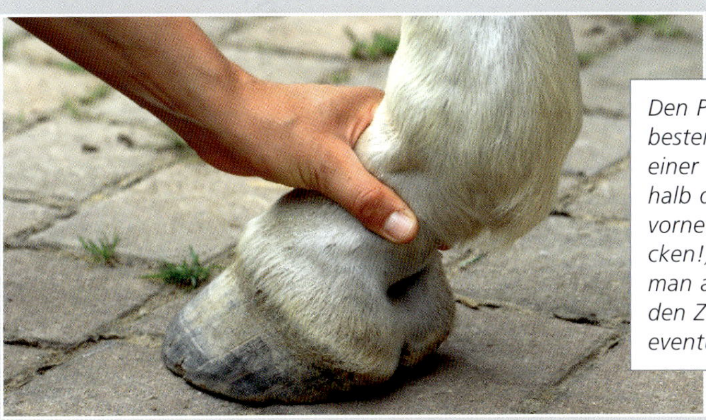

Den Puls misst man am besten, indem man mit einer Hand das Bein unterhalb des Fesselkopfes von vorne locker (nicht drücken!) umfasst. Dann fühlt man auch, welche der beiden Zehenseitenarterien eventuell stärker pulsiert.

niedrigen und untergeschobenen Trachten, eine nach hinten gebrochene Huf-Fesselachse, gelbliche oder rötliche Einfärbungen in der Hornkapsel, eine aufgerissene oder eingefärbte Blättchenschicht, häufige Hufabszesse, Hornwachstumsstörungen oder schlechtes Hufhorn, wiederkehrende Lahmheiten ungeklärter Ursache sowie eine empfindliche, fühlige Sohle mit kurzen, flachen Schritten vor allem auf harten Böden. Häufig besteht auch schon eine verstärkte Pulsation der Zehenseitenarterien.

Aus der subklinischen Hufrehe kann sich im Laufe der Zeit eine klinische Hufrehe mit unverkennbaren Symptomen wie Pulsation in den Zehenseitenarterien am Fesselkopf, Druckempfindlichkeit der Sohle, Trachtenfußung, Wendeschmerz, häufiges Liegen und/oder Rehestellung mit untergeschobenen Hinterbeinen entwickeln. Ein akuter Reheschub tritt bei insulinresistenten Pferden meist dann auf, wenn eine schnelle Zunahme unstrukturierter Kohlenhydrate (Zucker, Stärke) über die Nahrungsaufnahme erfolgt, die die verminderte Insulinsensitivität weiter senken.

Das trifft auch auf bereits medikamentös (zum Beispiel mit dem Wirkstoff Pergolidmesilat = Prascend®) behandelte ECD-Pferde zu, wenn sie gleichzeitig unter EMS und/oder Diabetes leiden. Da der ACTH-Spiegel jahreszeitlichen Schwankungen unterworfen ist und von September bis November steigt, treten bei Cushing-Patienten Reheschübe vorwiegend im Herbst/Winter auf (zum Beispiel infolge Unterdosierung des Medikaments), während Reheschübe bei EMS-Pferden meist ein ganzjähriges Problem sind.

Beachte:

Auch medikamentös behandelte ECD-Pferde können einen Reheschub erleiden, wenn der Insulinspiegel infolge zuckerreicher Futtermittel (zum Beispiel Gras) steigt!

Fallbeispiel

Generalisierte Fettpolster.

Fettdepots über den Augen.

Stute, 14 Jahre, Deutsches Reitpony, Übergewicht

Anamnese:
Stallhaltung im Winter, 24 Stunden Sommerweide, Hafer- und Müslifütterung; Hufreheschub im Winter, generalisierte Fettdepots, Fellwechselstörung.

Diagnostik:
ACTH 40 pg/ml im März erhöht
(Referenzwert im März < 29 pg/ml; Quelle: Equine Endokrinologie Symposium Berlin März 2012 Referent Durham).
Insulin 91 µU/ml erhöht
(Referenzwert Insulin 5–36 µU/ml; Quelle: Diamedislabor Sennestadt).
Glukose 94 mg/dl im Referenzbereich
(Referenzwert Glukose 50–94 mg/dl; Quelle: Diamedislabor Sennestadt).

Röntgen: geringgradige Rotation

Diagnose: Equines Metabolisches Syndrom und Equine Cushing Disease

Therapie:
Fütterungsumstellung, Reduktionsdiät 1 Kilogramm Heu pro 100 Kilo Körpergewicht.
1 mg Pergolid (1 Tablette Prascend®);
Barhufpflege

Kontrolle:
Nach vier Wochen:
ACTH 14 pg/ml im Mai normal
Insulin 67 uU/ml erhöht

Verlauf:
Nach 12 Wochen ist das Pferd lahmheitsfrei und wird wieder normal geritten, geringe Gewichtsreduktion

Langzeitwirkung:
Kontrolle September: ACTH 45 pg/ml im Referenzbereich
Insulin 33 µU/ml im Referenzbereich
geringe Gewichtsreduktion
Dezember: Erneuter Hufreheschub, Übergewicht
ACTH 12 pg /dl im Referenzbereich
Insulin 84 µU/ml erhöht
(Referenzwert Insulin 5–36 µU/ml; Quelle: Diamedislabor Sennestadt)
Heuanalyse TIHO Hannover Fruktan 68 g/kg erhöht, 80 Prozent Weidelgrasanteil: »Von einer Fütterung an Pferde, die bereits einen Hufreheschub hatten ist abzuraten« (Quelle: TIHO Hannover Institut für Tierernährung).

Therapie:
Antiphlogistische Therapie Metacam oral; Eissockenkühlung; Wechsel der Heusorte; Reduktionsdiät 1 Kilo Heu pro 100 Kilo Körpergewicht

Verlauf: Nach 2 Wochen ist das Pferd lahmheitsfrei

Bei Hufproblemen ohne eindeutig erkennbare Ursache sollte man deshalb auch auf Symptome achten, die auf eine eventuelle Hormonstörung hinweisen. Denn hormonell begründete Stoffwechselentgleisungen können häufig schon lange vor dem Auftreten des ersten Reheschubs durch eine entsprechende Labordiagnostik nachgewiesen werden. Früherkennung und die rechtzeitige Behandlung von Hormonstörungen können also Hufrehe verhindern oder deren Verlauf zumindest abmildern.

Der Anteil der durch eine Hormonstörung verursachten Rehefälle hat in den letzten Jahren deutlich zugenommen und wird in der Fachliteratur mit bis zu 90 Prozent angegeben. Bei einer US-Studie (Donaldson, 2004) hatten von 40 Rehefällen 28 Pferde (= 70 Prozent) ECD und 9 Pferde (= 22,5 Prozent) EMS. Nur 3 Pferde (= 7 Prozent) zeigten keine hormonellen Auffälligkeiten. Eine Untersuchung aus Finnland (Karikoski, 2011) kam zu einem ähnlichen Ergebnis: Von 36 Rehefällen waren 31 Prozent (= 11 Pferde) auf ECD und 58 Prozent (= 21 Pferde) auf EMS zurückzuführen, während nur bei 11 Prozent (= 4 Pferde) keine hormonellen Veränderungen festzustellen waren (Quelle: Dr. Catherine McGowan, University of Liverpool/Großbritannien).

Diagnose

Eine eindeutige Diagnose kann nur durch Röntgenaufnahmen der betroffenen Hufe erfolgen, die das eventuelle Ausmaß der Schädigung des Hufbeinträgers zeigen. Das ist insbesondere bei einer subklinisch verlaufenden Hufrehe der Fall. Aber auch bei einem akuten Reheschub sollte möglichst zeitnah geröntgt werden, um die eventuell notwendigen orthopädischen Maßnahmen vornehmen zu können. Zudem ist mehrmaliges Röntgen in individuell festzulegenden Zeitabständen sinnvoll, um den Heilungsverlauf oder gegebenenfalls eine Verschlechterung rechtzeitig festzustellen.

> **Beachte:**
>
> *Zur korrekten Bearbeitung von rehekranken Hufen sind unbedingt Röntgenbilder erforderlich!*

Geröntgt werden sollte vorzugsweise digital. Denn gegenüber einem analogen Röntgengerät hat ein digitales gleich mehrere Vorteile, die gerade bei einer Hufrehe von großer Wichtigkeit sind, weil sie wertvolle Zeit sparen:

- Die Röntgenbilder müssen nicht mehr entwickelt werden, sondern können direkt auf dem Bildschirm eines Computers angeschaut werden.
- Misslingt eine Aufnahme, wird das auf dem Bildschirm sofort sichtbar und kann sogleich wiederholt werden.
- Mittels entsprechender Software ist eine exakte Hufanalytik (= Vermessung des Hufes) unmittelbar nach dem Röntgen möglich.

Da eine Lageveränderung des Hufbeins bereits nach zwei bis drei Tagen stattfinden kann, ist in jedem Fall Eile geboten. Denn nur durch schnellstmögliche Gegenmaßnahmen lässt sich eine (weitere) Absenkung und/oder Rotation verhindern oder zumindest in Grenzen halten.

Das Röntgen selbst muss äußerst sorgfältig durchgeführt werden, um aussagekräftige Aufnahmen zu erhalten und Fehlinterpretationen auszuschlie-

Aufkleben der Rasierklinge.

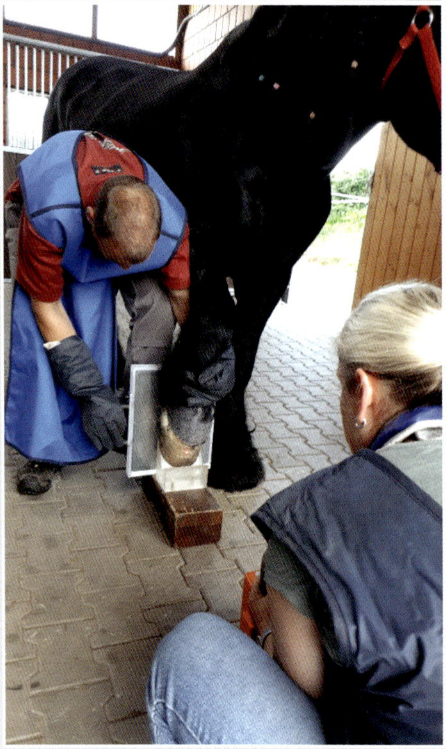

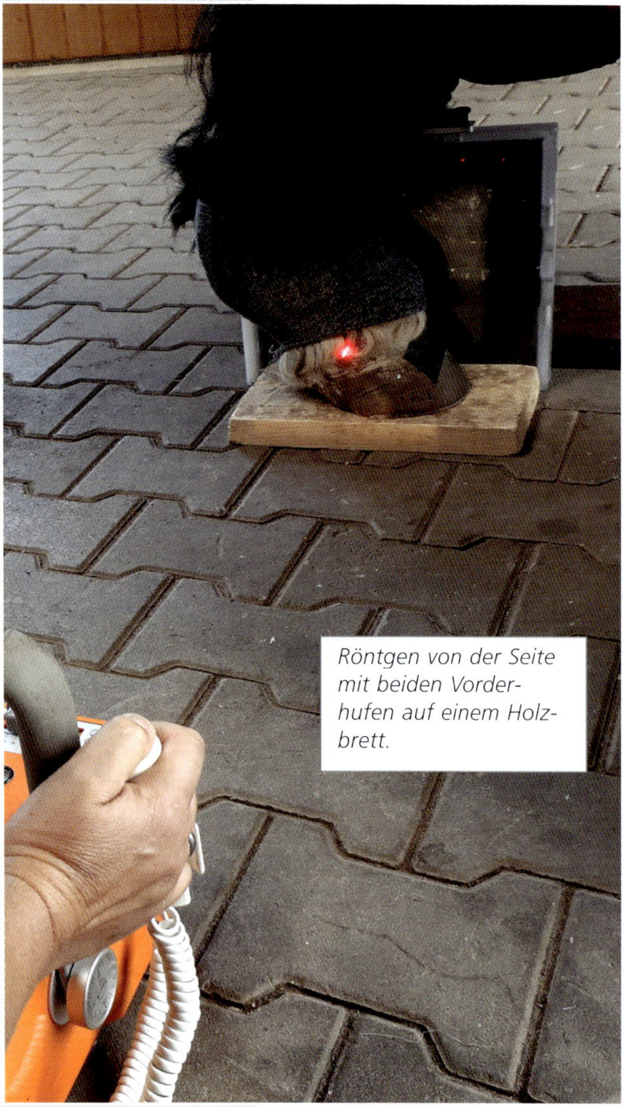

Röntgen von der Seite mit beiden Vorderhufen auf einem Holzbrett.

ßen. Insbesondere sollten folgende Bedingungen erfüllt sein:

- Um eine eventuelle Lageveränderung des Hufbeins bestimmen zu können, muss der Wandverlauf der Zehe erkennbar sein. Hierzu wird vor dem Röntgen ein Metallstift (zum Beispiel eine Rasierklinge) mit Klebeband auf der Zehenwand befestigt. Wichtig ist, dass die Markierung direkt anliegt, weshalb eventuell vorhandene Verschmutzungen, Verbände oder Gipse zuvor entfernt werden sollten.
- Damit auch der komplette Hufsohlenbereich

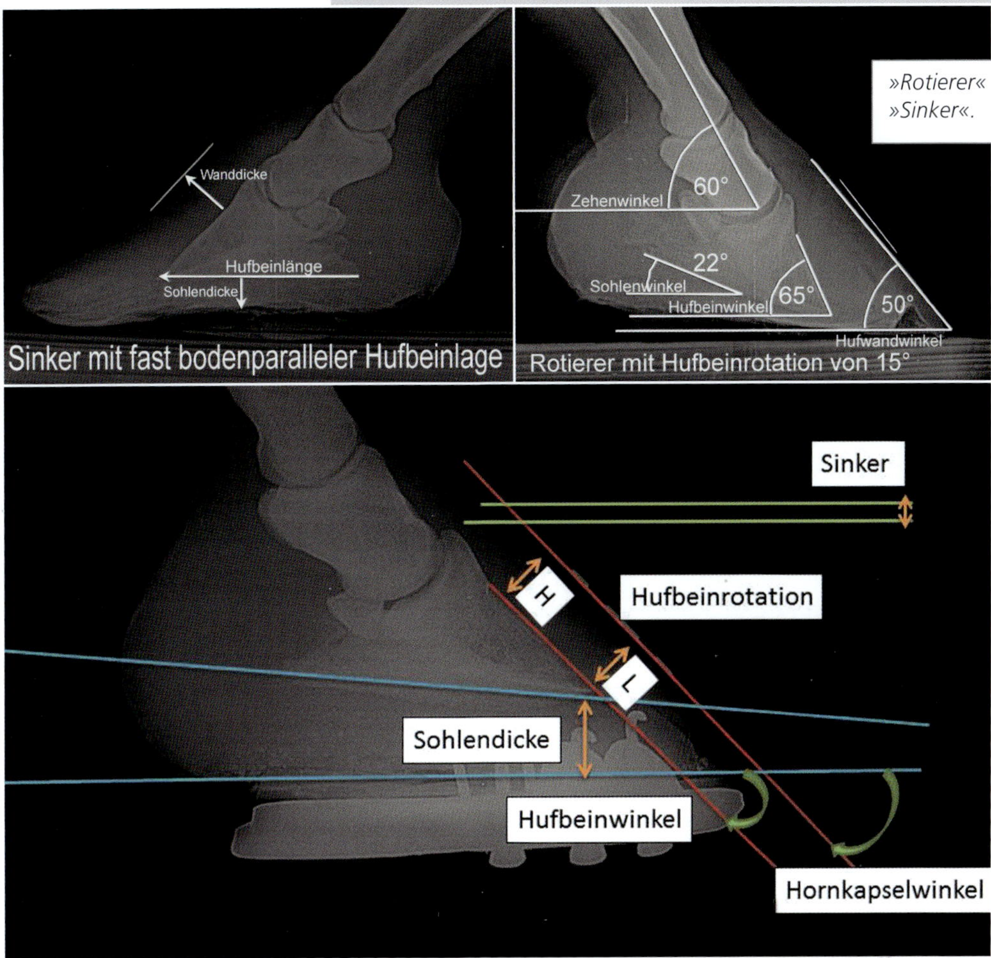

»Rotierer« und »Sinker«.

Tabelle 14: Hufrehe – Klassifizierung (Quelle: Hufkrankheiten, Lloyd, Mansmann)

Röntgen Befund	Grad 1	Grad 2	Grad 3	Grad 4
Palmarwinkel	5–9 Grad	10–14 Grad	über 15 Grad	P20 – 30 Grad Rotation 0 Grad Senkung
H-L-Zone	16/20 mm	20/25 mm	25/30 mm	25/30 mm Rotation 30/30 mm Senkung
Sinker	Normal	Leicht (> 15-16 mm)	Vergrößert	Vergrößert Rotation > 30/30 mm Senkung

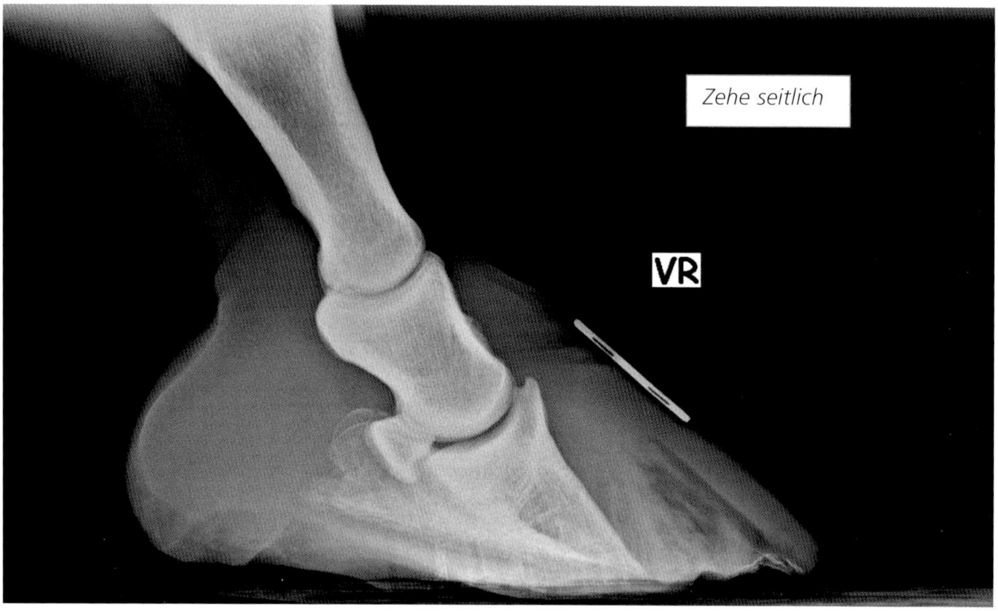

aufgenommen werden kann, sollten die beiden Hufe parallel nebeneinander auf ein Sure Foot Pad oder ein Holzbrett gestellt werden.

- Im Moment der Röntgenaufnahme sollte das Pferd absolut ruhig stehen und den Huf möglichst normal belasten.

Die Röntgenbilder zeigen, wie stark das Hufbein absinkt und/oder rotiert. Zur Beurteilung einer Hufbeinabsenkung wird auf analogen Röntgenbildern das Verhältnis der Wanddicke zur Länge des Hufbeins bestimmt. Bei einer Wanddicke von mehr als 28 Prozent der Hufbeinlänge liegt eine geringgradige, von 29 bis 35 Prozent eine mittelgradige und ab 36 Prozent eine hochgradige Absenkung vor. Kippt das Hufbein nach unten ab, wird der Hufbeinwinkel größer. Ist er um 2 bis 8 Grad größer als der Hornwandwinkel, handelt es sich um eine geringgradige, zwischen 8 und 20 Grad um eine mittelgradige und bei mehr als 20 Grad um eine hochgradige Rotation. Ist der Zehenwinkel mehr als 4 bis 6 Grad kleiner als der Hufbeinwinkel, drehte sich das Hufbein zur Zehenachse. Je kleiner der Zehenwinkel, desto stärker die Rotation.

Bei einer digitalen Röntgenanalyse werden Absenkung beziehungsweise Rotation mithilfe einer speziellen Software exakt ermittelt. Liegt nur eine Absenkung vor, vergrößert sich der Abstand von der Zehenwand zum Hufbein (H-L-Zone) gleichmäßig. Analog wird der Abstand vom Hufbein zur Sohle auf der ganzen Linie geringer. Das Hufbein sinkt also insgesamt quasi »eine Etage tiefer«. Hat eine Rotation stattgefunden, vergrößert sich der Hufbeinwinkel im Verhältnis zum Hufwandwinkel (Palmarwinkel). Bei einer Kombination aus Absenkung und Rotation wird auch der Abstand von der Zehenwand zum Hufbein (H-L-Zone) im unteren Bereich größer, das heißt die Zehenwand wird nicht gleichmäßig dicker, sondern verstärkt sich allmählich in Richtung Huf-

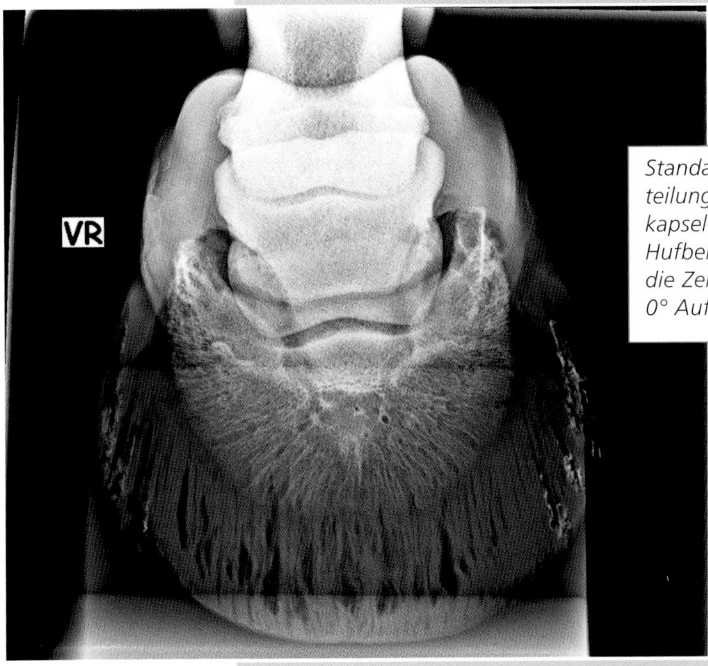

Standardaufnahmen zur Beurteilung der aktuellen Hornkapsel-, Hufbeinträger- und Hufbeinknochensituation sind die Zehe seitlich, Oxspring und 0° Aufnahme beim Pferd

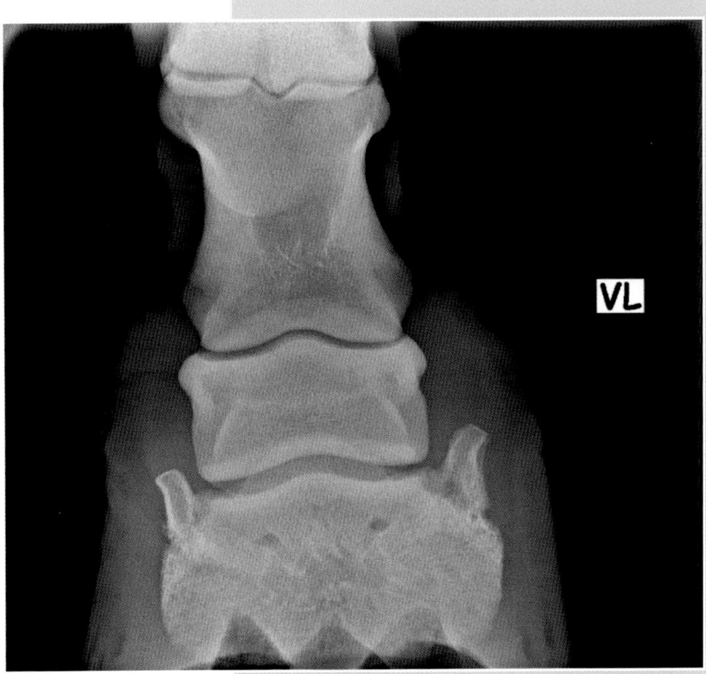

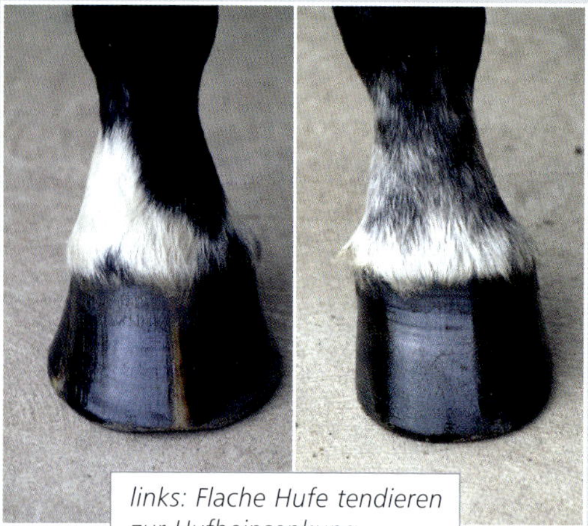

links: Flache Hufe tendieren zur Hufbeinsenkung.
rechts: Steile Hufe neigen zur Hufbeinrotation.

beinspitze. Analog wird die Sohlendicke im Zehenbereich zunehmend geringer. Bei einer Absenkung von mehr als 30 Millimetern und/oder einer Rotation zwischen 20 und 30 Grad ist die Lageveränderung hochgradig und es droht ein Hufbeindurchbruch. Grundsätzlich ist die Prognose für »Sinker« besser als für »Rotierer«. Die Tabelle 14 auf Seite 145 zeigt die Klassifizierung des Röntgenbefunds. Weil eine Hufbearbeitung wie das Raspeln der Zehenwand das Röntgenergebnis verfälschen kann, wird die Messung inzwischen nicht mehr an der äußeren, sondern an der inneren Hufwand durchgeführt.

Zusammenhänge zwischen Hufrehe und Hufform

Sowohl für das Hufreherisiko als auch für die Art der Lageveränderungen des Hufbeins spielt die Form der Hufe eine entscheidende Rolle: »Die Hufrehe ist eine Erkrankung des Hufbeinträgers, also derjenigen Struktur, welche den Hufbeinknochen und die Hornkapsel miteinander verbindet. Durch den Hufbeinträger ist das Pferdegewicht in der Hornkapsel aufgehängt. Das bedeutet, dass der Hufbeinträger zum Teil immense Kräfte aushalten muss. Ein Hufbeinträger im Dauerstress wird hierzu jedoch viel schlechter in der Lage sein, als ein Hufbeinträger, der funktional belastet wird. Ein solcher Dauerstress entsteht aber immer dann, wenn die jeweilige Hufform eine andauernde und übermäßige Zugwirkung auf die Wandlederhaut ausübt. Pferde mit diesen Hufsituationen tragen deshalb ein erhöhtes Reherisiko:

- Pferde mit vernachlässigten Hufen
- Pferde mit steilen Hufen (Bockhufe), die man (im Erwachsenenalter) versucht mittels Trachtenkürzen flach zu halten (= konkav verbogene Zehenwand)
- Pferde mit zu kleinen Hufen im Verhältnis zur Körpermasse
- Pferde mit sehr weiten Hufen, sogenannten Teller- oder Platthufen
- Pferde mit sogenannten chronischen Rehehufen (Knollhufe).

Die Reheprophylaxe besteht in diesen Fällen in der nachhaltigen Verbesserung der Hufsituation«, erklärt Dr. Konstanze Rasch, Präsidentin der Deutschen Huforthopädischen Gesellschaft.
Auch die Art der Lageveränderung des Hufbeins korreliert mit der Hufform: So belegen unsere langjährigen Praxiserfahrungen, dass es bei Pferden mit flacheren Hufen eher zu einer Absenkung (mit besseren Heilungschancen) kommt, während Pferde mit steileren Hufen vermehrt zur Rotation neigen.
Grundsätzlich reduziert sich das Reherisiko sowie das Ausmaß der Schädigungen des Hufbeinträgers, wenn die Hufe eine korrekte Form aufweisen, das Verhältnis von Hufgröße und Körpermasse stimmt und die Zehen-Fessel-Achse nicht

gebrochen ist. Das setzt eine kompetente und regelmäßige Hufbearbeitung möglichst vom Fohlenalter an beziehungsweise eine schonende, auf einen längeren Zeitraum angelegte Sanierung unkorrekter Hufformen oder -stellungen im Erwachsenenalter im Rahmen der für die Hufgesundheit sinnvollen Maßnahmen voraus.

Therapie

Ein akuter Reheschub ist **immer** ein Notfall, der **sofort** behandelt werden muss! Schon bei den geringsten Anzeichen wie etwa unwilliges Vorwärtsgehen oder Wenden, vorsichtiges Auftreten auf hartem Untergrund, abwechselndes Anheben der Gliedmaßen und/oder ungewöhnlich langes und häufiges Liegen, undefinierbare Lahmheit, angelaufene Beine und/oder geschwollene Kronränder sowie heiße Hufe und eine erhöhte Pulsation sowie allgemeine Schmerzsymptome wie Kopfschütteln oder Zähneknirschen ist unverzüglich der Tierarzt zu konsultieren. Häufig werden solche Symptome von reheunkundigen Pferdebesitzern nicht ernst genommen und demzufolge nicht als Notfall erkannt mit der Konsequenz, dass der kurze Zeitraum (etwa 96 Stunden), in dem eine Lageveränderung des Hufbeins durch geeignete Therapiemaßnahmen verhindert werden könnte, ungenutzt verstreicht.

Bei einer hormonell bedingten Hufrehe kann nur die gezielte Therapie der Hormonstörung kombiniert mit allen zusätzlich indizierten medikamentösen, orthopädischen, ergänzenden und haltungsrelevanten Maßnahmen langfristig erfolgreich sein. Hierzu ist es notwendig, dass Pferdebesitzer, Veterinär und Huffachmann eng zusammenarbeiten. Ziel der therapeutischen Bemühungen sind die Schmerzlinderung, die Entzündungshemmung, die Durchblutungsförderung, die Verhinderung einer (weiteren) Hufbeinsenkung/-rotation und eine kontinuierliche Korrektur der Rehehufe.

> **Beachte:**
>
> *Bei einem akuten Reheschub oder auch nur dem bloßen Verdacht auf einen solchen zählt **jede Minute!***

Schmerz ist nicht gleich Schmerz

Die teils erheblichen Schmerzen, die im Zuge einer Hufrehe auftreten können, haben unterschiedliche Ursachen:

- Schmerzen durch entzündliche Schwellungen entstehen in der akuten Phase. Entzündet sich die Huflederhaut, schwellt sie an und es bildet sich ein Ödem (Ansammlung von Gewebsflüssigkeit) im Bereich des Kronsaums (Kronlederhaut). Das führt zu einem erhöhten Innendruck, da sich die geschwollenen Weichteile wegen der festen Hornkapsel und des knöchernen Hufbeins nicht ausdehnen können.
- Geht die akute in eine chronische Hufrehe mit Hufbeinsenkung oder -rotation über, entstehen Einblutungen (Hämorrhagie) in der Huflederhaut, die ebenfalls eine Volumen- und Druckzunahme mit entsprechenden Schmerzen zur Folge haben.
- Durch eine Absenkung und/oder Rotation erhöht sich der Druck auf die Sohlenlederhaut. Diese Quetschung (Pression der palmaren digitalen Nervenbündel) bewirkt einen weiteren Schmerzzustand.
- Schließlich entstehen durch das Auseinanderreißen der lamellaartigen Verbindungen zwischen Zehenwand und Aufhängeapparat

Schmerzen, weil auch die Nervenfasern reißen. Laut Dr. D. Hood von der Hoof Diagnostic and Rehabilitation Clinic in Texas/USA beträgt die Belastbarkeit einer gesunden lamellären Verbindung 80 Kilo pro Quadratzentimeter, die einer kranken aber nur 8 Kilo, also lediglich 10 Prozent.

- Zusätzlich können Schmerzen durch eine örtliche Blutleere (Ischämie) bei chronischer Hufrehe hervorgerufen werden. Durch die fehlende oder mangelnde Blutversorgung wird die Gefäßneubildung besonders unterhalb des abgesenkten und/oder rotierten Hufbeins behindert, was ebenfalls schmerzhaft ist.
- Tritt das Hufbein durch die Sohle, verursacht nicht nur der Sohlendurchbruch erhebliche Schmerzen, sondern auch eine mögliche bakterielle Folgeinfektion mit entsprechenden Entzündungsprozessen im Hufinneren.

Medikation

Zur medikamentösen Behandlung von akuter und chronischer Hufrehe werden verschiedene Präparate wie Entzündungshemmer, Blutgerinnungshemmer und durchblutungsfördernde Mittel eingesetzt. Bei einem Hufbeindurchbruch kommen auch Antibiotika zum Einsatz. Ergänzt werden kann die Medikation mit homöopathischen Mitteln oder Naturheilkräutern.

Nicht-steroidale Entzündungshemmer

Diese Präparate werden vorwiegend zur Eindämmung der entzündlichen Schwellungen in der akuten Phase einer Hufrehe angewendet, um die biochemischen Prozesse in der Huflederhaut zu stoppen, die den Hufbeinträger (weiter) aufweichen. Da diese Entzündungshemmer gleichzeitig schmerzlindernd wirken, werden sie auch zur Schmerztherapie eingesetzt. Die medikamentöse Schmerztherapie ist zwar ein »zweischneidiges Schwert«, aber speziell für insulinresistente Pferde meist unerlässlich. Denn Schmerz verursacht Stress und die vermehrte Freisetzung des Stresshormons Cortisol (körpereigenes Cortison), welches wiederum die Insulinresistenz fördert und die Rehesituation verschlimmert. Deshalb dürfen auch keine Cortisone (steroidale Entzündungshemmer) bei insulinresistenten Pferden zum Einsatz kom-

Reagiert das Pferd auf das Abdrücken mit einer Hufabdrückzange, hat es Schmerzen in der Sohlenlederhaut.

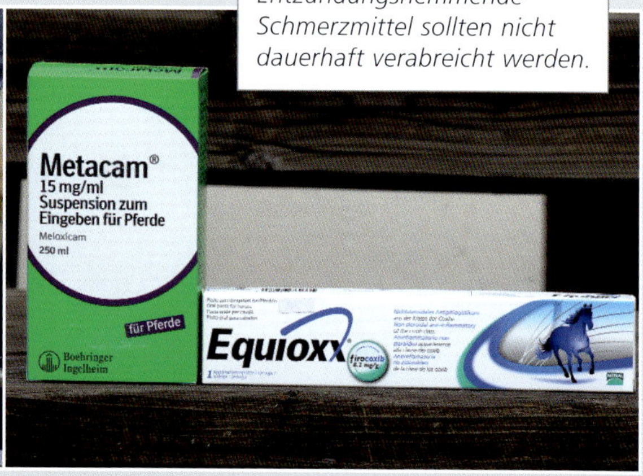

Entzündungshemmende Schmerzmittel sollten nicht dauerhaft verabreicht werden.

men. Allerdings darf die Schmerzbehandlung nicht nur durch Antiphlogistika (= Entzündungshemmer) erfolgen, sondern muss gleichzeitig durch geeignete huftherapeutische Maßnahmen (wie Kryotherapie oder Polsterverband, reheorientierte Barhufbearbeitung oder Rehebeschlag) unterstützt werden, damit der geschädigte Hufbeinträger nicht infolge der Ausschaltung der Schutzfunktion »Schmerz« überlastet wird. »Denn wenn der Versuch unternommen wird, die Schmerzen nur durch Schmerzmittel zu beseitigen, belastet das Pferd seinen defekten Hufbeinträger so stark, das dessen Zerstörung voranschreitet«, warnt Dr. Christian Bingold. Darum sollte die Dosis der jeweiligen Schmerzsituation stets angepasst und mit abnehmenden Schmerzen entsprechend allmählich reduziert (»Ausschleichen« der Schmerzmittel) werden. Zur Schonung des labilen Aufhängeapparates gilt also der Grundsatz: »Soviel wie nötig, so wenig wie möglich.«

Zur Verfügung stehen verschiedene Wirkstoffe, die entweder injiziert oder oral (über das Maul) verabreicht werden. Die am häufigsten verwendeten Wirkstoffe sind:

- Phenylbutazon (Equipalazone oder Phenylbutariem) ist preiswert und wirkt schnell und gut schmerzlindernd, jedoch nur gering entzündungshemmend. Allerdings greift Phenylbutazon (vor allem bei längerfristiger Vergabe) die Schleimhäute an und kann zu Fressunlust und Koliken führen. Bei bekannter Kolikneigung oder einem schon bestehendem Magengeschwür sollte dieser Wirkstoff deshalb auf keinen Fall angewendet werden.
- Magenschonender – wenn auch teurer – sind moderne Wirkstoffe wie Firocoxib (Equioxx) und Meloxicam (Metacam). Sie haben zwar eine etwas geringere schmerzlindernde, dafür aber eine wesentliche stärkere entzündungshemmende Wirkung und werden von vielen Veterinären bei Hufrehe bevorzugt empfohlen.

Akupunktur und Akupressur als begleitende Therapie

Alternative Behandlungen wie Akupunktur oder Akupressur können unterstützend angewandt werden und den Heilungsverlauf einer Hufrehe positiv beeinflussen. Diese Therapieformen basieren auf der Erkenntnis, dass sich am Pferdekörper bestimmte Punkte befinden, die mit inneren Organen in Verbindung stehen und eine höhere elektrische Leitfähigkeit besitzen. Durch Reizung dieser Punkte mittels Nadeln oder Fingerdruck werden Regelkreise des Körpers durch Freisetzen chemischer Stoffe aktiviert, die Störungen regulieren und Schmerzen lindern können.

Während die Akupunktur nur von fachlich geschulten Personen praktiziert werden darf, kann die Akupressur bei entsprechender Anleitung auch vom Pferdebesitzer durchgeführt werden.

Blutgerinnungshemmer

Blutverdünnende Präparate verbessern die Fließfähigkeit des Blutes und verhindern die Bildung von Thromben (Blutgerinnsel) beziehungsweise lösen bereits bestehende auf. Das Blut kann schneller zirkulieren und durch Gefäße (Kapillaren) dringen. Hierzu werden folgende Wirkstoffe angewendet:

- Eine wirksame Sofortmaßnahme bei einem akuten Reheschub stellt eine Infusion mit physiologischer Kochsalzlösung dar. Je nach Größe beziehungsweise Gewicht des Pferdes werden 5 bis 40 Liter Kochsalzlösung infundiert. Nach Bedarf können diese Infusionen alle zwei bis drei Tage bedenkenlos wiederholt werden. Nach einem voran gegangenen Aderlass sollte auf jeden Fall eine Infusion (mit Kochsalz- oder einer Elektrolytlösung) erfolgen, da sonst die Gefahr einer Bluteindickung besteht. Der Aderlass, bei dem etwa 3 bis 5 Liter aus der Drosselvene entnommen wird, kommt heute nur noch selten zur Anwendung, weil er zu Kreislaufproblemen führen und beim Pferd Stress auslösen kann, was bei Insulinresistenz kontraproduktiv wäre. Stattdessen kann ein »Mikroaderlass« mit medizinischen Blutegeln (siehe Kasten »Blutegeltherapie«) durchgeführt werden.

- Heparin ist ein gerinnungshemmendes Mucopolysaccharid, das die Bildung des Gerinnungsferments Thrombin verhindert. Beim Pferd wird das Mittel prophylaktisch unter die Haut (subkutan) gespritzt.
- Der Wirkstoff Acepromazin (Vetranquil, Sedalin) dient eigentlich zur Ruhigstellung von Pferden. Bei Hufrehe nutzt man jedoch die gefäßerweiternde Wirkung dieser blutdrucksenkenden Substanz, indem mit sehr niedrigen Dosierungen gearbeitet wird.

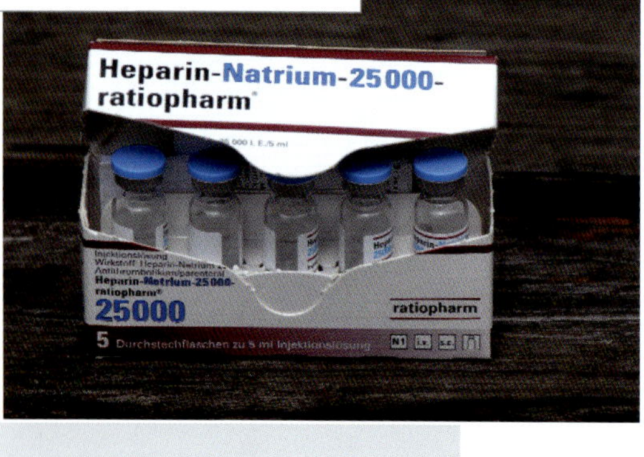

Blutverdünner vermeiden Blutgerinnsel in den Kapillaren.

Homöopathika und Heilkräuter

Homöopathische Mittel oder Heilkräuter können in der akuten Rehephase pharmazeutische Medikamente unterstützen und/oder in der Rekonvaleszenz den Heilungsverlauf beschleunigen. Auswahl, Dosierung und Dauer der Vergabe müssen jedoch individuell auf jeden Patienten abgestimmt werden und sollten deshalb unbedingt vom Tierarzt oder Tierheilpraktiker vorgenommen werden.

Blutegeltherapie

Auch die Blutegeltherapie kann medikamentöse Behandlungen nicht ersetzen, jedoch sinnvoll ergänzen. Für medizinische Zwecke werden ausschließlich speziell gezüchtete Kieferegel (Hirudo medicinalis) genutzt, die bei Hufrehe direkt am Kronrand (3 bis 6 Blutegel pro Huf) angesetzt werden. Die Heilwirkung der Blutegel basiert auf der Zusammensetzung des Egelspeichels, der beim Saugen abgesondert wird. Unter den mindestens 18 hochwirksamen Komponenten sind Hirudin und Carin, welche die Blutgerinnung hemmen, die bekanntesten. Daneben enthält der medizinische Speichelcocktail entgiftende, entzündungshemmende, schmerzstillende und lymphstaulösende Substanzen. Nicht angewendet werden dürfen Blutegel bei gleichzeitiger Vergabe blutverdünnender Medikamente.

Zur homöopathischen Erstbehandlung von akuten entzündlichen Schwellungen bei Hufrehe werden zum Beispiel Aconitum (Sturmhut), Belladonna (Tollkirsche) oder Apis (Honigbiene) eingesetzt. Traumeel (von Heel) wirkt schmerzlindernd, Aesculus (Rosskastanie) fördert die Durchblutung und Silicea (Kieselsäure) hat sich bei Wachstumsstörungen des Hufhorns bewährt.

In der Phytotherapie kommen bei rehekranken Pferden schmerzlindernde und entzündungshemmende Heilkräuter wie Weidenrinde, Brennnessel oder Ingwer zum Einsatz. Ginkgo verbessert die Fließeigenschaften des Blutes, erweitert die Gefäße und wirkt durchblutungsfördernd vor allem im Bereich der arteriellen Endstrombahn in den Extremitäten (= Huflederhaut).

In der tierärztlichen Praxis hat sich das Präparat »Plantadolor« (von PlantaVet GmbH, Biologische Tierarzneimittel, Bad Waldsee) zur Behandlung und Nachbehandlung von Rehepatienten bewährt. Dieser Heilpflanzensaft besteht aus Weidenrinde, Ingwer, Ginkgo und Brennnessel sowie mineralischen Biostimulatoren wie Zink und Kieselgur, die die Hufhornregeneration unterstützen.

Röntgenologische Verlaufsuntersuchungen haben gezeigt, dass sich die Sohlendicke binnen vier Wochen deutlich regeneriert und teilweise verdoppelt.

Huftherapeutische und -orthopädische Maßnahmen

Parallel zur Medikation müssen bei einem akuten Reheschub unbedingt weitere geeignete Maßnahmen ergriffen werden, um eine Schädigung des Hufbeinträgers zu verhindern oder zumindest einzudämmen. Hat eine Lageveränderung des Hufbeins trotz aller Bemühungen stattgefunden oder sind bereits Reheschäden durch eine subklinische Hufrehe entstanden, ist zusätzliche orthopädische Hilfe durch einen Huffachmann erforderlich.

Hinsichtlich einer effektiven Behandlung von Rehehufen existieren in der Fachwelt höchst unterschiedliche Ansichten und Vorgehensweisen (siehe Kasten »Pro und Contra Trachtenhochstellung«). Fest steht, dass es bislang keine Patentlösung gibt. Aufgrund zahlreicher Therapieerfolge empfehlen wir in der akuten Phase das konstante Kühlen der Hufe über mindestens 96 Stunden. Eine weitere Erste-Hilfe-Maßnahme ist ein Sohlen-Strahl-Polster aus verschiedenen Materialien, um einen Reheschaden abzuwenden oder möglichst gering zu halten. Das Ausmaß des gegebenenfalls entstandenen Schadens entscheidet dann, ob eine reheorientierte Barhufbearbeitung ausreicht oder ob ein spezieller Rehebeschlag notwendig ist.

Kältetherapie

Durch eine ausreichend lange Kühlung der Hufe kann eine Entzündung mit Ödembildung im

links: Homöopathika können ergänzend eingesetzt werden.
rechts: »Plantadolor« beschleunigt das Hufwachstum nachweislich.

Fallbeispiel

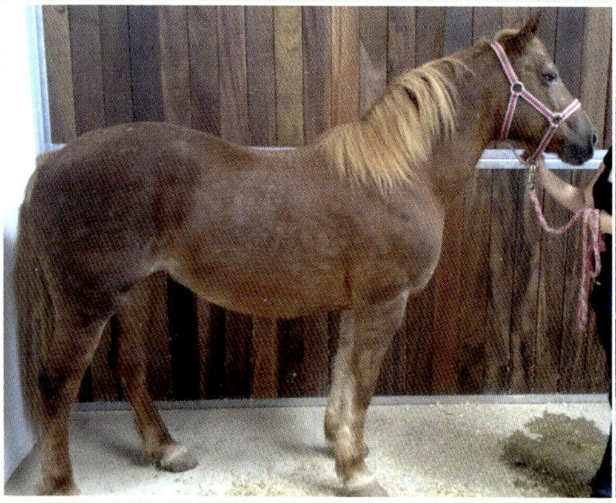

Die übergewichtige Stute.

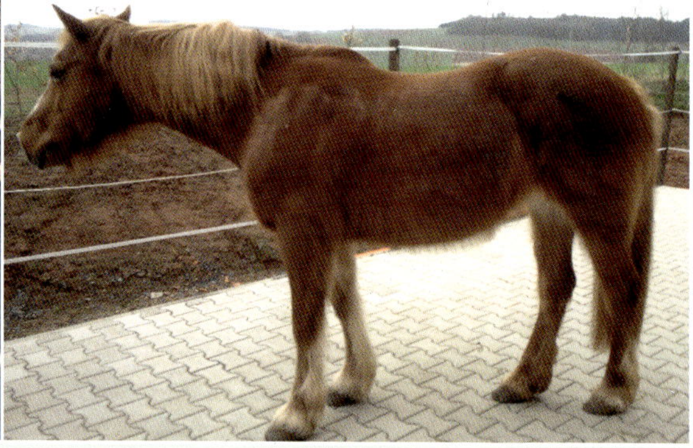

Die Stute ein Jahr später.

Stute, 18 Jahre, Welsch Cob, Übergewicht

Anamnese:
Stallhaltung im Winter, 24 Stunden Sommerweide, Hafer- und Müsli-Fütterung; seit 3 Jahren im Herbst Hufreheschübe, mittelgradige Lahmheit, Fettdepot über Augen, Speckhals.

Diagnostik:
ACTH 51 pg/ml im August leicht erhöht (Referenzwert ACTH im August > 47 pg/ml; Quelle: Equine Endokrinologie Symposium Berlin März 2012 Referent Durham)
Insulin und Glukose im Referenzbereich

Röntgen: Sinker, Sohlendicke reduziert
Diagnose: Equine Cushing Disease

Therapie:
Fütterungsumstellung; Reduktionsdiät mit 1 Kilogramm Heu pro 100 Kilo Körpergewicht, Portionsweide.
1 mg Pergolid (1 Tablette Prascend)
Hufhornregeneration mit Plantadolor 1 x täglich 10 ml
Hufrehebeschlag nach Napoleonmethode

Kontrolle:
Im September: ACTH 20 pg/ml (Referenzwert im September < 47 pg/ml; Quelle: Equine Endokrinologie Symposium Berlin März 2012 Referent Durham)

Verlauf:
Nach vier Wochen ist das Pferd lahmheitsfrei und wird wieder normal geritten.

Langzeitwirkung:
Nach einem Jahr erfreut sich das Pferd wieder bester Gesundheit. Das Körpergewicht wurde auf das Normalgewicht reduziert; Erhaltungsfütterung: 2 Kilogramm Heu pro 100 Kilo Körpergewicht. Portionsweide ab Juni. Die Stute läuft seit sechs Monaten mit Barhufpflege ohne Lahmheit.

Pro und Contra Trachtenhochstellung

Die Lehrmeinung in Deutschland (Tierärztliche Fakultäten, Lehrschmieden) rät zu einem Hochstellen der Trachten mithilfe von Rehegipsen, Gipsschalen oder Keilen unter Klebeschuhen beziehungsweise zwischen Eisen und Hufen, um den Zug durch die tiefe Beugesehne zu reduzieren und dadurch einer Hufbeinrotation und -senkung entgegenzusteuern sowie eine verbesserte Durchblutung der geschädigten Huflederhaut zu erreichen.
Eine Untersuchung des Hufreheforschers Professor Dr. Chris Pollitt von der Universität Queensland in Australien kommt jedoch zu dem Schluss, dass durch höhergelegte Trachten die Digitalis-Arterien, die sich zwischen Strahlbein und Beugesehne befinden und in die Zehenarterien übergehen, abgeklemmt werden, sodass weniger Blut in die Lederhaut gelangt. Diese Unterversorgung sei ein zusätzlicher Schadensfaktor, der für die strukturellen Veränderungen im histologischen Bereich verantwortlich gemacht werden müsse. Ein weiterer Nebeneffekt der Drucksituation an der Hufbeinspitze bei nicht bodenparalleler Stellung sei der Abbau des Hufbeins und somit die Entstehung einer Absenkung beziehungsweise Rotation.
Zudem können Rehegipse nach unseren Erfahrungen zu Drucknekrosen (Nekrose = Absterben von Zellen und Gewebe) an der Zehenwand führen, die dann eine Zehenwand-Resektion (chirurgische Entfernung) erfordern.

besten Fall verhindert, zumindest aber erheblich gehemmt werden, was gleichzeitig den akuten Schmerz lindert. Den Nachweis führte wiederum der Australier Professor Dr. Chris Pollitt. Hierfür verursachte er bei gesunden Pferden künstlich eine akute Hufrehe und stellte jeweils nur einen Huf 48 Stunden in einen Behälter mit Eiswasser und einer konstanten Temperatur von 5 Grad Celsius. Ergebnis: Während in den gekühlten Hufen die Entzündung erfolgreich gestoppt und somit eine drohende Lageveränderung des Hufbeins vereitelt werden konnte, nahm die Erkrankung in den nicht gekühlten Hufen ihren fatalen Lauf.
Wie aber kann diese Erkenntnis im Stall- oder Klinikalltag umgesetzt werden? Eine Möglichkeit eine therapeutisch wirksame Tiefenkühlung zu erzeugen, ist das Anbringen von speziellen Kühlhufglocken (ReCool X Kühlhufglocken der Firma Tex2recool GmbH). Sie enthalten ein Granulat, das sich nach etwa 20 minütiger Wässerung in einem mit kaltem Wasser gefüllten Behälter aktivieren lässt und durch Verdunstung einen Kühleffekt für die Dauer von bis zu 48 Stunden (Herstellerangabe) erzeugt.

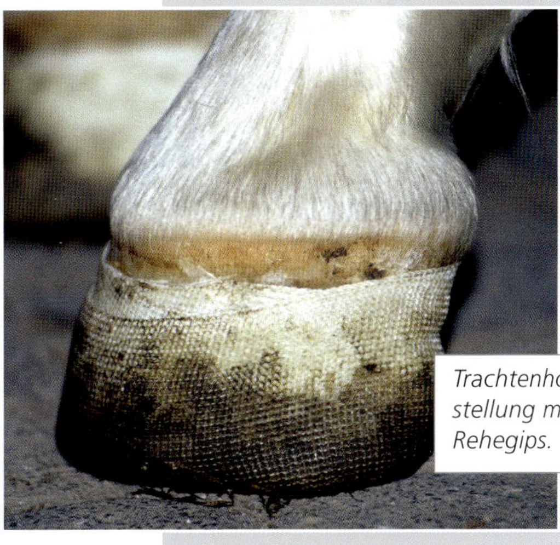

Trachtenhochstellung mittels Rehegips.

Zehenteil der Socke abschneiden.

Socken stretchen ...

Socke bis zum Karpalgelenk ziehen ...

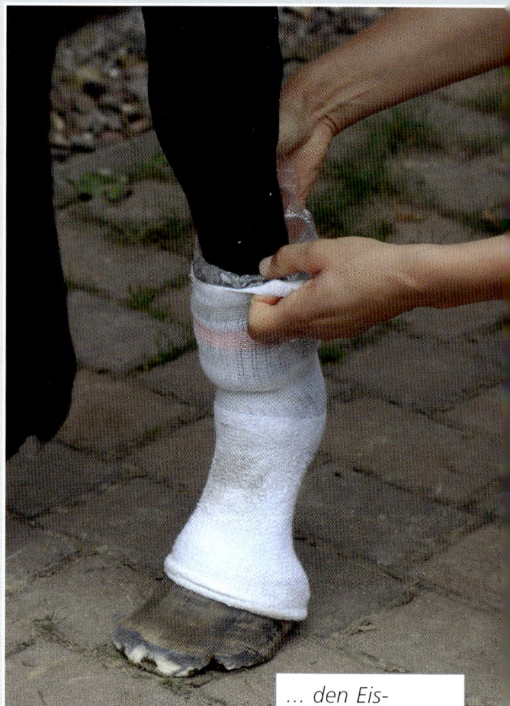

... den Eiswürfelbeutel in den Sockensaum stecken ...

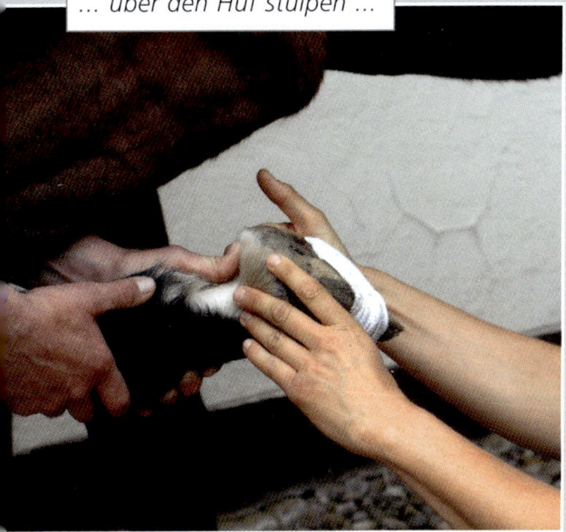

... über den Huf stülpen ...

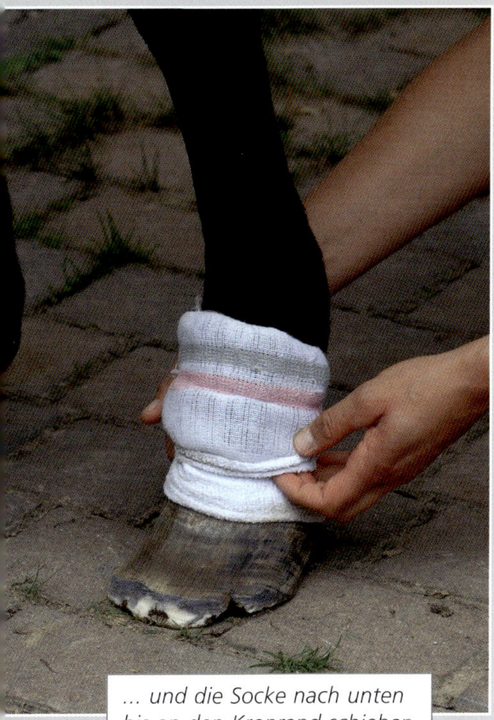

... und die Socke nach unten bis an den Kronrand schieben und einschlagen.

Eine sehr preiswerte, einfache und effektive Methode zur dauerhaften Kühlung, die in unserer Praxis standardmäßig angewendet wird, sind sogenannte »Eissocken« (siehe Fotos links): Billige Tennissocken aus dem Textildiscounter werden im Zehenbereich abgeschnitten, über die betroffenen Hufe gestülpt und mit einem Eiswürfelbeutel gefüllt. Da eine Kühlung bis zum Karpalbzw. Sprunggelenk noch effektiver ist, verwendet unsere Praxis inzwischen zugeschnittene Kinderstrumpfhosen oder Leggins statt Socken.Wichtig ist, dass die Kühlung wenigstens 96 Stunden am Stück erfolgt beziehungsweise solange, bis keine Pulsation mehr fühlbar ist und das Eis kaum mehr schmilzt. Hierfür ist es notwendig, etwa alle drei Stunden Eis nachzufüllen, sprich auch während der Nacht.

Beachte:

Eine Kühlung der Hufe kann nur Erfolg haben, wenn sie mindestens über vier Tage ohne Pause durchgeführt wird!

Sohlen-Strahl-Polster

Das Sohlen-Strahl-Polster ist ebenfalls eine wirksame Sofortmaßnahme in der akuten Phase, um größere Schäden am Aufhängeapparat zu vermeiden. Dieses Polster entlastet den Hufbeinträger, weil der Sohlen-Strahl-Bereich die hauptsächliche Gewichtslast übernimmt.

Komprex® Polster

Die Deutsche Huforthopädische Gesellschaft empfiehlt zum Polstern ein Material, das weich ist und auch bei Belastung durch das Pferdegewicht möglichst elastisch bleibt. Am besten geeignet ist Komprex®, eine Wundauflage aus der Altenpflege (erhältlich in der Apotheke oder im Internet). Alternativ kann aber auch Schafswolle oder notfalls Polsterwatte verwendet werden. Das Polster soll so angebracht werden, dass der Tragrand keinen Bodenkontakt mehr hat, also schwebt.

Zum Anlegen dieses Sohlen-Strahl-Polsters geht man wie folgt vor:

- Zunächst die Strahlfurchen mit Polstermaterial füllen.
- Dann die Sohle unter Aussparung des Tragrands dick polstern.
- Und das Polster mit einem wasserabweisenden Klebeband (z. B. Certoplast, erhältlich im Landhandel) am Huf fixieren, wobei man nicht über den Kronsaum hinaus tapen darf.
- Bei Pferden mit niedrigen Trachten sollte ein zusätzlicher Ballenschutz aus Watte angebracht werden, damit das Klebeband nicht direkt an der empfindlichen Ballenhaut haftet.
- Das Pferdebein absetzen und prüfen, ob der Tragrand schwebt, indem man mit dem Finger unter Zehen- und Seitenwände fährt.
- Zum eventuell notwendigen Nachpolstern legt man einfach eine weitere Schicht des Materials über den schon bestehenden Polsterverband und klebt ihn fest (Quelle: Konstanze Rasch, Deutsche Huforthopädische Gesellschaft).

Luwex Premium Hufrehe Polster

Unsere Praxis empfiehlt dieses sehr leichte und formstabile, aber dennoch nachgebende Silikon-Material, das sich einfach formen lässt, schnell aushärtet (bei Raumtemperatur circa in drei Minuten) und problemlos am Huf anbringen lässt. Je nach Hufgröße wird entsprechend Material in Form geknetet und so an die zuvor gereinigte Hufsohle angepasst, dass der Trag-

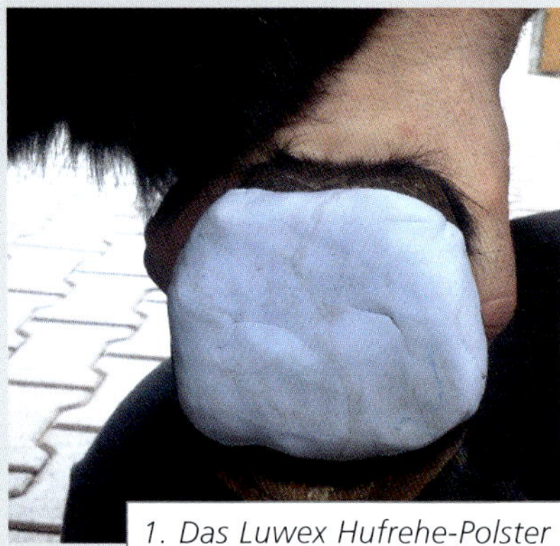

1. Das Luwex Hufrehe-Polster wird zunächst an die Hufsohle angepasst ...

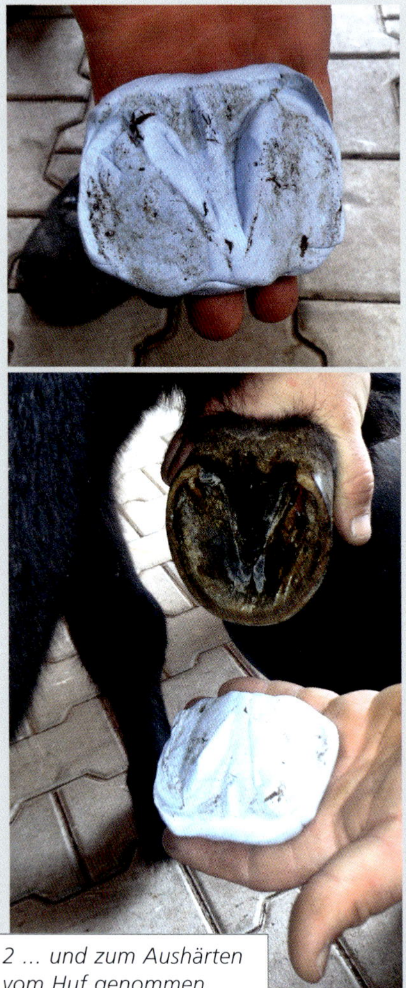

2 ... und zum Aushärten vom Huf genommen.

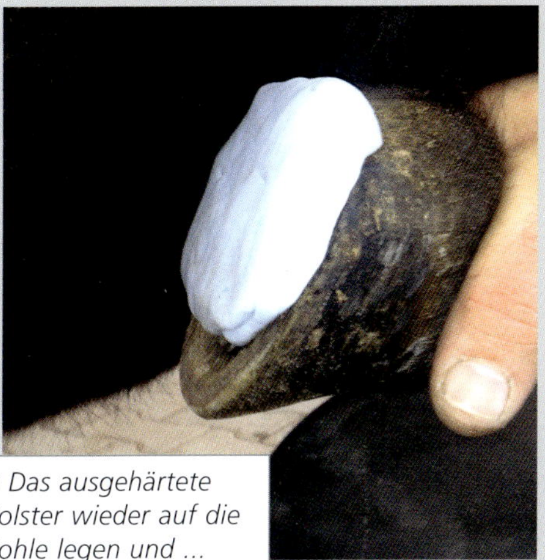

3 Das ausgehärtete Polster wieder auf die Sohle legen und …

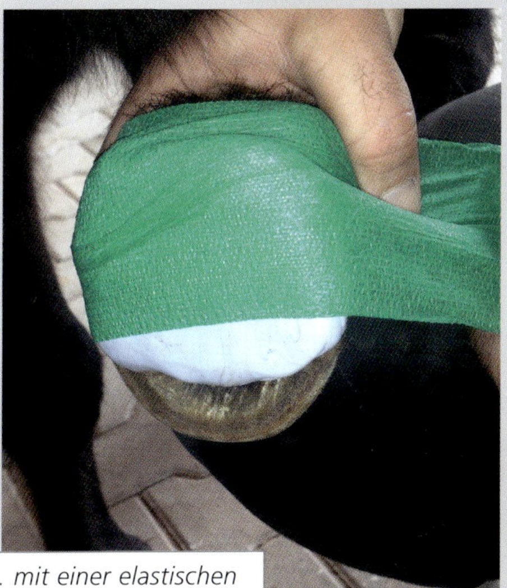

4 … mit einer elastischen Binde am Huf befestigen.

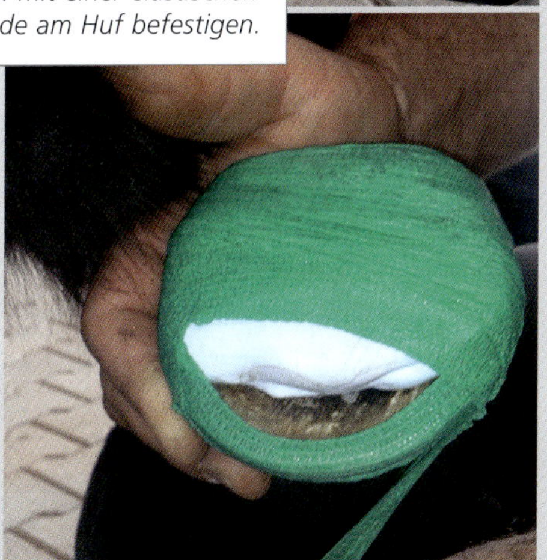

Das Polster ist richtig angebracht, wenn der Tragrand schwebt und ein Stift unter der Zehe Platz findet.

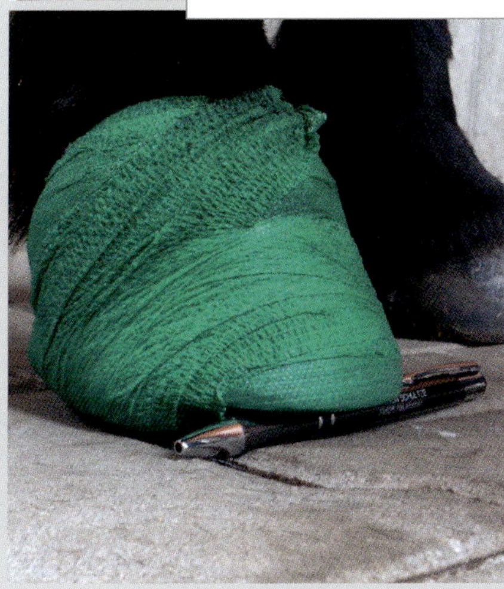

rand unter Aussparung der Zehenwand keinen Bodenkontakt mehr hat. Dann wird das geformte Polster zum Aushärten entfernt und anschließend mit einer elastischen, selbstklebenden Binde (Coflex) oder einem wasserabweisenden Klebeband (Certoplast) am Huf fixiert. Verwendet man Klebeband, sollte nicht über den Kronsaum hinaus getapt werden.

hele-Hufkissen

Eine weitere Möglichkeit zur einfachen und schnellen Sofortversorgung ist ein speziell entwickeltes Hufkissen aus flexiblem Gummigranulat, das sich an die unterschiedlichen Hufformen anpasst und den Huftragrand entlastet. Durch das offenporige Material wird außerdem Fäulnisprozessen entgegengewirkt. Achtung!! die Anwendung von hele-Hufkissen ist ausschließlich für akute Hufrehefälle gedacht und nicht zur Langzeitanwendung (d.h. über 7 Tage) geeignet. Durch das dauerhafte Hochstellen im chronischen Hufrehefall können schwere Drucknekrosen der Sohle und des Hufbeins mit der Folge irreparabler Schäden entstehen.

Zum Anpassen und Befestigen des hele-Hufkissens geht man laut Hersteller wie folgt vor:

- Ein der Größe des Hufes angemessenes Hufkissen auswählen und bei Bedarf mit einer Rosenschere oder einem Hufmesser der Hufform anpassen. Das Kissen sollte nicht größer als die Sohlenfläche sein.
- Das Kissen mit der flachen Seite nach vorne auf die zuvor gereinigte Hufsohle legen und mit dem ebenfalls lieferbaren stabilen Spezialklebeband zunächst mit 3 bis 4 Windungen im Zehenteil und dann in Kreuzwindungen über die Trachtenecken des Kissens und die vordere Hufwand (3 bis 4 Windungen je Seite) befestigen. Zum Schluss alle Lücken zutapen, sodass keine Schmutzpartikel zwischen Huf und Kissen gelangen können.
- Auch hier muss der Kronsaum wegen des Risikos von Drucknekrosen vom Klebeband verschont bleiben respektive dorsal eingeschnitten

Das hele-Hufkissen ist in verschiedenen Größen erhältlich. (Foto: Hersteller)

Ein hele-Hufkissen unter dem Huf. (Foto: Hersteller)

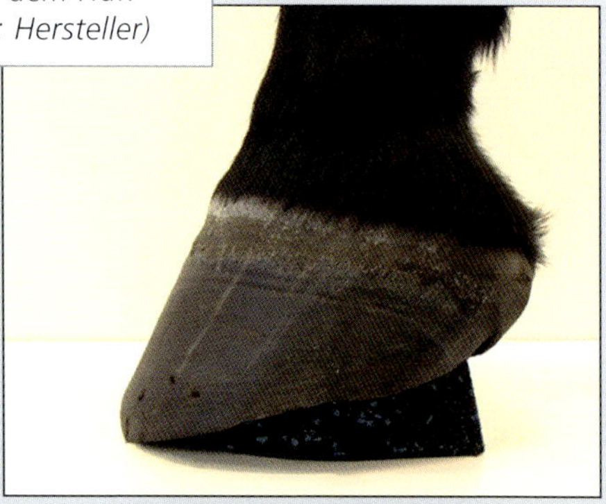

und bis unter das Saumband gezogen werden (siehe hierzu auch das Video auf der Website www.hele-hufkissen.com).

Epona Shoe

Der Epona Shoe ist ein in den USA entwickelter geschlossener Kunststoff-Beschlag in mehreren Größen mit sehr breiter Auflagefläche, der aus vier verschiedenen Kunststoffen auf Polyurethan-Basis besteht. Auf der Sohlenseite (Strahl/Trachten- und Zehenbereich) befindet sich eine blaue Einlage mit sehr guten Dämpfungseigenschaften. Dieser Hufschutz kann zwar auch genagelt werden, im akuten Rehefall sollte er aber auf jeden Fall mit dem ebenfalls lieferbaren Spezialkleber aufgeklebt werden. Vor dem Aufkleben muss außerdem unbedingt ein Sohlenpolster aufgebracht werden. Hier ist ein spezielles Silikon-Granulat erhältlich, das per Hand entsprechend vorgeformt auf die Hufsohle aufgetragen und mittels einer exakt auf den Epona Shoe passenden Gittereinlage fixiert wird (Quelle: BESW Hufakademie).

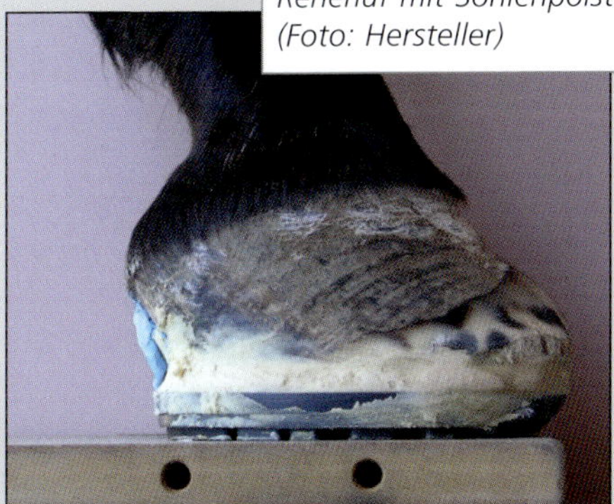

Geklebter Epona Shoe an Rehehuf mit Sohlenpolster. (Foto: Hersteller)

Barhufbearbeitung

Ist der entstandene Reheschaden nach dem röntgenologischen Befund nur geringgradig und die Sohlendicke ausreichend (> 8 Millimeter), ist in der Regel kein orthopädischer Beschlag erforderlich – es sei denn, das Pferd war schon vorher beschlagen und käme barhuf überhaupt nicht zurecht.

Bei der Bearbeitung des Barhufs kommt es nun vor allem darauf an, die Hornwand in physiologisch korrekter Ausrichtung zum Boden nachwachsen zu lassen mit dem Ziel, die ursprüngliche Position des Hufbeins wieder herzustellen und der Bildung eines Knollhufs mit langer, aufgeschnabelter Zehenwand entgegenzuwirken.

Wie schon erwähnt, bildet sich zwischen Wandlederhaut und Hornwand Narbenhorn, um die verloren gegangene lamellare Verbindung notdürftig zu reparieren. Allerdings wirkt dieses Narbenhorn auch wie ein Keil und drängt die nachwachsende Zehenwand von ihrer ursprünglichen Wuchsrichtung ab. Um diesen Hebeleffekt zu minimieren, muss die Zehenwand regelmäßig (im Idealfall etwa alle vier Wochen) hoch ausschleichend beraspelt und eventuell aufgewulstetes Narbenhorn im vorderen Sohlenbereich vorsichtig geglättet werden.

Da das Hufhorn kontinuierlich nachwächst und sich (im Zehenbereich) innerhalb eines Jahres komplett erneuert, kann in diesem Zeitraum prinzipiell eine vollständige Heilung erfolgen, vorausgesetzt es kommt nicht zu weiteren Reheschüben.

Rehebeschlag nach der Napoleonmethode

Ist die Lageveränderung des Hufbeins gravierend und droht ein Hufbeindurchbruch (Sohlendicke

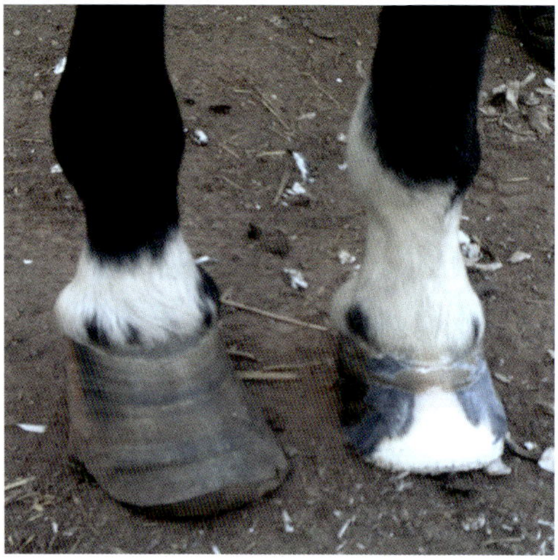

Links unbearbeiteter Rehehuf, rechts korrigierter Huf.

< 8 Millimeter), raten wir zum sogenannten Napoleon-Beschlag, bei dem die Hufeisen umgekehrt aufgebracht werden. Namensgeber dieser Methode ist Napoleon, der nach der Überlieferung seine Kavallerie-Pferde auf diese Weise beschlagen ließ, um feindliche Heere glauben zu lassen, er wäre in die entgegen gesetzte Richtung geritten.

Anders als Napoleons Täuschungsmanöver, verfolgen wir mit dieser Beschlagsmethode den Zweck, die Zehe mit dem geschädigten Aufhängeapparat zu entlasten und den Trachten-Strahl-Bereich zu unterstützen. Zusätzlich wird dieser Bereich mit einer Polstereinlage unterfüttert, um den Stützeffekt zu verbessern.

Verwendet werden gummiummantelte Eisen (Öllöv-Eisen), weil die dicker als herkömmliche Eisen sind und dadurch der Abstand zwischen Zehe/Sohle und Boden größer ist. Als Füllmaterial wird »Equi Pak« der Firma Vettec empfohlen, ein gut haftendes Hufdichtungsmaterial aus flüssigem Urethan, das innerhalb kurzer Zeit (30 Sekunden) abbindet und ein weiches, flexibles, aber

Weiche Matten erleichtern die Arbeit am Huf

Grundsätzlich sollte man bei der Arbeit an Rehehufen immer mit dem am stärksten betroffenen Huf beginnen, damit das Pferd diesen dann besser belasten kann, wenn der Parallelhuf bearbeitet wird. Bei großen Schmerzen ist auch eine polsternde Unterlage sinnvoll, um den Druck von unten zu dämpfen. In unserer Praxis werden dafür ausrangierte Sportmatten verwendet. Die Auflagefläche des Hufbocks kann ferner mit einem halbierten Tennisball abgepolstert werden.

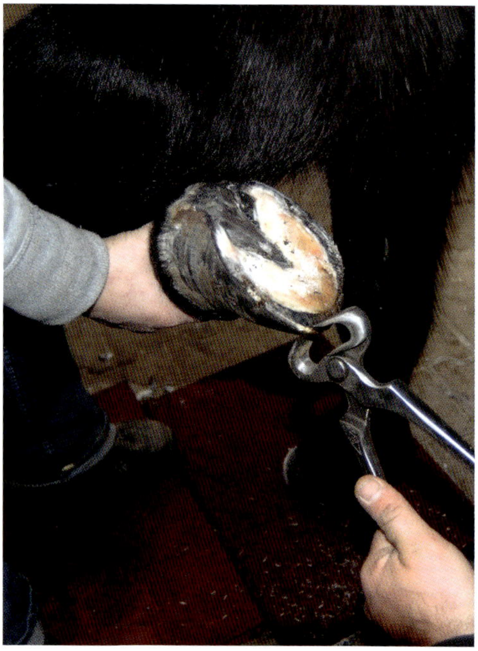

Auf weichen Unterlagen kann das Rehepferd den schmerzenden Huf besser belasten.

dennoch formstabiles Polster bildet. Desweiteren werden benötigt: Äthyl-Äther (Vorsicht: nur an der frischen Luft anwenden!), handelsübliche Kinderknete (keine Knete für Kleinkinder verwenden, da zu weich), Schaumstoffplatten (Spezialmaterial Hufbeschlagszubehör), Stretchfolie und Einweghandschuhe. Auf der Doppelseite 170/171 sehen Sie die Vorgehensweise.

Beschlag nach Zehenwand-Resektion bei chronischer Hufrehe

Unsere Praxis-Erfahrung zeigt, dass bei chronischen Rehehufen mit gravierenden Lageveränderungen des Hufbeins und einhergehenden nekrotisch verlaufenden Entzündungsprozessen der lamellaren Verbindungen eine Zehenwand-Resektion sinnvoll ist, weil es den Pferden schnell Erleichterung bringt und der Heilungsverlauf beschleunigt wird. Hierzu trägt der Tierarzt alle veränderten (schwarzen) Gewebeteile halbmondförmig aus der Zehenwand ab.

Um dem Huf wieder ausreichend Stabilität zu geben, ist ein geschlossener Beschlag erforderlich. Hierfür hat sich eine Kombination aus dem Hufeisen »Ryder« der Firma Werkman und einem passenden Einschweißsteg (Werkman »Ortho-Kit«) bewährt. Damit Zehenwand und Hufsohle keinen Bodenkontakt haben, muss vor dem Aufbringen des Beschlags ein Tragrandaufbau durchgeführt werden. Hierfür eignet sich das »Hoof Repair Granulat« der Firma IMPRINT, das mit Wasser angerührt individuell formbar ist und ausgehärtet die Flexibilität des natürlichen Hufhorns besitzt. Um den Abbindungsprozess zu beschleunigen, empfiehlt es sich, Kältespray einzusetzen. Bei geräuschempfindlichen Pferden kann alternativ auch »Superfast« der Firma Vettec verwendet werden. Das ist ein Zweikomponenten-Kleber auf Polyurethan-Basis mit ähnlich guten Eigenschaften, der schneller aushärtet (nach 1–2 Minuten). Beide Materialien lassen sich problemlos raspeln und nageln. Wegen der entzündungsbedingten Empfindlichkeit der Hornkapsel hat es sich allerdings als hilfreich erwiesen, die Nagellöcher mit einem Dremel (2,5er HSS Fräsbohrer) vorzubohren.

Zur erforderlichen Unterstützung des Trachten-Strahl-Bereichs wird in den fertigen Beschlag mithilfe einer gitterartigen Einlage (Vettec »Mash-Gewebe«) ein Sohlenpolster eingebracht. Je nach Hufzustand und der schmerzbedingten Fähigkeit des Pferdes, auf drei Beinen zu stehen, können als Füllmaterial Vettec »Equi Pac« (bindet besonders schnell ab) oder »Equi Pac CS« (CS = Kupfersulfat zur Verhinderung von Fäulnisprozessen) eingesetzt werden.

Hat man »Hoof Repair Granulat« zum Tragrand-Aufbau verwendet, ist es ratsam, noch eine sogenannte Hufwand-Extension (= Erweiterung) als Abtrittschutz mit Vettec »Superfast« herzustellen. Bei allen verwendeten Kunststoff-Materialien müssen die entsprechenden Hornbereiche zuvor mit Äthyl-Äther oder Bremsenreiniger (preiswerter, keine giftigen Dämpfe) fettfrei gemacht werden.

Auf der Doppelseite 172/173 ist die Vorgehensweise zu sehen.

Maßnahmen in der Haltung, Fütterung und Hufpflege

Zu einem Behandlungserfolg tragen nicht zuletzt auch Maßnahmen bezüglich der Haltung, Fütterung und Hufpflege bei, die in erster Linie auf den Pferdebesitzer zukommen und bisweilen großes Engagement verlangen.

Fallbeispiel: Beschlag bei Hufbeinosteolyse

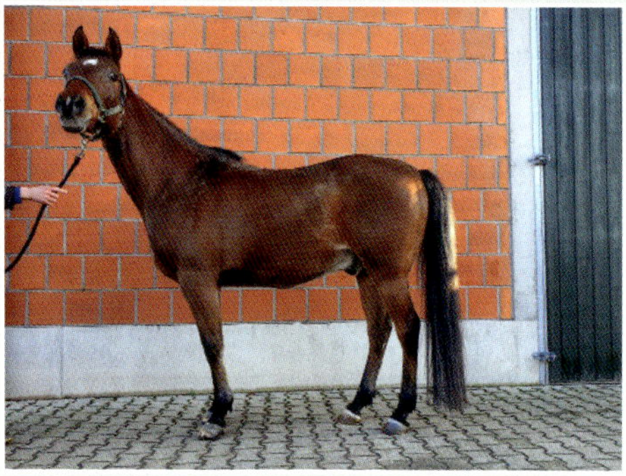

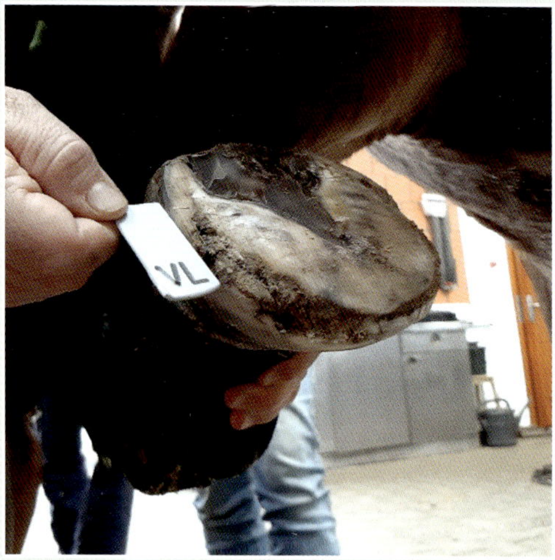

Araberwallach 16 Jahre alt, Normalgewicht

Anamnese:
Offenstallhaltung, Heu ad libitum, chronische Hufrehe seit 4 Jahren, trägt Hufschuhe, kann ohne Hufschuhe nicht laufen

Diagnostik:
Blutbild, EMS und ECS Profil oB, Röntgen: Hufbeinosteolyse (Hufbeinauflösung) vorne beidseits

Therapie:
Plantadolor, Fütterungs- und Haltungsumstellung, orthopädischer Hufbeschlag

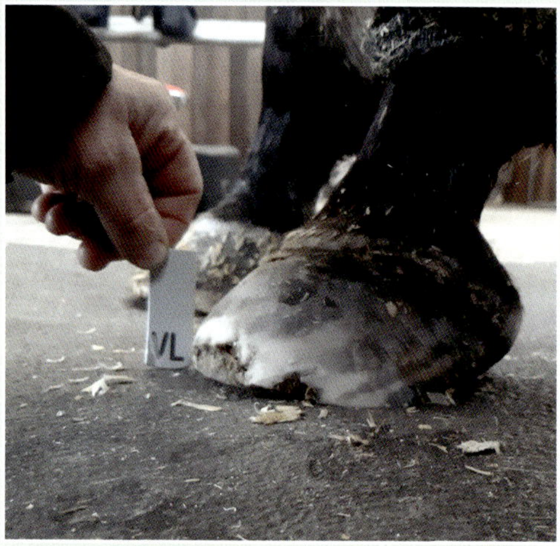

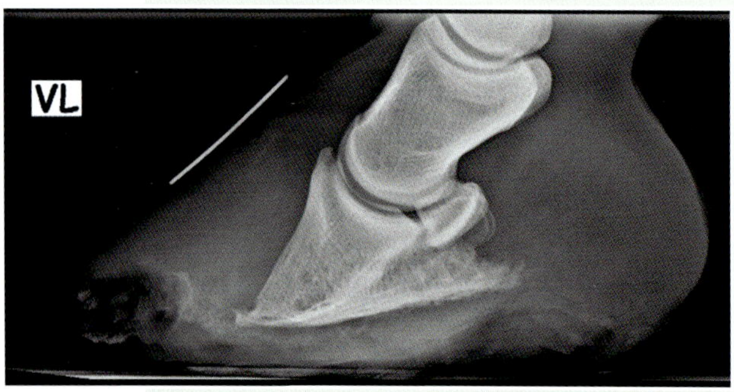

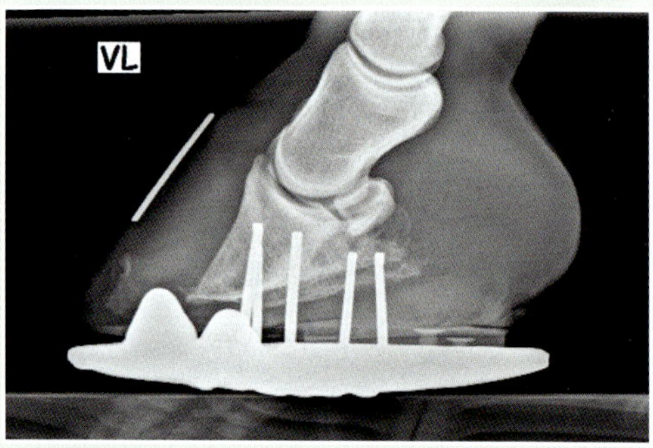

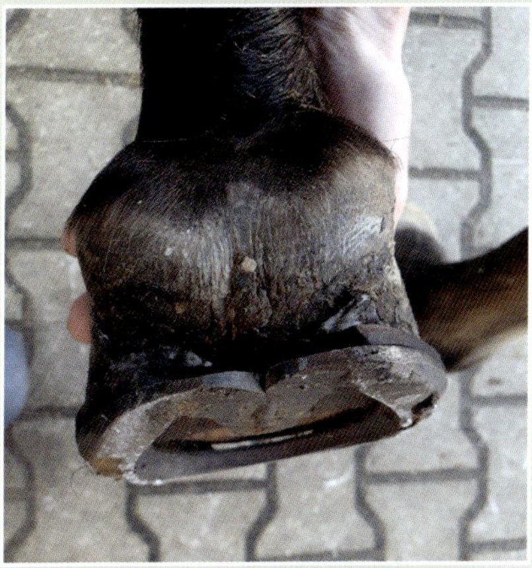

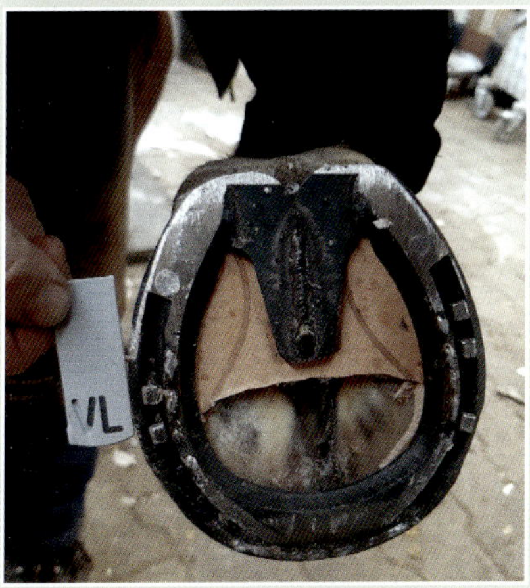

Orthopädischer Hufbeschlag bei Hufbeinosteolyse:

Aufgrund der ausgänglichen Fehlbelastung mit der Folge eines Überdrucks an der Hufbeinspitze wird in diesem Fall eine Kombination aus Avanti Eisen und einem eingeschweißten Herzsteg in einer Modifikation zu einem orthopädischen Hufbeschlag für mehr Mechanik in der Bewegung verwendet. Hierbei wird der Abrollpunkt exakt unter die Spitze des rotierten Hufbeines gelegt sowie eine Trachtenrichtung angebracht, die ab dem Hufbeinastende beginnt, um der Trachtenfußung entgegen zu wirken. Der Bewegungsablauf wird hierdurch harmonischer gestaltet und dem Pferd die Bewegung erleichtert. Zudem wird hier mit einer zehenoffenen Lederplatte gearbeitet, um den schmerzhaften Bereich unter der Hufbeinspitze zu entlasten und im hinteren Bereich ein Strahlpolster zur Hufbeinunterstützung anzubringen. Das Avanti Eisen ermöglicht dem Pferd ein maximales mediolaterales Rolling und nimmt ihm den hufrehetypischen Wendeschmerz.

Öllöv-Eisen so anpassen, dass die Trachten im hinteren Drittel aufliegen und der gesamte vordere Sohlen-Zehenbereich freiliegt. Eisenschenkel gegebenenfalls mit der Flex kürzen.

Das Eisen je nach Beschaffenheit der Hufwand mit 4 bis 6 (möglichst dünnen) Nägeln (entgegen der sonstigen Empfehlung) hinter der weitesten Stelle des Hufes aufbringen.

Praxis-Tipps:
Immer jeweils zwei Einweghandschuhe übereinanderziehen, damit man einen (bereits verklebten) schnell ausziehen kann, falls nachgearbeitet werden muss. Zum Schutz des Beschlags sollte man sein Pferd mit Hufglocken ausstatten.

Fachberatung:
Hufbeschlagsschmiede Carsten Schultze und Helmut Müller

Den Huf mit einer Drahtbürste (Aufsatz für Akkuschrauber) gründlich reinigen.

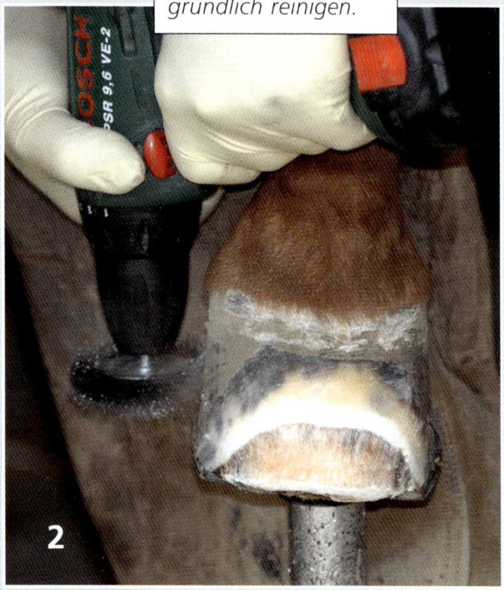

Den zu füllenden Bereich mit Äthyl-Äther einpinseln, damit dieser trocken und fettfrei wird.

Die Knete (zuvor weich kneten) so formen und einfügen, dass sie in dem Bereich einen geraden Abschluss bildet, wo das Polster enden soll.

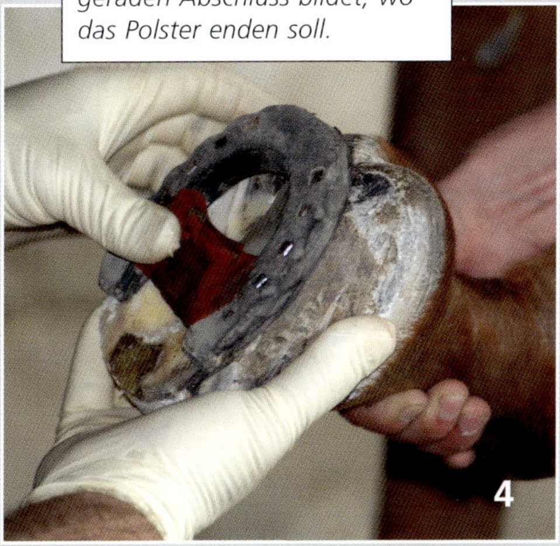

4

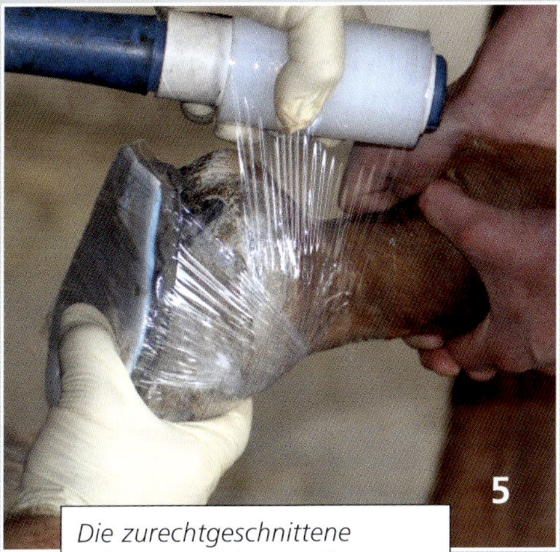

5

Die zurechtgeschnittene Schaumstoffplatte auflegen und den gesamten Huf (einschließlich der Fesselbeuge) mit Ausnahme eines schmalen Schlitzes zwischen Ballen und Eisen mehrfach mit Stretchfolie umwickeln.

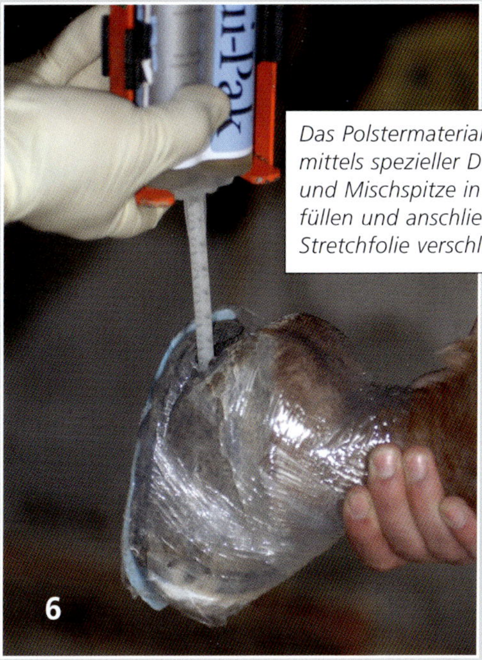

Das Polstermaterial (Equi Pak) mittels spezieller Dosierpistole und Mischspitze in den Schlitz füllen und anschließend mit Stretchfolie verschließen.

6

Nach etwa 30 Sekunden den Huf abstellen und nochmals circa 3 min aushärten lassen.

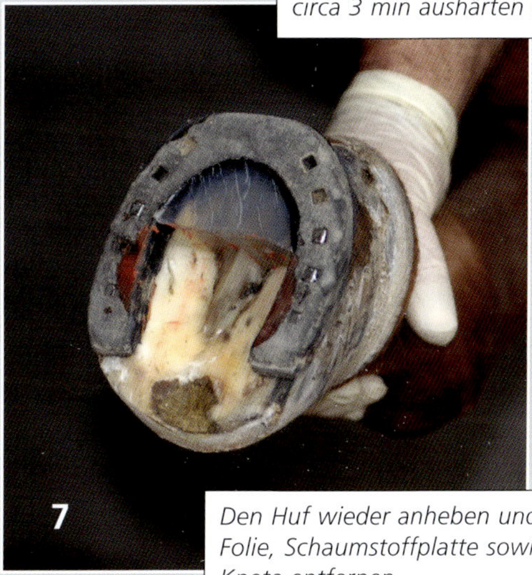

7

Den Huf wieder anheben und Folie, Schaumstoffplatte sowie Knete entfernen.

Anschließend den Huf nochmals mit Stretchfolie umwickeln und einige Stunden so belassen.

1 Das IMPRINT Hoof Repair Granulat wird, mit Wasser gemischt, zu einer knetbaren Masse.

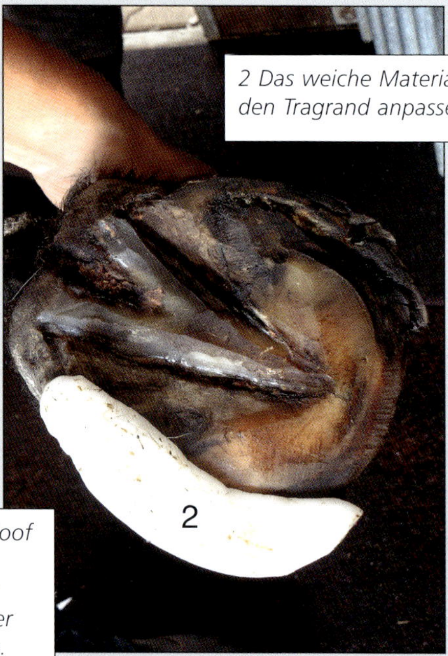

2 Das weiche Material an den Tragrand anpassen.

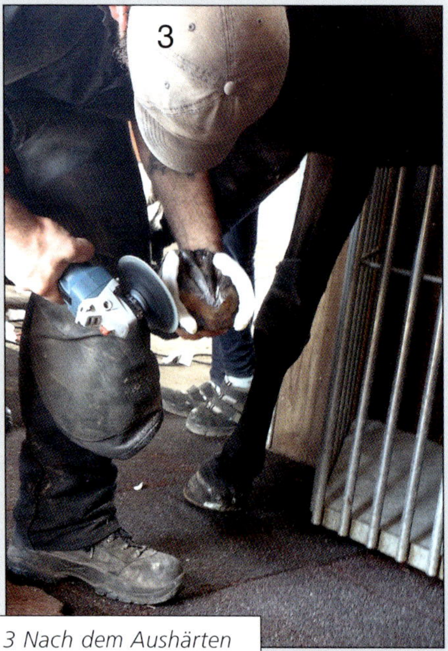

3 Nach dem Aushärten überstehende Materialteile abraspeln oder mit der Schleifex kürzen.

4 Dann werden die Nagellöcher vorgebohrt …

5 ... und der Beschlag mit Hufnägeln befestigt.

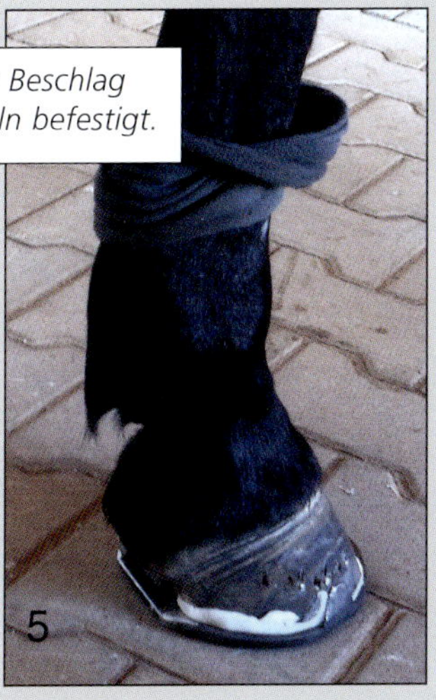

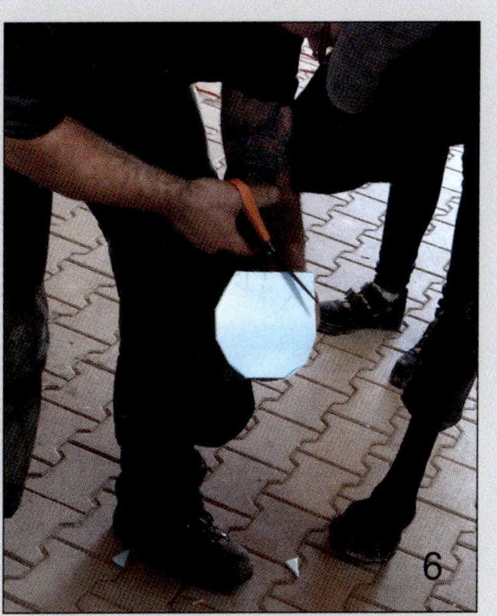

6 Anschließend die angepasste Gittereinlage einlegen, eine Schaumstoffplatte zurechtschneiden, die darüber gezogene Folie mit einem Tape fixieren ...

7 ... und das Polstermaterial – hier Equipak CS im bereits abgebundenen Zustand – mithilfe einer Dosierpistole zwischen Ballen und Eisen einfüllen.

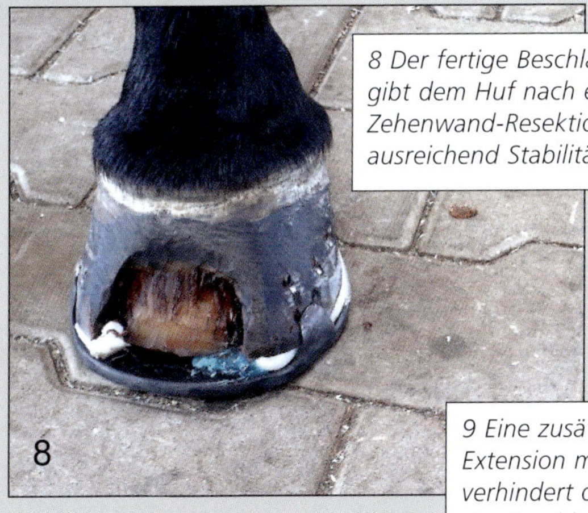

8 Der fertige Beschlag gibt dem Huf nach einer Zehenwand-Resektion ausreichend Stabilität.

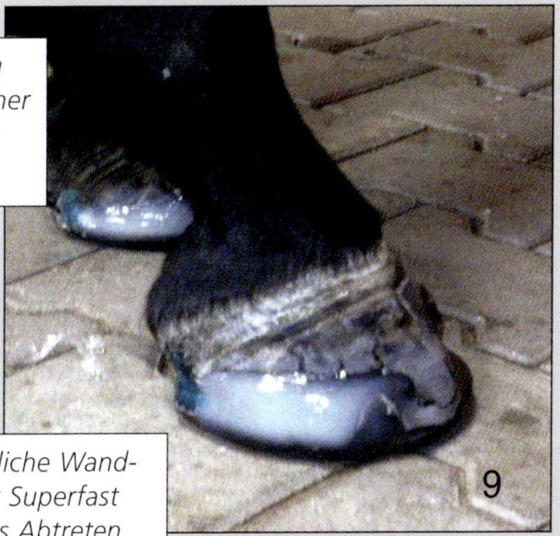

9 Eine zusätzliche Wand-Extension mit Superfast verhindert das Abtreten des Beschlags.

Fallbeispiel: Hufrehe (Absenkung) mit Hufbeindurchbruch

Unkorrektes Reheeisen mit zu weit vorn angesetztem, schmalen Steg, der Druck auf das Hufbein ausübt.

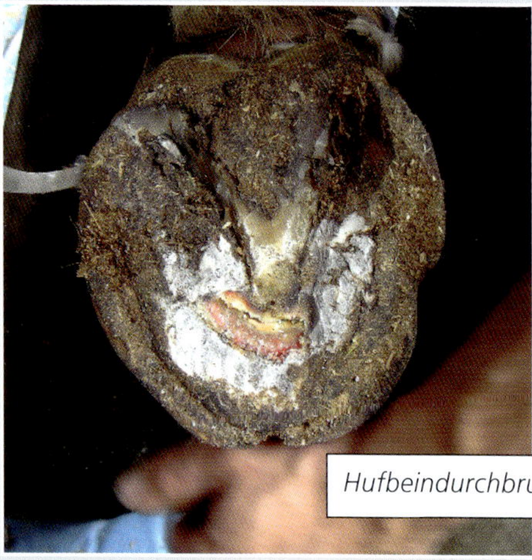

Hufbeindurchbruch

Ganz geschlossene Sohle.

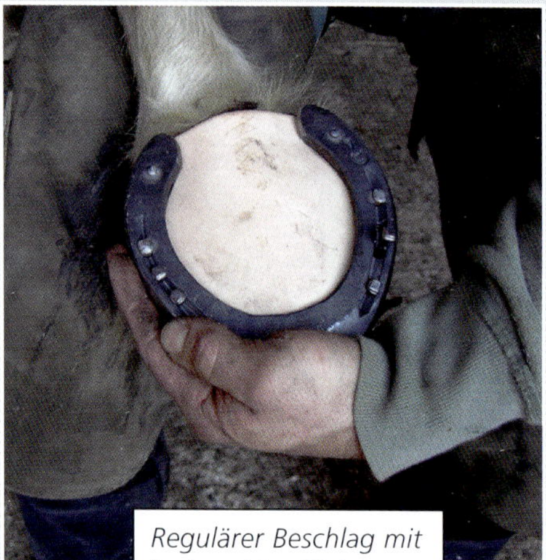

Regulärer Beschlag mit Ledersohlen-Einlage.

Napoleonbeschlag am Hufschuh.

Regulärer Beschlag auf ausgeheiltem Huf.

Eine 13-jährige Stute erlitt 2009 einen Hufbeindurchbruch auf beiden Hinterhufen infolge eines falschen Rehebeschlags.

Die Eisen wurden entfernt, ein medizinischer Schutzverband angelegt und der Napoleonbeschlag auf einen anschnallbaren Hufschuh geschraubt.

Nach zehn Wochen hatte sich der Durchbruch annähernd geschlossen und der Napoleonbeschlag konnte direkt auf den Huf genagelt werden.

Der Napoleonbeschlag wurde noch weitere zweimal angebracht, bis die Hufsohle völlig geschlossen war. Danach erhielt die Stute einen regulären Beschlag mit Ledersohlen-Einlage.

Nur ein halbes Jahr nach dem Hufbeindurchbruch war die Hufsohle völlig verheilt und die Stute konnte wieder ganz normal beschlagen werden.

Drei Jahre nach dem Hufbeindurchbruch ist die Stute völlig gesund und läuft wieder Barhuf ohne Probleme.

Haltung

Während der akuten Phase soll sich das Pferd so wenig wie möglich bewegen und möglichst oft liegen, um das Risiko lamellarer Zerreißungen infolge übermäßiger Druck- und Zugkräfte am labilen Aufhängeapparat so gering wie möglich zu halten. Denn so wichtig und richtig viel Bewegung durch vermehrte Durchblutung der Huflederhaut und zur Unterstützung einer eventuell notwendigen Gewichtsreduktion als Reheprophylaxe ist, so falsch und fatal ist ihre Wirkung während eines akuten Reheschubs. Deshalb ist auch jegliche Form von Zwangsbewegung – wie manche Therapeuten fordern – durch Menschen oder Artgenossen (Herdenzwang) in dieser Phase absolut tabu und tierschutzwidrig!

Für eine vorübergehende Bewegungseinschränkung sollte der Rehepatient also in einer Box untergebracht werden. Ist keine Box oder Notbox in einem Offenstall vorhanden, lässt sich ein solcher separater Bereich auch mit mobilen Panelelementen oder mehreren glatten Holzstangen, die mittels Karabinerhaken an den Stallwänden befestigt werden, schnell einrichten. Wichtig ist, dass das Rehepferd zwar separiert, aber nicht isoliert wird! Insbesondere herdengewohnte Offenstallpferde geraten schnell in Panik, wenn die anderen Gruppenmitglieder außer Sichtweite sind, ignorieren die Schmerzen und toben. Deshalb sollte man immer sicherstellen, dass zumindest der Sichtkontakt zur Gruppe nicht abreißt.

Beachte:

Erzwungene Bewegung in der akuten Phase einer Hufrehe provoziert eine Lageveränderung des Hufbeins und ist Tierquälerei!

Die lamellare Verbindung kann bei akuter Rehe schnell reißen und zu einer Lageveränderung des Hufbeins führen.

Ideal ist es, wenn ein befreundeter, ruhiger Artgenosse dem Rehepatienten Gesellschaft leisten kann. Ist das alles nicht möglich, sollte man das Pferd zumindest für die Dauer der akuten Rehephase (in der Regel 2 bis 10 Tage) in einer Klinik oder Tierarztpraxis mit stationärem Anteil unterbringen.

Die Box beziehungsweise der separierte Bereich sollte so groß sein, dass sich das Pferd bequem hinlegen kann und keine Gefahr des Festlegens besteht. Die Einstreu sollte weich, nachgiebig, saugfähig und staubarm sein, um sowohl die schmerzenden Hufe zu entlasten als auch Liegeschäden (offene Liegewunden) infolge harter Böden zu vermeiden. Ideal ist eine Kombination aus dicken Stallmatten und Hobelspänen. Da spezielle Pferdeprodukte erfahrungsgemäß relativ teuer sind, lohnt sich vor dem Kauf von Stallmatten der Blick in andere Sportarten mit ähnlichen Produkten (zum Beispiel Tennisbeläge), die häufig preisgünstiger sind.
Auch nach der akuten Phase muss der geschädigte Hufbeinträger noch geschont werden, um eine Verschlechterung durch Überlastung zu vermeiden. Insbesondere gilt es, sogenannte »Temperamentsausbrüche« meist infolge der Vergabe von Schmerzmitteln zu unterbinden. Für die gezielte, moderate Bewegung und den Aufenthalt auf harten Paddockböden in der Rekonvaleszenz hat sich der anschnallbare Hufschuh »Easyboot RX« von Easycare bewährt. Dieser Therapieschuh mit dicker weicher Sohle ist kinderleicht aufzuziehen und sorgt durch drei kleine Öffnungen für eine beständige Luftzirkulation, sodass er auch den ganzen Tag über getragen werden kann, ohne den Huf aufzuweichen oder einen Hitzestau zu verursachen. Als Zubehör gibt es »EasyCare Comfort Pads«, weiche Einlegesohlen in verschiedenen Stärken, die die Dämpfungswirkung zusätzlich erhöhen.

Der Easyboot RX schützt fühlige Rehehufe zuverlässig.

Fütterung

Auch die Fütterung muss bei einem akuten Reheschub angepasst werden. Bei einer hormonell bedingten Hufrehe dürfen insbesondere keine Kohlenhydrate mit hoher Glucose- und Insulinreaktion (Gras, Getreide, zuckerreiches Obst und Gemüse) verfüttert werden. Auf Stroh sollte ebenfalls verzichtet werden, weil der Verzehr von sehr strukturreichem Futter bei lange liegenden Pferden leicht zu Verstopfungen und Anschoppungskoliken führen kann. Geeignet ist stattdessen energiearmes Heu, dessen Tagesration man in möglichst viele kleine Portionen aufteilt. Wichtig ist vor allem, dass der Rehepatient stets genügend frisches Wasser zur Verfügung hat, damit zum einen das Blut nicht eindickt und zum anderen die Verdauung nicht ins Stocken gerät. Das bedeutet, dass man Pferde, die überwiegend liegen und kaum aufstehen können, in regelmäßigen Zeitabständen (also auch während der Nacht!) von Hand mittels Eimer tränken muss. Als Prophylaxe gegen mangelnde Darmperistaltik infolge der eingeschränkten Bewegung, kann man dem Rehepatienten morgens und abends je eine Handvoll aufgeweichter, energiearmer Heucobs (zum Beispiel Palatin Glyx Wiese von St. Hippolyt) angereichert mit etwas Pflanzenöl (1 bis 2 Esslöffel genügen) reichen.

Hufpflege

Da die zerrissene Blättchenschicht eine ideale Eintrittspforte für Fäulnisbakterien darstellt, die dann nicht selten zu Hufgeschwüren führen, muss der Rehehuf besonders sorgfältig gepflegt werden. Neben täglichem Ausmisten des Stalls beziehungsweise Abäppeln von Auslaufflächen, müssen die Hufe regelmäßig gereinigt und mit einem desinfizierenden und hornstabilisierenden Mittel behandelt werden. Viele Tierärzte und Huffachleute haben hierfür ihre eigenen Rezepturen oder selbst kreierten Präparate entwickelt. Bei den kommerziellen Produkten haben wir mit den Mitteln »Strahlsan« von Leovet und »Kevin Bacon Hoof Solution« (beide im Pferdefachhandel erhältlich) gute Erfahrungen gemacht. Diese Präparate entfernen faulige Hornteile, bewahren vor neuer Fäulnis, stabilisieren Strahl und Hornstruktur und wirken durchblutungsfördernd.

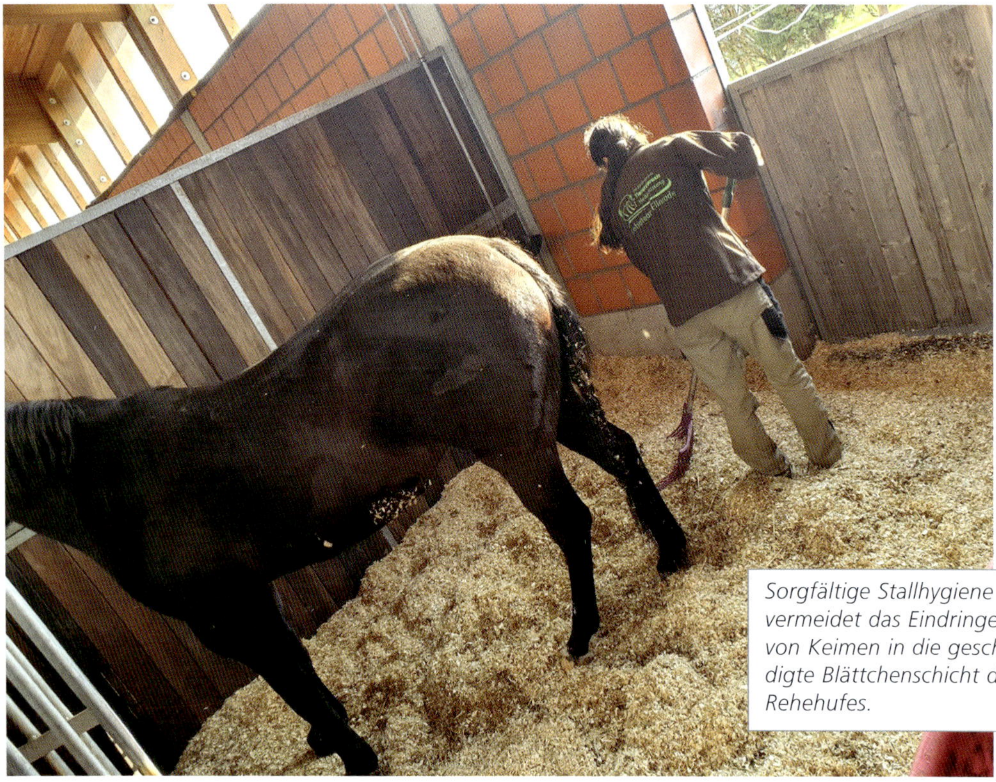

Sorgfältige Stallhygiene vermeidet das Eindringen von Keimen in die geschädigte Blättchenschicht des Rehehufes.

Danksagung

Ein herzliches Dankeschön an Romo Schmidt, der vor allem mit seiner akribischen Recherchearbeit maßgeblich dazu beigetragen hat, dass der Buchtext auf dem neuesten international wissenschaftlichen Stand ist.

Des Weiteren danken wir den Besitzern der in diesem Buch abgebildeten Pferde. Die Fotos in den zahlreichen Fallbeispielen machen die Texte anschaulicher und besser verständlich.

Schließlich möchten wir uns für den unermüdlichen Einsatz des Tierarztpraxisteams und die kompetente Fachberatung der Hufschmiede Carsten Schultze, Niko Böttner und Helmut Müller bedanken, die mit ihrem Engagement und ihren innovativen Ideen schon vielen Rehepferden geholfen und in einigen Fällen sogar das Leben gerettet haben.

Das Praxisteam und Carsten Schultze (Mitte)

Anhang

Bewertungsbogen Body Condition Score

In den anschließenden Bewertungsbögen werden die einzelnen Stufen beziehungsweise Noten ausführlich beschrieben. Ordnen Sie Ihrem Pferd die jeweiligen Stufen bzw. Bewertungen zu, zählen diese zusammen und teilen Sie am Ende durch neun. So erhalten Sie die Körperkondition Ihres Pferdes.

Mähnenkamm und Nacken

Stufe	Bewertungen
5	Das Genick/der Nacken geht trocken und harmonisch über den Mähnenkamm in den Widerrist über. Bei manchen Rassen wie beispielsweise Andalusiern, Morgan Horses oder Welsh Cobs ist genauso wie bei Hengsten ein breiter und fester Mähnenkamm möglich.
6	Leicht eingelagertes Kammfett, welches sich in der Bewegung noch nicht hin und her bewegt. Seitlich des Mähnenkamms ist das Gewebe noch fest.
7	Ausgebildetes Kammfett mit geringer Aufwölbung. Bei Bewegung schwingt der Mähnenkamm leicht hin und her.
8	Stark eingelagertes Kammfett mit erheblicher Wölbung nach oben und Verlagerung zur Seite. Noch mehr Hin- und Herschwingung in der Bewegung. Das Gewebe ist noch weich und sehr schwammig sowie leicht aufgeworfen.
9	Sehr auffällig ausgeprägtes Kammfett mit starker Aufwölbung nach oben. In der Bewegung wippt es jetzt kaum mehr hin und her, weil es seitlich gekippt ist und auf einer Seite liegen bleibt. Beidseitig völlig aufgeworfenes und in Wellen verlaufendes festes und hartes Fettgewebe.

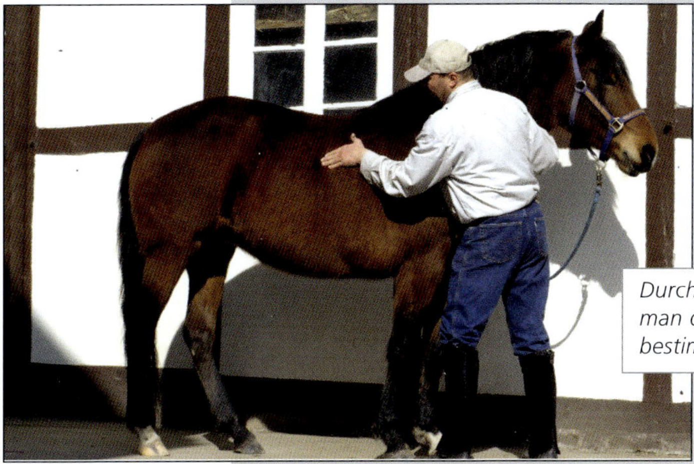

Durch Abtasten kann man den Futterzustand bestimmen.

Kopf und Hals

Stufe	Bewertungen
5	Kopf: »Normal« ausgeprägte und trockene Augenhöhlen, straffes und festes Hautgewebe über den Ganaschen. Hals: Mit leicht gekrümmten Fingern fühlt man festes und straffes Halsgewebe beziehungsweise Muskel (Kopf-Hals-Armbeinmuskel). Optisch ist der Hals leicht nach außen gewölbt und gut bemuskelt.
6	Kopf: Die Augenhöhlen sind leicht ausgefüllt. Die Unterhaut auf den Ganaschen ist zwar verstärkt, aber noch fest. Hals: Leicht eingelagertes Fett zwischen Muskeln und Oberhaut mit weichem, leicht rundlichem Hautgewebe, das sich noch griffig anfühlt.
7	Kopf: »Schwimmende« Fettpolster in den Augenhöhlen und kräftiges Unterhautbindegewebe an den Ganaschen. Die gekrümmten Finger können Wellen schieben. Hals: Sichtbar und greifbar flächige, weiche Fettdepots entlang des Kopf-Hals-Armbeinmuskels.
8	Kopf: Die Augenhöhlen sind komplett ausgefüllt. Die Kopfkonturen sind nicht mehr ausgeprägt, flächige Depotfetteinlagerungen an den Ganaschen. Hals: Ausgeprägte Depotfetteinlagerung an den Halsseiten.
9	Die Kopfkonturen sind verschwommen, erhebliche Depotfetteinlagerungen in der Gesichtshaut, den Augenhöhlen und an den Ganaschen. Am Hals befinden sich in Wellen verlaufende, feste Fettgewebe.

Schulter und Übergang Schulter zum Rumpf

Stufe	Bewertungen
5	Korrekt bemuskelte Schulter, die vom Widerrist lang und schräg zum Buggelenk verläuft.
6	Geringgradige, leicht sichtbare und weiche Fettauflage.
7	Sichtbare Fettdepots hinter der Schulter, die sich weich anfühlen. Die Konturen der Knochen sind gerade noch erkennbar.
8	Ausgeprägte Fettpolster hinter der Schulter, die sich fester anfühlen. Die Konturen der Knochen sind kaum mehr wahrnehmbar.
9	In Wellen verlaufende Fettpolster im gesamten Schulterbereich und am Übergang zum Rumpf. Die Konturen der Knochen sind verschwommen.

Widerrist

Stufe	Bewertungen
5	Der Widerrist ist gut bedeckt, sticht nicht hervor und ist eventuell leicht rund. Beim Verschieben der Haut entsteht eine mäßige, nicht hohe Welle.
6	Der Widerrist ist noch erkennbar und zu fühlen. Die Dornfortsätze sind flächig eingebettet. Es ist eine deutliche Welle beim Verschieben der Haut zu erkennen.
7	Der Widerrist ist jetzt kaum mehr erkennbar, aber noch zu fühlen und von weichem bis leicht festem Fett umgeben. Beim Abstreichen der Haut entsteht eine ausgeprägtere Welle.
8	Dornfortsätze sind gut mit Fettpolster umgeben, hohe Welle beim Abstreichen der Haut, die Finger sinken ein.
9	Ausgeprägte Fettpolster rund um den Widerrist und den Dornfortsätzen.

Unter- und Vorderbrust

Stufe	Bewertungen
5	Die Vorderbrust sollte fest, gut bemuskelt und mittelbreit, die Unterbrust und der Übergang zum Rumpf trocken sein und festes Gewebe aufweisen.
6	Es sind an der Vorderbrust leicht schwammige Konturen und ein ausgeprägtes Unterhautbindegewebe zu erfühlen. Die Profile von Unterbrust und dem Übergang von der Schulter zum Rumpf sind ebenfalls leicht schwammig.
7	Die Konturen der Vorderbrust verschwinden in flächige und weiche Fetteinlagerungen. Die Unterbrust wölbt sich leicht nach außen, der Sattelgurt wird beim Anziehen sichtbar eingeschnürt. Die schwammige Fetteinlagerung ist am Übergang zu den Rippen gut zu fühlen bzw. abzustreichen.
8	Die gesamte Vorderbrust wölbt sich nach vorne, der oberflächliche Brustmuskel ist nicht mehr zu ertasten. Die Unterbrust wölbt sich ebenfalls nach außen (Fettpolster). Das Fett fühlt sich fester an und lässt sich als Ganzes hin und her bewegen.
9	Wie bei Stufe 8, aber noch ausgeprägter. Die Unterbrust besteht nur noch aus runden, welligen und nach außen gewölbten Fettpolstern. Das Fett ist fest und lässt sich als Ganzes hin und her schieben.

Rumpf und Rippen

Stufe	Bewertungen
5	Die Rippen sind nicht zu sehen, aber leicht zu fühlen.
6	Es entwickeln sich leicht tast- und greifbare Fetteinlagerung und die Rippen sind nur bei mehr Druck zu fühlen, das Fett ist weich.
7	Die Rippen sind nur zu ertasten, wenn die Fingerkuppen tief in die Haut eingetaucht und geschoben werden.
8	Die Rippen sind nur noch mit erheblichem Druck zu fühlen.
9	Die Rippen sind aufgrund des eingelagerten und flächigen Depotfetts nicht mehr zu fühlen oder zu ertasten.

Rücken

Stufe	Bewertungen
5	Gerade und harmonisch ausgeprägte Ober- und Rückenlinie. Die Wirbelsäule sticht weder hervor noch ist sie in Fettwülste eingebettet. Der breite Rückenmuskel ist straff.
6	Die Wirbelsäule beginnt sich flächig in die Unterhaut einzubetten, es ist aber noch kein Fettansatz zu ertasten oder zu sehen.
7	Bildung einer Rinne entlang der Wirbelsäule mit leichten Fettwülsten links und rechts. Die Wülste fühlen sich leicht schwammig an.
8	Die Wirbelsäule entwickelt sich zu einer deutlichen Rinne und die Fettwülste links und rechts werden fester.
9	Wie bei Stufe 8, die Fettwülste wölben sich jedoch ohne Wellenbildung vermehrt auf.

Kruppe und Übergang zum Schweifansatz

Stufe	Bewertungen
5	Keine Fettablagerung am Übergang der Kruppe zum Schweifansatz. Gewebe fühlt sich leicht schwammig an.
6	Der Schweifansatz wölbt sich leicht nach oben, die geringe Fettbildung fühlt sich weich an.
7	Der Schweifansatz zeigt hier deutlich eingebettete Depotfetteinlagerung. Beim Anheben der Schweifrübe entsteht eine Querfalte, deren Gewebe mittelfest ist. Die Kruppe kann jetzt geringe Aufwölbungen links und rechts der Wirbelsäule aufweisen, die ähnlich aussehen wie eine gespaltene Kruppe, aber weicher sind als ein ausgeprägter Kruppenmuskel.
8	Der Schweifansatz liegt jetzt klar in dem ihn umgebenden Fettgewebe. Es ist eine deutliche Querfalte beim Anheben der Schweifrübe zu sehen. Im Bereich der Kruppe verhält es sich wie bei Stufe 7, jedoch ist die Bildung von Fettpolstern links und rechts der Wirbelsäule ausgeprägter.
9	Schweifansatz wie bei Stufe 8, jedoch beginnen die Fettpolster zu schwellen. Die Querfalte ist noch ausgeprägter, die Polster links und rechts der Kruppe noch gewölbter.

Flanken, Hüftknochen und Sitzbeinhöcker	
Stufe	**Bewertungen**
5	Keine eingefallenen oder hervorstehenden Flanken, die Hüftknochen stehen leicht hervor und sind gut sichtbar.
6	Der Hüftknochen ist durch eingelagertes Depotfett runder, die Flanken wölben sich gering nach außen.
7	Die Hüftknochen sind jetzt kaum mehr sichtbar und deutlich abgepolstert, aber noch zu fühlen.
8	Hüftknochen und Sitzbeinhöcker nicht mehr sichtbar und nicht mehr fühlbar.
9	Flanken nach außen erheblich gewölbt, die Fettpolster an den Innenseiten der Hinterbeine reiben beim Laufen aneinander.

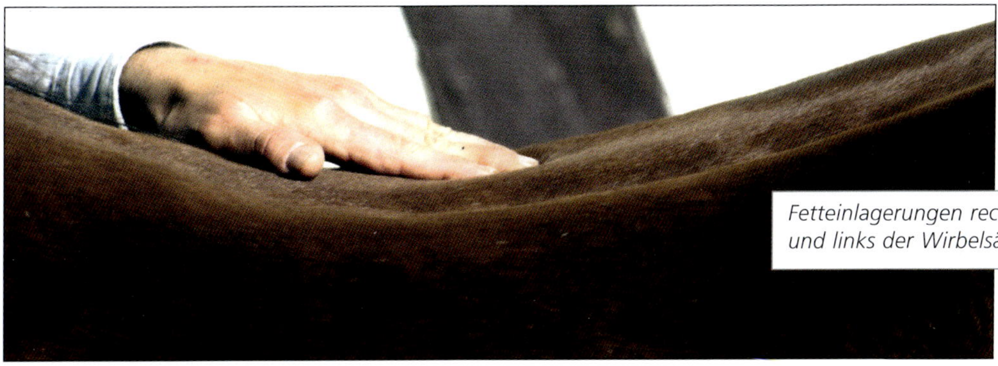

Fetteinlagerungen rechts und links der Wirbelsäule.

Depotfett am Schweifansatz.

Energiestoffwechsel beim gesunden Pferd.

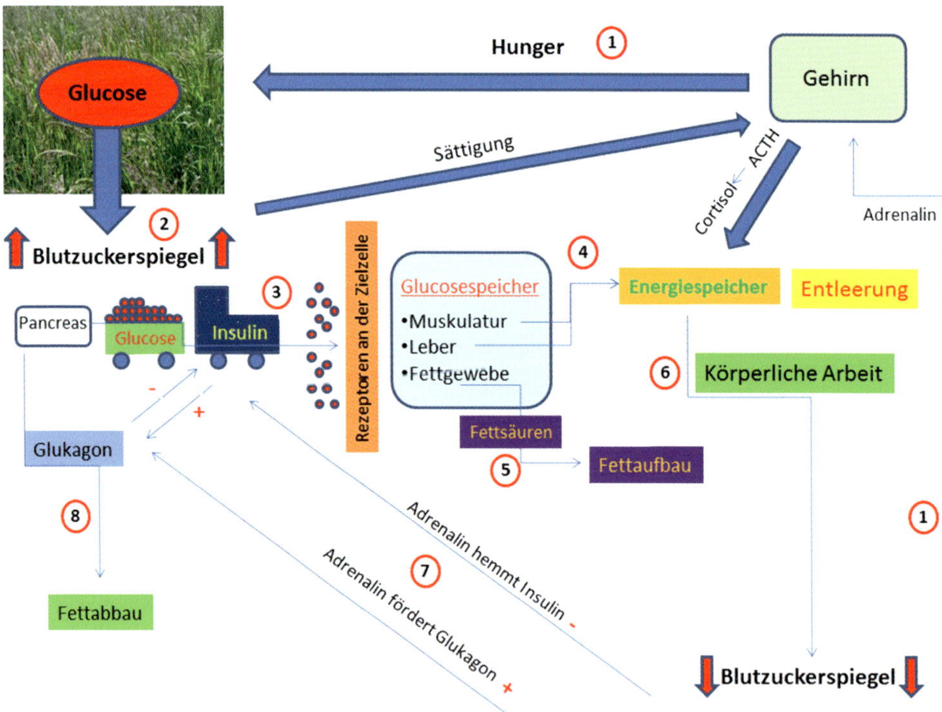

© Heike Bussang

(1) Adrenalin gibt dem Körper die Information, bei niedrigem Blutzuckerspiegel Hunger auszulösen.

(2) Nahrungsaufnahme führt zur Erhöhung des Blutzuckerspiegels und somit zur Sättigung.

(3) Die Bauchspeicheldrüse (= Pancreas) schüttet das Transporthormon Insulin aus, um den Blutzucker zu den Energiespeicherzellen zu bringen.

(4) Energiespeicherzellen sind die Muskulatur, die Leber und das Fettgewebe.

(5) Für »schlechte Zeiten« wird Blutzucker in Fettgewebe umgebaut.

(6) Die Energie der Speicherzellen wird bei körperlicher Arbeit verbraucht, wodurch der Blutzuckerspiegel sinkt.

(7) Adrenalin hemmt die Insulinproduktion, damit der Zucker im Blut verbleibt und …

(8) … fördert die Ausschüttung von Glukagon, um die Energiereserven aus dem Fettgewebe durch Fettabbau zu verbrauchen.

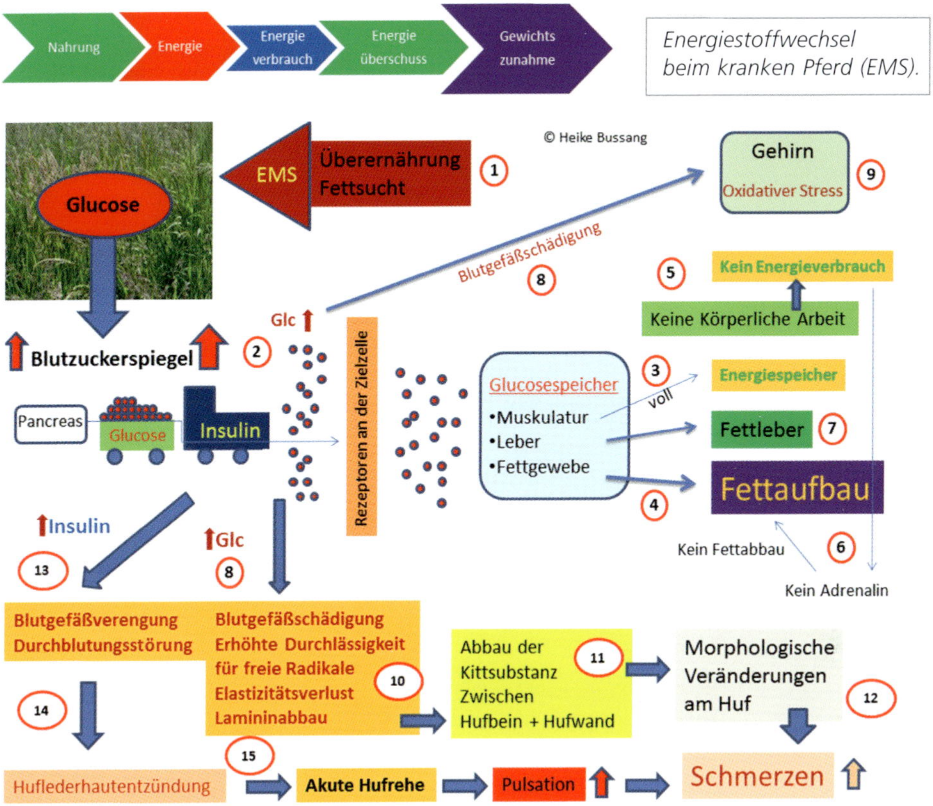

(1) Überernährung führt zu einem konstant hohen Blutzuckerspiegel.

(2) Die Bauchspeicheldrüse produziert vermehrt Insulin, um den Zucker zu den Energiespeicherzellen zu transportieren.

(3) Die Energiespeicherzellen sind voll.

(4) Der überschüssige Blutzucker wird in Fettgewebe umgewandelt als Reserve für Energiemangelzeiten.

(5) Kein Energieverbrauch durch fehlende körperliche Arbeit.

(6) Die ständige Sättigung löst keinen Hunger aus. Es wird kein Adrenalin gebraucht, um Fettgewebe abzubauen.

(7) Die dauerhafte Zuckereinlagerung führt zur Fettleber.

(8) Der permanent erhöhte Blutzuckerspiegel führt zur Blutgefäßschädigung.

(9) Im Gehirn entsteht oxidativer Stress.

(10) Im Huf kommt es zum Elastizitätsverlust und Lamininabbau.

(11) In der Folge kommt es zum Abbau der Kittsubstanz zwischen Hufbein und Hufwand mit morphologischen Veränderungen am Huf.

(12) Die morphologischen Veränderungen führen zu Schmerzen.

(13) Der dauerhaft erhöhte Insulinspiegel führt zur Gefäßverengung mit daraus resultierender Durchblutungsstörung in den Blutgefäßen der Hufe.

(14) Die Huflederhaut reagiert mit einer Entzündung.

(15) Das Bild der akuten Hufrehe beginnt mit Pulsation und Schmerzen beim Laufen.

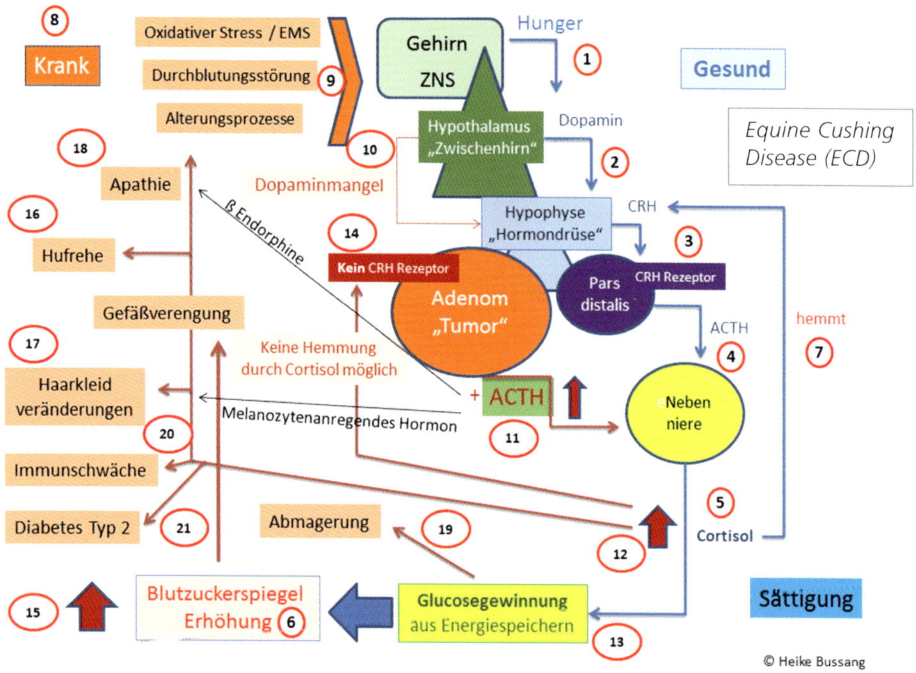

(1) Beim gesunden Pferd löst Hunger eine Dopaminausschüttung im Hypothalamus aus.

(2) Dopamin fördert die Ausschüttung von CRH-Hormonen (Corticotropin releasing Hormone) in der Hypophyse.

(3) Der CRH-Rezeptor der Pars distalis der Hypophyse reagiert mit der Ausschüttung von ACTH (adrenocortikotropes Hormon).

(4) ACTH gibt der Nebenniere die Information, Cortisol auszuschütten.

(5) Cortisol regelt den Blutzuckerspiegel durch die Energiegewinnung aus Energiespeicherzellen.

(6) Der Blutzuckerspiegel steigt.

(7) Durch die Sättigung erfolgt eine Hemmung der Cortisol-Ausschüttung über den CRH-Rezeptor der Hypophyse. Die ACTH-Produktion wird eingestellt.

(8) Pathophysiologie bei Equiner Cushing Disease.

(9) Oxidativer Stress und Durchblutungsstörungen durch einen dauerhaft erhöhten Blutzuckerspiegel bei EMS und Alterungsprozessen führen im Gehirn (= ZNS) zu Dopaminmangel.

(10) Dopaminmangel führt zur Entartung der Zellen in der Pars intermedia der Hypophyse (= Adenom).

(11) Durch das Adenom wird unkontrolliert zu viel ACTH produziert.

(12) Das erhöhte ACTH führt zur vermehrten Ausschüttung von Cortisol in der Nebennierenrinde.

(13) Die Energiespeicher werden entleert und der Blutzuckerspiegel steigt.

(14) Aufgrund des fehlenden CRH-Rezeptors im Adenom kann Cortisol die ACTH-Produktion nicht rückwirkend hemmen.

(15) Der dauerhaft erhöhte Blutzuckerspiegel führt zur Gefäßverengung und vermehrten Durchblutungsstörung: Der Teufelskreis ist nicht aufzuhalten.

(16) Hufrehe

(17) Fellwechselstörungen entstehen durch die vermehrte Ausschüttung von Melanozyten-anregenden Hormonen.

(18) Teilnahmslosigkeit (= Apathie) und Schmerzunempfindlichkeit folgen aus der vermehrten Ausschüttung von β-Endorphinen..

(19) Die dauerhafte Entleerung der Energiespeicher führt zur Abmagerung.

(20) Der erhöhte Cortisolspiegel fördert die Immunschwäche, die Pferde zeigen eine verstärkte Infektanfälligkeit.

(21) Der permanent erhöhte Blutzuckerspiegel führt zur Insulinresistenz und dem Bild der Diabetes Typ 2.

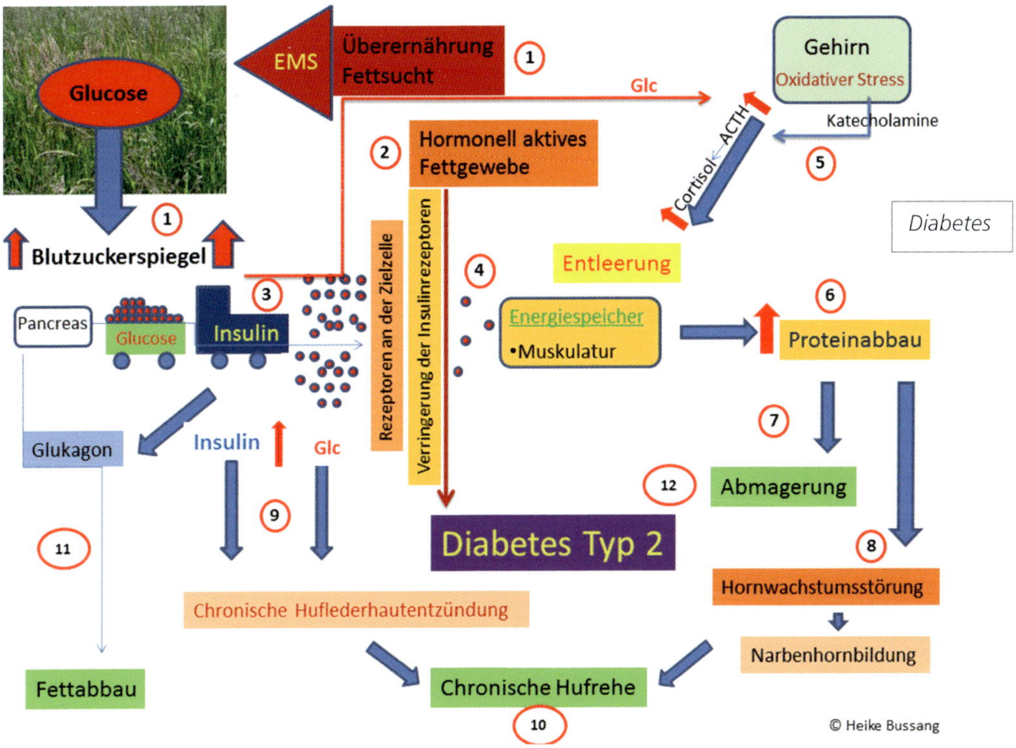

(1) *Überernährung führt zu einem dauerhaft erhöhten Blutzuckerspiegel.*

(2) *Hormonell aktives Fettgewebe hat eine Verringerung der Insulinrezeptoren an der Zielzelle zur Folge.*

(3) *Der hohe Blutzuckerspiegel gibt der Bauchspeicheldrüse das Signal, vermehrt Insulin zu produzieren.*

(4) *Durch die Verringerung der Insulinrezeptoren an der Zielzelle (= Insulinresistenz) gelangt kein Blutzucker in die Energiespeicherzellen.*

(5) *Über Katecholaminausschüttung wird die Entleerung der Energiespeicher signalisiert.*

(6) *In der Folge werden Proteine zur Energiegewinnung abgebaut.*

(7) *Langfristig führt der Proteinabbau zu Abmagerung und Herzmuskelabbau mit Herzinsuffizienz.*

(8) *Im Huf verursacht der Proteinabbau Hornwachstumsstörungen mit der Folge von Narbenhornbildung.*

(9) *Der dauerhaft hohe Blutzucker- und Insulinspiegel führt zu einer chronischen Huflederhautentzündung durch die mangelhafte Hufdurchblutung.*

(10) *Es zeigt sich das Bild der chronischen Hufrehe.*

(11) *Durch die Ausschüttung von Adrenalin infolge von Energiemangel in der Zelle wird der Fettabbau aktiviert.*

(12) *Der Kreislauf führt zur chronischen Abmagerung.*

Adressen

Appels Wilde Samen GmbH
Öko-Landbau-Zentrum
Brandschneise 2
64295 Darmstadt
Telefon (Samen): 06151-9292-13
E-Mail (Samen): samen@appelswilde.de
www.appelswilde.de

Equi Pak (Vettec)
Vettec Hoof Care Products
Zonnebaan 14
3542 EC Utrecht
Niederlande
Telefon: 0031-(0)30-241 1823
Telefax: 0031-(0)30-241 0054
E-Mail: info@vettec.net
www.vettec.com

Greenguard-Fressmaulkorb
Nordic Medica GmbH
Fuchsberg 3
24257 Hohenfelde
E-Mail: kontakt@nordic-medica.de
www.greenguard.de

Luwex GmbH
Josef Luber
Gewerbegebiet 5a
92546 Schmidgaden
Telefon: 09435-3009797
E-Mail: lujo@luwex.de
office@luwex.net

Pflanzenbestimmungsservice Peggy Morell
Sven und Peggy Morell GbR
Beilsteiner Straße 18/1
71543 Stocksberg, Gem. Beilstein
Telefon: 07130-4006802
Telefax: 07130-4007957
E-Mail: beratung@stocksberger.de
www.stocksberger.de

»Plantadolor«
PlantaVet GmbH
Biologische Tierarzneimittel
Frauenbergstraße 45
D-88339 Bad Waldsee
Telefon: 07524-9788-0
E-Mail: info@plantavet.de
www.plantavet.de

Swiss Horse Boot
Manfred Duchscherer GbR
Siegfriedring 34D-65189 Wiesbaden
Telefon: 0611-33483571
Telefax: 0611-33483572
Hotline: 0162-6242155
E-Mail: info@swisshorseboot.de
www.swisshorseboot.de

Wenden Sie sich mit Ihren Fragen an Tierärztin Heike Bussang

Tel. 06453-6487090 · www.hufrehe-rehazentrum.de
Facebook: Tierarztpraxis Heike Bussang / Pferde Kotlabor / Pferde Rehazentrum

»Hof Steinacker« in Hessen · Zum Steinacker 1 · 35285 Ellnrode

Vorstellung der Autorinnen

Birgit van Damsen

Die Co-Autorin ist mit Pferden aufgewachsen, reitet seit ihrer Kindheit und züchtete einige Jahre Arabisch Vollblut. Nach ihrem Studium der Pädagogik, Germanistik und Soziologie mit Magister-Abschluss sowie anschließender Promotion zum Dr. phil. widmet sie sich dem Schreiben pferdespezifischer Themen und dem Fotografieren von Pferden.
Durch die Erkrankung eines ihrer Pferde an Hufrehe und Cushing ist sie persönlich betroffen und vor allem an der Vermeidung dieser auch für den Pferdebesitzer sehr belastenden Erkrankungen interessiert.

Tierärztin Heike Bussang

Ihren Traum Tierärztin für Pferde zu werden, verfolgte Heike Bussang seit ihrer Kindheit. Sie erfüllte sich ihren Traum und studierte an der Ludwig Maximilian Universität in München Veterinärmedizin mit Erhalt der Approbation im März 2003. Seitdem arbeitet sie mit Herzblut in der Pferdemedizin.
Mit dem Ziel der Gesunderhaltung der Pferde führt sie auf ihrem Hof Steinacker in Nordhessen eine Tierärztliche Praxis für Pferde mit Intensivstation, das Pferdekotlabor Hessen sowie ein Rehazentrum mit Aktivstall für Pferde mit Handicap.
Die Wiederherstellung und eine artgerechte Pferdehaltung insbesondere von Hufrehepferden liegen ihr besonders am Herzen.